U0957510

新时代司法职业教育“双高”建设精品教材

信息技术导论

（活页式）

刘念　陈雪松　谈洪磊◎主编

华中科技大学出版社
http://press.hust.edu.cn
中国·武汉

内 容 简 介

提升大学生的信息技术应用能力，熟练地应用信息技术知识及互联网，已经成为各个行业对人才的基本要求。“信息技术导论”是大学生必修或限定选修的公共基础课程。学生通过本课程的学习，能够增强信息意识、提升计算思维、提高数字化创新与发展能力、树立正确的信息社会价值观和责任感，为其职业发展、终身学习和服务社会奠定基础。

本书由基础模块和拓展模块两部分构成，突出重难点的把握和处理。基础模块是教学重点，是高等职业教育专科学生提升其信息素养的基础，包含文档处理、电子表格处理、演示文稿制作、信息检索、新一代信息技术概述、信息素养与社会责任等内容。拓展模块是教学难点，是高等职业教育专科学生深化其对信息技术的理解、拓展其职业能力的基础，包含程序设计、信息安全、大数据、人工智能等内容。

本书适合作为司法警官职业院校各专业大学生计算机基础、信息技术导论课程的教材或教学参考书，也可以作为高等院校和社会培训机构的参考书。

图书在版编目（CIP）数据

信息技术导论/刘念，陈雪松，谈洪磊主编．—武汉：华中科技大学出版社，2023.9
ISBN 978-7-5680-9635-5

Ⅰ.①信…　Ⅱ.①刘…　②陈…　③谈…　Ⅲ.①电子计算机-高等职业教育-教材　Ⅳ.①TP3

中国国家版本馆 CIP 数据核字（2023）第 168567 号

信息技术导论　　　　刘　念　陈雪松　谈洪磊　主编
Xinxi Jishu Daolun

策划编辑：张馨芳
责任编辑：余　涛
封面设计：孙雅丽
版式设计：赵慧萍
责任监印：周治超
出版发行：华中科技大学出版社（中国·武汉）　　电话：（027）81321913
武汉市东湖新技术开发区华工科技园　　邮编：430223
录　　排：华中科技大学出版社美编室
印　　刷：武汉市洪林印务有限公司
开　　本：787mm×1092mm　1/16
印　　张：19.5　　插页：2
字　　数：438 千字
版　　次：2023 年 9 月第 1 版第 1 次印刷
定　　价：68.00 元

華中出版

本书若有印装质量问题，请向出版社营销中心调换
全国免费服务热线：400-6679-118　竭诚为您服务

编写人员

主　编: 刘　念　陈雪松　谈洪磊

副主编: 谭庆芳　洪　卫　张小惠

参　编: 陈　昊　梅咏春　冯　平

金导航　胡征昉　时义涛

袁　哲　田　野

主编简介

刘　念　武汉警官职业学院司法信息安全专业带头人，研究方向涉及电子数据取证、网络安全、司法行政信息化领域。司法类《职业教育专业简介》和《职业教育专业教学标准》制订工作智慧司法技术与应用专业研制组成员、司法信息安全专业研制组成员。主持和参与省级项目/课题5项，发表论文7篇，申报专利/软著3项，主编和参编教材10部。

陈雪松　武汉警官职业学院副教授，研究方向涉及系统分析与集成、司法行政信息化、电子政务。司法部信息安全与智能装备重点实验室学术委员，司法部“十三五”信息化建设意见书评审专家，司法部“十三五”司法行政科技创新规划编制工作组成员。主持省级项目/课题10余项，发表论文30余篇，申报专利/软著4项，撰写专著2部，主编和参编教材12部。主持建设的“湖北省司法行政系统远程会见系统”“湖北省司法行政系统应急指挥中心项目”“湖北省司法厅‘司法云’大数据慧治中心”“‘五位一体’智慧运维体系”，连续四年（2018—2021年）被评为“全国智慧司法十大创新案例”。

谈洪磊　武汉警官职业学院司法侦查系系主任，长期从事电子取证和信息安全方面的实务和研究工作。湖北省信息技术职业教导委员会副理事长，湖北省安全防范技术协会理事，湖北省网络安全协会会员，上海网络信息安全协会会员。多次带领团队在全国性技能比赛、创新创业大赛中获奖。

PREFACE 前言

信息技术涵盖信息的获取、表示、传输、存储、加工、应用等各种技术。信息技术已成为经济社会转型发展的主要驱动力，是建设创新型国家、制造强国、网络强国、数字中国、智慧社会的基础支撑。提升大学生的计算机应用能力，熟练地应用计算机知识及互联网已经成为各个行业对人才的基本要求。

近年来，以金山办公等为代表的国产化办公软件也在飞速地发展，WPS Office 以其任务视图和多虚拟桌面的特色以及强大的稳定性与兼容性逐步取代 MS Office 系列办公软件。

为了适应信息技术应用创新产业的高速发展，满足高校对人才培养的基本要求，本书基础模块以 WPS Office 为主要平台进行编写。

高等职业教育专科“信息技术导论”课程是各专业学生必修或限定选修的公共基础课程。通过本课程的学习，学生能够增强信息意识、提升计算思维、促进数字化创新与发展能力、树立正确的信息社会价值观和责任感，为其职业发展、终身学习和服务社会奠定基础。

信息技术导论由于涉及知识面广，要将众多的知识很好地贯穿起来，难度较大，时间仓促，编者水平有限，不足之处在所难免。为便于以后教材的修订，恳请专家、教师及读者多提宝贵意见。

编　者

2023 年 5 月

CONTENTS 目录

模块一

计算机系统概述

学习目标

1. 了解计算机的发展历史。
2. 了解计算机的应用与发展。
3. 理解计算机系统的组成。
4. 掌握计算机数据的存储。
5. 了解新一代信息技术。
6. 理解信息素养。

学习重点

1. 理解计算机系统的组成。
2. 掌握计算机数据的存储。

学习难点

1. 了解新一代信息技术。
2. 理解信息素养。

信息技术涵盖信息的获取、表示、传输、存储、加工、应用等各种技术。信息技术已成为经济社会转型发展的主要驱动力，是建设创新型国家、制造强国、网络强国、数字中国、智慧社会的基础支撑。提升国民信息素养，增强个体在信息社会的适应力与创造力，对个人的生活、学习和工作，对全面建设社会主义现代化国家具有重大意义。

1.1 计算机的发展历史

计算机是当今保障世界正常运转的命脉，已经渗透到了我们生活的方方面面，改变了每个人的生活方式，如果突然有一天关掉所有的计算机，电力系统会关闭，航班会取消，电动汽车会相撞，金融市场会停止运作，城市会停摆，互联网将不复存在，人类将无所适从，世界都可能会“宕机”。

在深入学习计算机知识之前，我们应该先从计算的起源讲起，虽然现代电子计算机直到 20 世纪 40 年代才出现，但人类对计算早已有了迫切的需求。

1. 算盘和珠算

公认最早的计算设备是算盘，大约公元前 2500 年，发明于美索不达米亚，算盘是一种手动计算器，用来帮助加减数字的计算，它可以存储着当前的计算状态，类似如今的存储器。

算盘出现，其利用的是十进制思想，即逢十进一，算盘主要用来帮助人们表示及记忆数字。人们制造算盘是因为，社会的规模已经超出个人心算的能力，一个草原牧场上可能有上万个人及上十万头牛和羊。

算盘有很多变种，如中国的珠算。相传是黄帝的史官隶首发明了珠算。见于东汉末年三国时期徐岳撰、北周汉中郎甄鸾注的《数术记遗》：“隶首注术，乃有多种，及余遗忘，记忆数事而已。其一积算……其一珠算，其一计算。”此书也记述中国古代太一算、两仪算、三才算等早期算盘。

中国著名珠算专家华印椿在其著作《中国珠算史稿》中提出“珠算的前身是筹算。”此说代表流行观点。他说：“我国从春秋时代（公元前 770—公元前 476 年）就已经使用筹算了”。该书第二章算盘起源考（下）以大量史料论证“宋代民间已经流行算盘”，并对唐代说、汉代说进行了分析。

算筹或称筭子、算子，是古代一种十进制计算工具。起源于中国商朝的占卜，是用现成的小木棍做计算，这就是最早的算筹。用算筹计算就叫筹算。筹算是古代使用算筹进行十进位制计算的程序。

中国算盘的雏形是汉代的筹算，珠子为椭圆形。宋代或之前为采用上一珠、下四珠的形式，上一珠当五，下一珠当一，“随手拨珠，便成答数”，“珠动则数出”，可表现十进制数，故算盘设计为一四珠算盘。

明代的算盘开始出现采用上一珠、下五珠的形式，上一珠当五，下一珠当一，“随手拨珠，便成答数”，“珠动则数出”，可表现十二进制或以下任何数进制，故算盘设计为一五珠算盘。

明代后期开始出现的算盘款式，采用上二珠、下五珠的形式，上一珠当五，下一珠当一，“随手拨珠，便成答数”，“珠动则数出”，可表现十六进制或以下任何数进制，而因为当时的计算方式是一斤十六两，也就是代表十六进制，故算盘设计为二五珠算盘。

算盘被认为是最早的数字计算机，而珠算口诀则是最早的体系化算法。

拓展知识

计算机和计算器

我们现在把计算机（Computer）和计算器（Calculator）区别开来，Computer 指通用电子计算机，而 Calculator 指普通数学计算。

Calculator 和 Computer，最初都是指“计算者（Computer）”，也就是擅长或从事计算的人类。

“计算机（Computer）”一词最早的概念来自 1613 年的一本文献，作者是理查德·布拉思韦特（Richard Braithwait）。

他在 1613 年出版的《永芒拾遗》一书中首次使用了“计算机（Computer）”这个词。他用这个词来指代“算术家（arithmetician）”。当时指的是负责做计算的职业，而不是计算机。

他说：“我听说过的计算者里最厉害的人，能够把好几天的工作量大大缩减”。那时，“Computer”指负责计算的人，“Computer”偶尔会用机器帮忙，但大部分时候靠自己，这个职位一直到 1800 年代还存在，之后“Computer”逐渐开始代表现代的计算机。

2. 分析机和差分机

公元前 2500 年至公元 1500 年星盘、计算尺、时钟等依靠机械运动的计算设备相继出现。星盘用于航海时计算纬度，计算尺用于辅助计算乘法和除法，时钟用于计算物体的位置或计时。

到了公元 1694 年，步进计算机出现，这是世界上第一台能自动完成加减乘除的计算机器，之所以可做乘除计算，因为乘法和除法计算实际是多个加法和减法。

之后，因步进计算机价格昂贵且计算速度慢，计算表兴起，计算表由人手工编撰，类似于字典，可用于查找各种庞大的计算值。你可以在计算表中不到一分钟的时间就能查找到 951024 平方根的答案。

由于计算表要随着外界客观因素不断更新改变，而且在更新的过程中可能会出错，英国数学家巴贝奇（Charles Babbage）提出了差分机的设想。

巴贝奇在 1822 年写了一篇题为《机械在天文与计算表中的应用》的论文，在这篇论文中提出了一种叫差分机（difference engine）的新型机械装置。

差分机可以做函数计算，是一个更复杂的机器，能用多项式描述几个变量之间的关系，如炮弹射程、大气压力、风力和温度等，这些函数通过人工计算是相当麻烦的一件事。

巴贝奇从 1823 年开始建造差分机，并在接下来二十年，试图制造和组装 25000 个零件，总重接近 15 吨。不过，该计划最终还是以失败告终。

但在 1991 年，历史学家根据巴贝奇的草稿做了一个差分机，还原了巴贝奇的设想。可通过网址（https：//www.wallpaperup.com/uploads/wallpapers/2014/03/26/310329/84c24b04f873fe75da9ad2afdedcb1aa-700.jpg）查看差分机。

在制造第一个差异引擎的尝试失败后，巴贝奇致力于设计一种更复杂的机器，根据差分机的草稿，新的设想出现了，称为分析机（analytical engine）。

分析机不同于差分机、步进计算器和以前的其他计算设备，它是一个“自动计算机（automatic computer）”，它可以做很多事情，不只是一种特定运算，甚至可以给它数据，然后按顺序执行一系列操作，这是个跨时代的概念，预示着计算机程序的诞生。然而，该计划也因为太超前，以失败告终。

分析机标志着从机械化计算到成熟的通用计算的转变。巴贝奇作为计算机先驱的地位很大程度上取决于此。

幸运的是，分析机激励启发了第一代计算机科学家，这些计算机科学家把很多巴贝奇的设想融入他们的科学研究中，所以巴贝奇经常被认为是“计算之父”。

英国数学家阿达·洛芙莱斯（Ada Lovelace）给分析机写了假想的程序，她说：“未来会诞生一门全新的、强大的、专为分析所用的语言”，因此，洛芙莱斯被认为是世上第一位程序员。

3. ABC、ENIAC 和 Harvard Mark Ⅰ

（1）ABC（Atanasoff-Berry Computer，阿塔纳索夫-贝瑞计算机）是第一台自动电子数字计算机，于 1937 年由爱荷华州立大学数学和物理教授约翰·文森特·阿塔纳索夫（John Vincent Atanasoff）在研究生克利福德·贝里（Clifford Berry）的帮助下建造。ABC 一开始被用来提高科学计算的速度和准确性，它仅被设计用于求解线性方程组，并于 1942 年测试成功。

受限于当时的技术，它既不能编程，也不具备图灵完备性（Turing-complete）。但是，ABC 是第一个使用电子运算器的计算机。现如今运算器被集成到每个现代处理器的设计之中。它的独特贡献是率先使用真空管进行算术计算，从而使计算速度更快。

可通过网址（https：//www.sciencemusings.com/wp-content/uploads/2019/11/Atanasoff-Berry_Computer.jpg）查看 ABC。

（2）ENIAC（electronic numerical integrator and computer，电子数字积分计算机）诞生于 1946 年 2 月 14 日的美国宾夕法尼亚大学，是世界上第一台可编程的通用电子数字计算机，具备图灵完备性（Turing-complete）。ENIAC 占地 170 平方米，重达 30 吨，耗电功率约 150 千瓦，每秒钟可进行 5000 次运算。

在第二次世界大战期间，美国陆军资助了 ENIAC 的设计和建造。建造合同在 1943 年 6 月 5 日签订，实际在 7 月以“PX 项目”（Project PX）为代号秘密开始，由宾夕法尼亚大学穆尔电气工程学院建造。建造完成的机器在 1946 年 2 月 14 日公布，并于次日在宾夕法尼亚大学正式投入使用。

ENIAC 是一台大型模块化计算机，由执行不同功能的各个面板组成。这些模块中有 20 个是累加器（accumulator），它们不仅可以进行加减运算，还可以在内存中保存 10 位十进制数。数字在这些单元之间通过几个通用总线传递。为了实现高速，面板必须发送和接收数字、计算、保存答案并触发下一个操作，所有这些都没有任何移动部件。其多功能性的关键是分支的能力。它可能会触发不同的操作，具体取决于计算结果的符号。

ENIAC 的运算速度是使用继电器运转的机电式计算机的 1000 倍、手工计算的 20 万倍。这种计算能力，加上通用的可编程性，让科学家和工业家都兴奋不已。速度和可编程性的结合允许对问题进行数千次计算。ENIAC 于 1946 年 7 月被美国陆军军械兵团正式接收。它于 1947 年转移到马里兰州的阿伯丁试验场，并一直运行到 1955 年。

世界上第一台通用数字电子计算机 ENIAC 的问世，宣告了人类从此进入电子计算机的时代。

通过网址（https：//www. digitaltrends. com/wp-content/uploads/2019/03/eniac-women-program mers-6 _ 1. jpg）查看 ENIAC。

（3）哈佛马克一号（Harvard Mark Ⅰ）又称为 IBM 自动序列控制计算器（automatic sequence controlled calculator，ASCC），是一种通用机电计算机，也是最大的机电计算机之一。最初的概念由艾肯（Howard Aiken）于 1937 年 11 月提交给 IBM，由 IBM 在 1944 完成建造。

哈佛马克一号有 76 万 5000 个组件、300 万个连接点和 500 英里（1 英里＝1609. 3 米）长的导线，为了保持内部机械装置同步，它有一个 50 英尺（1 英尺＝0. 3048 米）的传动轴，由一个 5 马力的电机驱动。

1944 年 3 月 29 日由匈牙利科学家冯·诺依曼（John von Neumann）启动了在哈佛马克一号上运行的第一个程序。当时，冯·诺依曼正在从事曼哈顿计划（Manhattan Project）。

哈佛马克一号大约有 3500 个继电器，继电器是它的核心部件，用电磁效应控制机械开关。继电器是用电控制的机械开关，继电器里有根控制线路，控制着电路的开与关。控制线路连着一个线圈，当电流流过线圈时，线圈产生电磁场，吸引金属臂，从而闭合电路。

继电器的缺点是有磨损和延迟现象，这就意味着，为了保障哈佛马克一号正常运转，出现故障的继电器需要及时更换，而且，这些温暖的继电器还会吸引昆虫。

1947 年 9 月，哈佛马克二号的操作员从故障继电器中找到一只死去的昆虫（bug），因此，“从那时起，每当设备出了状况，我们就说它出了一个 bug（昆虫）”，

bug 这个“梗”一直流传到今天，其引申含义为计算机程序中出现的故障（bug），寻找程序的 bug，就称为 debug。这就是术语“Computer bug”的来源。

4. 计算机发展阶段

自从第一台电子计算机出现后，随着电子器件的不断进步，计算机得到了迅猛发展。

刚开始的时候计算机使用的是真空电子管，那个时期的计算机体型庞大，维护复杂。之后出现了晶体管，电子器件的体积一步一步缩小，后来发展到中小规模集成电路和超大规模集成电路，电子器件的发展使得计算机历经几次更新换代，计算机的体积和能耗逐渐减小，功能逐渐增强。计算机的发展过程一般可分成以下几个阶段，如表 1-1 所示。

表 1-1　计算机的发展阶段

时间	计算机发展阶段	逻辑元件	特点
1946—1958 年	第一代计算机电子管时代	电子管	硬件：逻辑元件采用电子管，主存储器采用汞延迟线、磁鼓、磁芯； 软件：使用机器语言编程，在军事和科学计算应用居多； 特点：体积大、功耗高、可靠性差、速度慢、价格较贵
1958—1964 年	第二代计算机晶体管时代	晶体管	硬件：逻辑元件采用晶体管，主存储器采用磁芯，外存储器采用磁盘； 软件：出现面向过程的程序设计语 FORTRAN，有了操作系统雏形，出现了以批处理为主的操作系统、高级语言及其编译程序，应用领域以科学计算和事务处理为主，并开始进入工业控制领域； 特点：体积和功耗降低、可靠性提高、运算速度一般为每秒数十万次，可高达 300 万次
1964—1970 年	第三代计算机中、小规模集成电路时代	中小规模集成电路	硬件：将元件集成在基片上，逻辑元件采用中、小规模集成电路，主存储器仍采用磁芯； 软件：开始有了分时操作系统以及结构化、规模化程序设计方法，高级语言迅速发展； 特点：速度为每秒数百万至数千万次，可靠性更好，价格进一步下降，产品走向通用化、系列化和标准化，主要应用于科学计算等专业用途

续表

时间	计算机发展阶段	逻辑元件	特点
1970 年至今	第四代计算机大规模集成电路时代	大规模、超大规模集成电路时代	硬件：逻辑元件采用大规模和超大规模集成电路，开始出现“微处理器（CPU）”和微型计算机； 软件：出现了数据库管理系统、网络管理系统和面向对象语言等，UNIX、Windows、Linux、MacOS 等操作系统迅猛发展； 特点：从科学计算、事务管理、过程控制等领域逐步走向家庭领域，自 1971 年世界上第一台微处理器在美国硅谷诞生之后，世界开始步入微型计算机的新时代，出现个人计算机（PC）萌芽

5. 计算机发展趋势

目前的计算机发展趋势呈现两极分化，大体可分为两个方向：

（1）微型计算机向更微型化、网络化、高性能、多用途的方向发展，如更微型、更多用途的智能手机和平板电脑。

（2）巨型机向更巨型化、超高速、并行处理、智能化方向发展，如更大、更巨型、超高速度的超级计算机。

2009 年 10 月，中国研制的第一台千万亿次超级计算机在湖南长沙亮相，全系统峰值性能为每秒 1.206 PFLOPS。

超级计算机都是针对单一问题而开发的。这些计算机都使用专门编程的 FPGA 芯片及超大型密集芯片，纵然牺牲普遍性也要提高性价比。它们被用于天文物理学及密码破解等领域。

自 1993 年以来，最快的超级计算机根据其 LINPACK 基准测试结果一直位列 TOP500 榜单。虽然该排名并不一定是公正的或确定的，但它定义了在任何给定时间可用的最快超级计算机。截至 2022 年，历年超级计算机冠军列表如表 1-2 所示。

表 1-2 历年超级计算机冠军列表

年份	国家	超级计算机名称	FLOPS	地点
2013 年	中国	天河二号	33.86 PFLOPS	中国广州国家超级计算广州中心
2016 年	中国	神威·太湖之光	93.01 PFLOPS	中国无锡国家超级计算无锡中心
2018 年	美国	高峰	122.3 PFLOPS	美国能源部所属实验室
2020 年	日本	富岳	415.53 PFLOPS	日本兵库县神户市中央区理化学研究所
2022 年	美国	Frontier（边界）	1.102 EFLOPS	美国能源部所属实验室

注释

FLOPS（floating point operations per second）是每秒浮点运算次数。它是衡量一个计算机的计算能力标准。换算标准为：1 PFLOPS（petaFLOPS）等于每秒1千万亿（$=10^{15}$）次的浮点运算。1 EFLOPS（exaFLOPS）等于每秒一百京/一百亿亿（10^{18}）次的浮点运算。2018年5月比特币全网算力为35 EFLOPS。

2013年中国广州国家超级计算广州中心的天河二号超级计算机以33.86 PFLOPS问鼎冠军。2016年中国无锡国家超级计算无锡中心的神威·太湖之光以93.01 PFLOPS再夺桂冠。

2022年TOP500前十榜上我国有两台超级计算机上榜，分别是排名第六的神威·太湖之光和排名第九的天河二号，前者峰值运算能力提高到了125.44 PFLOPS，后者峰值运算能力则为100.68 PFLOPS。

虽然目前我国超算排名暂时有点靠后，但是不用太担心。我国传闻已久的两台E级（EFLOPS）超算天河3号和神威·海光（Sunway Oceanlite），据说内部测试均已经超过了E级（EFLOPS）门槛，有望在今年年底的TOP500排名中出现，届时将会大幅改写TOP500前十榜，甚至可能重新夺回超算冠军头衔。

1.2 我国计算机的应用与发展

当前，我国的信息产业发展阶段类似于美国20世纪90年代的硅谷，技术快速迭代、产业链深度融合、资本高度活跃。信息产业面临改革开放以来最大变局，国产自主化应用带动我国自主信息产业快速发展。国际贸易的不确定性倒逼国内行业和企业使用自主研发的CPU和操作系统。打造拥有自主知识产权的信息技术体系刻不容缓。

1. 芯片

纵观全球市场，英特尔（Intel）和超威（AMD）两大世界顶尖半导体巨头公司领跑垄断桌面和服务器处理器（CPU）市场。

反观国内，国产处理器（CPU）正处于奋力追赶的关键时期，以CPU为代表的国产芯片在架构、性能、生态等方面不断取得新的突破。龙芯发布了LoongArch自主指令集架构，最新发布的3A5000芯片单核性能提升50%以上；申威、飞腾等CPU产品的性能也有大幅提高。以飞腾、鲲鹏、海光、龙芯、兆芯、申威等为代表的中国半导体厂商正全力打造自主可控的国产芯片。在生态建设方面，国产CPU形成了至少2000家以上的自主生态体系，业务应用软件配套正在逐步补齐。

现阶段，X86 和 ARM 两种架构占据主流市场，其中 X86 以其强大的性能，在PC 与服务器领域占据绝对市场，ARM 架构的优势在于移动端，由于苹果 M1 芯片的问世，渗透率才在 PC 领域有所增长。国产 CPU 产业在经历数十年的艰辛探索后，目前已初具规模，涌现出一批领军企业。我们根据两条技术线路的多款 CPU 进行分类：

- 强调融入国际体系的引进技术路线。代表性的厂商包括：飞腾、鲲鹏使用 ARM 架构，海光、兆芯使用 X86 架构。
- 强调构建自主体系的自主研发路线。代表性的厂商包括：龙芯使用 MIPS 架构、申威使用 Alpha 架构。

从指令集来看，指令集是 CPU 核心中的核心，当前的指令集主要分为复杂指令集（complex instruction set computer，CISC）和精简指令集（reduced instruction set computer，RISC）两大类，X86 就是经典的复杂指令集（CISC），而常见的 ARM、RISC-V、MIPS 则是精简指令集（RISC）。我国典型的指令集结构类型代表厂商包括：

- 复杂指令集（CISC），以 X86 架构为主，国内代表厂商包括海光、兆芯。
- 精简指令集（RISC），涉及 ARM 架构、MIPS 架构、Alpha 架构等，国内代表厂商包括 ARM 架构的鲲鹏、飞腾，MIPS 架构的龙芯，Alpha 架构申威等。

两大指令集并没有高下之分，主要是在不同领域与方向有着不同的优势。CISC 的优势在于指令丰富、功能强大、寻址灵活，缺点则是指令使用频率不均衡，不利于超大规模集成电路（VLSI）实现。RISC 的优势在于指令精简、使用频率均衡、结构简单易设计、程序执行效率高，但指令数较少，寻址不灵活。

2. 操作系统

操作系统国产化是软件自主可控的根本保障。国产操作系统在内核、服务和应用等各技术层面都取得了显著成果，操作系统产业向专业化和精细化方向发展，相关产品也在重点行业得到广泛应用，生态建设接近临界规模。

在桌面和服务器操作系统方面，主流的国产操作系统全面支持飞腾、鲲鹏、龙芯、海思麒麟、瑞芯微等主流国产 CPU 和国外 CPU。部分操作系统产品面向关键行业全面支持物理、云或超融合环境上构建生产环境，通过连接传统和新基础设施简化 IT 环境；另有部分产品通过云服务安全引擎对 KVM 和容器服务进行保护，同时通过内置的 AI 数据卫士使得操作系统对绝大多数勒索病毒具有免疫能力。在嵌入式操作系统方面，相关厂商围绕产业方向进行了处理器的多样化支持和应用系统适配工作。

国内厂商在开源社区的贡献度不断提高，2020 年，中国在 GitHub 的贡献者数量增长迅速，目前仅次于美国，数量位居第二，占据 GitHub 活跃贡献者中的 14%。主要的国产操作系统厂商包括：

- 华为对 Linux 5.10 的贡献超过国际厂商排名第一；
- 麒麟软件在 OpenStack 社区开源云基础设施软件的第 24 个版本中贡献排名全球第三；
- 统信软件在操作系统核心组件领域累计适配集成补丁超过 5000 个，自研开发并反馈上游社区补丁超过 500 个，并在 Qt 贡献排名全球第五。

3. 数据库

国内数据库市场基本由国外厂商主导，参考 Gartner 数据，前五大企业均为国外厂商，占据约 70%的份额。本土数据库厂商市场份额较大的主要有南大通用、山东瀚高、爱可生、人大金仓和武汉达梦数据库等。

国产数据库技术差距不大，各有特点。国产数据库经过近 20 年的发展，在技术、产品、市场等方面已经取得一定的突破，从产品成熟度、易用性和性价比方面都达到了一定的水平，具有功能简单、价格便宜、原厂服务的特征，能满足各领域的业务需求。

4. 办公软件

基础办公软件空间巨大，移动化助力其第二次腾飞。根据 CNNIC 统计数据显示，截至 2019 年 6 月底我国网民规模约 8.54 亿，国内互联网普及率达 61.2%。我国网民数量的增长也促进了办公软件用户数量的增长，未来的国内办公软件市场规模、用户数量呈持续上升趋势。

由于办公软件产品技术门槛较高，国内办公软件市场长期被微软 Microsoft Office 垄断。近年来，国内桌面市场经过快速发展，国产软件不断攻城略地，金山办公的 WPS Office 已具备和 Microsoft Office 分庭抗礼的实力。WPS Office 借助移动云服务模式迅速占据国内移动端办公软件第一的市场份额，2017 年已经拥有超过 2.45 亿用户，付费会员数量增长近 4 倍，在移动终端月活用户超过 1.12 亿。

国产办公软件产品借助云平台为用户提供协同办公服务。金山、永中等办公软件已支持对 Word、Excel、PPT 等格式文档的多人实时协同编辑。通过文档云端存储技术，可实现多人、同时、通过不同终端访问和编辑同一文档，实现无延迟协同办公；通过身份认证、权限管理、传输加密等手段，保证文档在协作编辑过程中全生命周期安全。目前，金山办公的在线协作平台月活用户突破千万，漫游文档开启率达到 90%。同时，国产办公软件的平台效应正在显现，办公软件融合邮件、即时通信、音视频会议、日历、内容创作资源、行业业务系统等应用服务，可针对跨地域场景提供定制化的协同办公解决方案。

1.3 计算机系统的组成

1.3.1 计算机系统

计算机系统由硬件系统和软件系统两部分组成。硬件和软件的组合形成一个可用的完整计算系统。基本的计算机系统如图 1-1 所示。

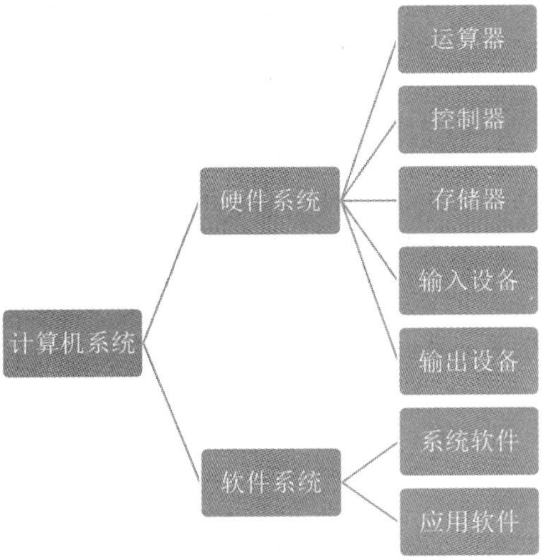

图 1-1 基本的计算机系统

1. 硬件系统（hardware system）

硬件系统又称为计算机硬件（computer hardware），是电子计算机的物理设备。

计算机硬件是计算机的实体，包括物理的、有形部件或组件，如主板、中央处理器（CPU）、硬盘、内存（随机存取存储器（RAM））、显示器、鼠标、键盘、显卡、声卡、扬声器和机箱等都属于计算机硬件。

硬件系统由运算器、控制器、存储器、输入设备和输出设备五个部分组成，有时也可以认为是由中央处理器、存储器、输入设备和输出设备四个组成部分。其中中央处理器包括运算器和控制器。

1）中央处理器（CPU）

中央处理器（central processing unit，CPU）是负责执行计算机程序指令读取、译码与运行的电子电路。作为计算机的运算核心和控制核心，它有时也称为微处理器或处理器。

中央处理器除了包括运算器和控制器两大部件之外，还包括若干个寄存器和高速缓冲存储器及实现它们之间联系的数据、控制及状态的总线。

（1）运算器。

运算器用于实现算术运算和逻辑运算。它由算术和逻辑单元（arithmetic and logic unit，ALU）、累加计数器（ACC）、乘商寄存器（MQ）和通用寄存器（X）组等组成。通用寄存器可能有多个，其中算术和逻辑单元是运算器的核心部件。历史上美国英特尔公司（Intel）的74181是第一个ALU。

算术和逻辑单元允许执行算术（加、减、乘、除等四则运算）和逻辑与、或、非（AND、OR、NOT）等运算。

（2）控制器。

控制器是控制计算机的运算器、存储器、输入设备和输出设备的执行操作。控制单元还提供其他计算机组件所需的定时和控制信号。

控制器由PC（program counter，程序计数器）、IR（instruction register，指令寄存器）和CU（control unit，控制单元）组成。

计算机最主要的工作就是执行代码，而我们所用的代码就是若干条的指令。每完成一条指令需要三个阶段。先取指令，根据PC里记录的指令地址从内存里取出对应的指令。取出的指令放在IR中，CU分析这条指令到底要干什么。分析完后CU控制其他部件配合完成指令的具体执行。

（3）寄存器。

寄存器（registers）是CPU中的高速存储区域。所有数据必须先存储在寄存器中，然后才能进行处理。其中：

MAR（memory address register，存储地址寄存器）是保存需要访问的数据的内存位置。

MDR（memory data register，存储数据寄存器）是保存正在传入或传出内存的数据。

AC（accumulator，累加器）是存储中间算术和逻辑结果的地方。

PC（program counter，程序计数器）包含要执行的下一条指令的地址。

CIR（current instruction register，当前指令寄存器）包含处理过程中的当前指令。

（4）总线（Buses）。

总线是将数据从计算机的一个组件传输到另一个组件的通道，CPU和RAM（内存）之间使用地址总线、数据总线和控制总线进行通信。一个标准的CPU系统总线由控制总线、数据总线和地址总线组成。

· 地址总线（address bus）在处理器和内存之间传送数据的地址。

· 数据总线（data bus）在处理器、内存单元、输入和输出设备之间传输数据。

· 控制总线（control bus）承载来自CPU的控制信号、命令以及来自其他设备的状态信号，以控制和协调计算机内的所有活动。

2）存储器（memory unit）

存储器也称为存储单元，是一种利用半导体、磁性介质等技术制成的存储资料的电子设备。其电子电路中的数据以二进制方式存储，主存储器由存储体、MAR（memory address register，存储地址寄存器）和 MDR（memory data register，存储数据寄存器）组成。

存储器可分为内部存储器（又称内存或主存）和外部存储器（又称外存），其中内存是 CPU 能直接寻址的储存空间，由半导体器件制成，内存的特点是访问速率快。我们平常使用的计算机软件，如操作系统、浏览器、游戏等，一般都是安装在硬盘驱动器等外部存储器上的，必须把程序调入内存中，它们才能运行并使用其功能。例如，用户发送一段语音，或者运行一个游戏程序，其实都是在内存中进行的，数据产生后不断地由内存向外部存储器进行读/写。

3）输入设备（input device）

输入设备是一种计算机硬件设备，它将信息转换成机器能识别的形式，是用于向计算机系统提供数据和控制信号的设备。

输入设备包括键盘、鼠标、游戏手柄、相机和话筒等。

4）输出设备（output device）

输出设备也是一种计算机硬件设备，它将信息转换为人类可感知的形式，转换为与其他非计算机化设备一起使用的物理机器可读形式。它可以是文本、图形、触觉、音频或视频等。

输出设备包括显示器、打印机、扬声器、耳机、投影仪、导航设备、光学标记阅读器和盲文阅读器等。

2. 软件系统（software system）

软件是一组计算机程序和相关的文档及数据，由具有各类特殊功能的程序组成。软件是可以由硬件存储和运行的指令，这与构建系统并实际执行工作的硬件形成对比。

大多数软件都是用高级编程语言编写的。它们对程序员来说更容易、更高效，因为它们比机器语言更接近自然语言。使用编译器或解释器或两者的组合将高级语言翻译成机器语言。软件也可以用低级汇编语言编写，它与计算机的机器语言指令有很强的对应关系，并使用汇编程序翻译成机器语言。

软件可以分为系统软件和应用软件。

1）系统软件

系统软件是用来管理整个计算机系统的。

系统软件包括操作系统 OS（统信、麒麟、Windows 等）、程序设计语言（Java、Python、PHP、C、C＃、C＋＋、Go、Ruby 等）、数据库管理系统（DBMS）、语言处理程序、服务程序等。

2）应用软件

应用软件是按任务或者用户需要和需求编制成的各种程序。

应用软件包括办公软件（WPS、Office 等）、社交软件（微信、微博等）、游戏软件（扫雷、俄罗斯方块等）、浏览器（谷歌、火狐等）、媒体软件（视频播放器、音频播放器等）。

拓展知识

裸机

在计算机科学中，裸机（bare machine，bare metal）是指直接在逻辑硬件上执行指令而没有操作系统干预的计算机。

现代操作系统经历了不同阶段的演变，从初级到现在包含许多服务的复杂、高度敏感的系统。在可编程计算机（不需要物理变化来运行不同的程序）开发之后，但在操作系统开发之前，顺序指令是直接使用机器语言在计算机硬件上执行的，没有任何系统软件层。

1.3.2 计算机工作原理

计算机科学（computer science）是对计算、自动化和信息的研究。计算机科学跨越理论学科到实践学科。理论学科包括算法、计算理论、信息论和自动化等，实践学科包括硬件和软件的设计和实现。

计算机组成原理研究计算机硬件在底层是如何相互协调工作的，具体包括计算机基本组成部件（包括运算器、控制器、存储器、输入和输出设备）的结构、工作原理、内部运行机制和设计方法。

计算机的工作原理是：将事先编制好的程序通过输入设备输送到计算机的内存中，运算器通过算术运算与逻辑运算执行程序中的各个指令与程序，控制器协调各个指令按照程序中规定的次序和步骤有效运行，最后将处理结果通过输出设备输出。

计算机中的逻辑集成电路是由很多开关元件组成的，而开关元件的状态有“接通”和“断开”两种状态，一般是用“1”代表“接通”状态，用“0”代表“断开”状态。

计算机唯一能直接识别的数制是二进制（Binary），也就是二进制的数字 0 和 1。一个二进制数字（Binary digit）或者二进制单位包含的信息量称为 1 位（bit）。位（bit）是二进制单位（Binary digit）的简称，是最小一级的信息单位。

数据存储以字节（Byte）为单位，数据传输大多是以位（bit）为单位，1 个位就表示一个二进制的 0 或 1，每 8 个位（bit，简写为 b）组合在一起可以组成 1 个字节（Byte，简写为 B）。

1.3.3 冯·诺依曼架构

冯·诺依曼架构（Von Neumann architecture）也称为冯·诺依曼模型（Von Neumann model）或普林斯顿架构（Princeton architecture）。它以美籍匈牙利数学家和计算机科学家约翰·冯·诺依曼（John von Neumann）的名字命名。1946 年至今计算机技术取得长足的进步，而冯·诺依曼体系结构仍然沿用，因而冯·诺依曼也被公认为是“现代计算机之父”和“博弈论之父”。

冯·诺依曼由于在曼哈顿计划（Los Alamos Manhattan Project）中需要处理大量的运算，从而使用了当时最先进的两台计算机哈佛马克一号（Harvard Mark Ⅰ）和 ENIAC（电子数字积分计算机），在使用 Harvard Mark Ⅰ和 ENIAC 的过程中，他意识到了存储程序的重要性，从而提出了存储程序逻辑架构。

冯·诺依曼架构出自他的论文 EDVAC 报告的初稿（First Draft of a Report on the EDVAC，通常简称为初稿）中的描述，由冯·诺依曼撰写的 EDVAC 报告的初稿是一份不完整的 101 页文件，并于 1945 年 6 月 30 日由 ENIAC 项目的安全官赫尔曼戈德斯汀（Herman Goldstine）发布。

初稿描述了一种设计具有以下组件的电子数字计算机的体系结构：具有算术逻辑单元和处理器，寄存器的处理单元；一种控制单元，包括指令寄存器和程序计数器；存储数据和指令的内存；外部大容量存储器；输入输出机制。这套理论称为冯·诺依曼结构。

初稿包含了第一个使用存储程序概念的计算机逻辑设计论述 EDVAC（electronic discrete variable automatic computer，离散变量自动电子计算机）。EDVAC 明确定义了现代计算机系统的五大组成部分，即运算器、控制器、存储器、输入设备和输出设备，并描述了这五大组成部分的功能及相互关联。

冯·诺依曼提出了存储程序的概念，是指将指令以二进制代码的形式事先输入计算机的主存储器（内存），然后按其在存储器中的首地址执行程序的第一条指令，以后就按该程序的规定顺序执行其他指令，直至程序执行结束。

冯·诺依曼计算机的特点：

- 计算机由五大部件组成；
- 指令和数据以同等地位存于存储器，可按地址寻访；
- 指令和数据用二进制表示；
- 指令由操作码和地址码组成；
- 存储程序；
- 以运算器为中心。

现如今，冯·诺依曼架构仍然在量产的大多数计算机中普遍使用。冯·诺依曼基本架构如图 1-2 所示。

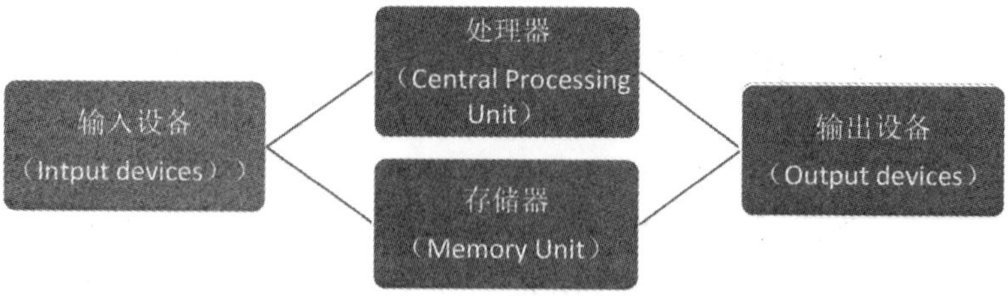

图 1-2　冯·诺依曼基本架构

1.4　计算机数据的存储

计算机存储的数据可以是字符、音频、视频、图形和图像等，数据输入计算机后，必须转换成计算机可以执行的语言，即机器语言，就是通常所说的二进制代码。在了解二进制代码之前，必须先了解一下数据存储基础知识。

计算机唯一能直接识别的数制是二进制，也就是二进制位的 0 和 1。一个二进制位（Binary digit）包含的信息量称为 1 位（bit）。位（bit）是二进制位（Binary digit）的简称。

1.4.1　数据存储的基础知识

1. 记数系统和进制数值

记数系统（numeral system）也称为计数系统或数制，是以一致的方式使用数字或其他符号来表示给定集合的记数体系。它是人类表示数值大小的各种方法的统称。

我们都知道数字是抽象数学系统的一个单位，服从特定的顺序法则、加法法则和乘法法则。相同的符号序列可能代表不同数字系统中的不同数字。记数系统通常可以按照以下方式分类：

- 按照基数区分的进位制，可分为十进制、二进制、八进制、十六进制等。
- 按照书写方法，可分为中文数字、阿拉伯数字、罗马数字等。

迄今为止，人类都是按照进位方式来实现计数的，这种计数制度称为进位计数制，简称进位制或进制。

一种数制允许使用的数字符号个数称为这种数制的基数（Radix）或者基（Base），X 进制的基就等于 X。如果是十进制，它的基就等于 10。进位制记数系统包括十进制、二进制、八进制和十六进制等。

1）十进制（Decimal）

谈起进位制，人们比较习惯于日常生活中使用的十进制，这也是世界上普遍采用的一种进位制，它是由阿拉伯数字 0、1、2、3、4、5、6、7、8、9 十个数字符号组成。

十进制的基数是 10，进位规则是逢十进一。一般使用“D”表示十进制。

例如，“9”表示十进制中的数字 9。如果将 9 再加上 1，根据逢十进一的进位规则，结果就变成了数字 10。

我们可以使用 $(95)_D$ 或 $(95)_{10}$ 两种书写方式表示十进制的 95。

2）二进制（Binary）

计算机硬件用来表示和管理信息的方式是二进制。这是计算机唯一能直接识别的进位计数制，也就是二进制数字的 0 和 1。

在计算机中，所有的数据在存储和运算时都要使用二进制数，因为计算机用高电平和低电平分别表示 1 和 0。

二进制在数学和数字电路中是指以 2 为基数的记数系统，以 2 为基数代表系统是二进位制的。每一位比下一位表示的数大两倍。

二进制的基数是 2，进位规则是逢二进一。一般使用“B”表示二进制。

二进制的书写过程中，一般以右下方 2 或 B 标记，例如，可以使用 $(11)_B$ 或 $(11)_2$ 书写方式表示二进制的 11。

计算机系统采用二进制的原因主要包括以下几点：

（1）数字装置状态简单，可靠稳定。

（2）二进制数运算规则简单，通用性强。

（3）数字电路既可以进行算术运算，也可以进行逻辑运算。

（4）人类的逻辑思维方式倾向于二进制的表述结果，真或假，有或无。

将二进制转换十进制的计算方法举例。例如，将二进制 1111 1111 转换为十进制。

$$(1111\ 1111)_2 = 1*2^7+1*2^6+1*2^5+1*2^4+1*2^3+0*2^2+1*2^1+0*2^0$$
$$=128+64+32+16+8+4+2+1$$
$$=(255)_{10}$$
$$=255$$

3）八进制（Octal）

八进制（Octal）只有 0、1、2、3、4、5、6、7 八个符号，在早期的计算机系统中已经出现了八进制。

八进制的基数是 8，进位规则是逢八进一，一般使用“O”表示八进制。

例如，25 用八进制表示为 $(25)_O$ 或 $(25)_8$。

4）十六进制（Hexadecimal）

在计算机指令代码和数据的书写过程中经常使用的进制是十六进制。在十六进制中，使用 0、1、2、3、4、5、6、7、8、9、A、B、C、D、E、F 共 16 个符号来表示，A、B、C、D、E、F 分别代表 10、11、12、13、14、15。

十六进制的基数是 16，逢十六进一，一般用“H”表示十六进制。

例如，7A 用十六进制表示为 $(7A)_H$ 或者 $(7A)_{16}$。

二进制、八进制、十进制、十六进制的进制对照表如表 1-3 所示。

表 1-3　二进制、八进制、十进制、十六进制的进制对照表

十进制	二进制	八进制	十六进制
0	0000	0	0
1	0001	1	1
2	0010	2	2
3	0011	3	3
4	0100	4	4
5	0101	5	5
6	0110	6	6
7	0111	7	7
8	1000	10	8
9	1001	11	9
10	1010	12	A
11	1011	13	B
12	1100	14	C
13	1101	15	D
14	1110	16	E
15	1111	17	F

2. 位（bit）和字节（Byte）

位（bit）又称比特或比特位，是计算和数字通信中最基本的信息单位。位（bit）是二进制单位或者称为二进制数字（Binary digit）的简称。

位（bit）表示具有两个可能值之一的逻辑状态。这些值最常表示为“1”或“0”，但也常用其他表示，如真或假、是或否、开或关、正或负符号。位是计算机中存储数据的最小单位。

数据存储以字节（Byte）为单位，数据传输大多是以位（bit）为单位，1 个位就表示一个二进制的 0 或 1，每 8 个位（bit）组合在一起可以组成 1 个字节（Byte）。字节是计算机存储容量的基本单位。

位（bit）使用小写字母“b”表示单位。字节（Byte）使用大写字母“B”表示单位。其中一个英文字母字符占一个字节的空间，一个中文汉字字符占两个字节的空间。

字节（Byte）以上还有更大的单位，如 Kilobyte（千字节）、Megabyte（兆字节）、Gigabyte（千兆字节、吉字节）、Terabyte（万亿字节、太字节）、Petabyte（千万亿字节、拍字节）、Exabyte（百亿亿字节、艾字节）、Zettabyte（十万亿亿字节、泽字节）、Yottabyte（一亿亿亿字、尧字节）、Brontobyte（一千亿亿亿字节）等。它们的缩写分别是 KB、MB、GB、TB、PB、EB、ZB、YB、BB 等。

它们之间的换算关系如表 1-4 所示，其中 $1024=2^{10}$（2 的 10 次方）。

表 1-4 数据存储单位换算

1 B（Byte，字节）=8 b（bit，位）
1 KB（Kilobyte 千字节）$=2^{10}$ B=1024 B
1 MB（Megabyte，兆字节）$=2^{10}$ KB=1024 KB
1 GB（Gigabyte，千兆字节）$=2^{10}$ MB=1024 MB
1 TB（Terabyte，万亿字节）$=2^{10}$ GB=1024 GB
1 PB（Petabyte，千万亿字节）$=2^{10}$ TB=1024 TB
1 EB（Exabyte，百亿亿字节）$=2^{10}$ PB=1024 PB
1 ZB（Zettabyte，十万亿亿字节）$=2^{10}$ EB=1024 EB
1 YB（Yottabyte，一亿亿亿字节）$=2^{10}$ ZB=1024 ZB
1 BB（Brontobyte，一千亿亿亿字节）$=2^{10}$ YB=1024 YB

拓展知识

为什么计算机储存单位的进率是 1024 而不是 1000

现代计算机系统中使用的 KB（Kilobyte，千字节）有两种表示约定：

（1）十进制系统中使用的 KB，K 的大小是 1000，1 KB 等于 1000 个字节；

（2）二进制系统中使用的 KB，K 的大小是 1024，1 KB 等于 1024 个字节。

虽然这两个不同的约定都使用 KB，但它们的硬盘存储器的实际容量大小却是不同的。

现代计算机系统都是使用二进制作为计算单位，使用二进制来表示控制信号和数据，以便计算机识别。因此，1 KB 等于 1024 个字节。

不过，由于各硬盘制造商选择的约定规则不同，大多数厂商对其标称容量是以十进制方式进行计算的，导致硬盘的标称容量与计算机系统显示的容量不一致。

因此，人们会对其具体使用的是哪种测量单位产生误会，为了减少混淆，美国电气和电子工程师协会（IEEE）提供了一个参考指南，帮助区分十进制系统中使用的 1 KB 等于 1000 个字节和二进制系统中使用的 1 KB 等于 1024 个字节。

例如，“k”指十进制的千字节，“K”指二进制的千字节。不过，并不是所有人都严格遵守这些约定。本书中采用 1024 的约定。

硬盘存储容量计算举例：标称 4 TB 的硬盘，按照十进制系统中使用的 1 KB 等于 1000 个字节，其实际容量大约为 3725 GB。

1.4.2 BCD 码

我们都知道数据是以二进制代码在计算机内存储的。但是，人类习惯于使用十进制，那么在计算机内存储的二进制与人们习惯使用十进制之间是如何转换的呢？

BCD 码（Binary-coded decimal），是一种十进制数的二进制编码的形式，可以实现二进制与十进制之间的转换。

每个十进制数字用一串单独的二进制位来存储与表示。常见的有以 4 位表示 1 个十进制数字，称为压缩（compressed or packed）的 BCD 码；或者以 8 位表示 1 个十进制数字，称为未压缩（uncompressed or zoned）的 BCD 码。

根据不同的使用场景，BCD 码可以分成有权码和无权码两种：

- 有权码包括 8421 码、2421 码、5421 码；
- 无权码包括余 3 码、格雷码。

1. 8421 码

每 4 个二进制位编码对应一个十进制位，其中还有 6 个冗余位。从左到右 8、4、2、1 分别对应每一位的权值。0000～1001 分别对应十进制的 0～9。

进行加法运算后，如果相加的结果在合法范围之内，则无需修正；如果超出该范围，则需要加上 $(0110)_2$ 进行修正，强制向高位进 1。

8421 码与二进制之间的转换，需先将 8421 码表示的数转换成十进制数，再将十进制数转换成二进制数。

2. 2421 码

从左到右 2、4、2、1 分别对应每一位的权值。表示 0～4 的时候最高位为 0，表示 5～9 的时候最高位为 1。

3. 余 3 码

8421 码加上 $(0011)_2$ 即可，如表 1-5 所示。

表 1-5　十进制与 8421 码、2421 码和余 3 码对照表

十进制数	8421 码	2421 码	余 3 码
0	0000	0000	0011
1	0001	0001	0100
2	0010	0010	0101

续表

十进制数	8421 码	2421 码	余 3 码
3	0011	0011	0110
4	0100	0100	0111
5	0101	1011	1000
6	0110	1100	1001
7	0111	1101	1010
8	1000	1110	1011
9	1001	1111	1100

1.4.3 ASCⅡ码

在计算机中，所有的图像、音乐、程序都是由二进制数组成的，这就需要对这些文字和符号进行编码，即用二进制编码来表示字符。

ASCⅡ码有效地解决了以数字形式表示文本的问题。

人们发明了计算机，并知道如何使用内存中的 0101 来表示数和机器码。

不过，在没有计算机和网络之前，人类最主要的信息展现形式是文本，如何用内存中的位（bit）来表示文本是一直困扰着人们的难题，这种情况一直持续到 ASCⅡ码发明后才得到有效解决。

每个字符都对应一个数字。多个字符间用空格或/隔开。

Python 中 ord（）函数，返回对应字符的 ASCⅡ码，示例如下所示。

示例 1.1.1

```
>>> ord('A')
65
>>> ord('a')
97
```

ASCⅡ（American Standard Code for Information Interchange，美国信息交换标准码）发明于 1963 年，是一种用于电子通信的字符编码标准。

ASCⅡ码使用指定的 7 位或 8 位二进制数组合来表示 128 或 256 种可能的字符。标准 ASCⅡ码也叫基础 ASCⅡ码，使用 7 位二进制数，剩下的 1 位二进制为 0 来表示所有的大写和小写字母，数字 0 到 9 和标点符号，以及在美式英语中使用的特殊控制字符。

ASCⅡ编码用来表示英文，它使用1个字节表示，其中第一位规定为0，其他7位存储数据，一共可以表示128个字符。

拓展ASCⅡ编码用于表示更多的欧洲文字，用8个位存储数据，一共可以表示256个字符。

GBK/GB2312/GB18030：表示汉字。GBK/GB2312表示简体中文，GB18030表示繁体中文。

Unicode编码设计于1992年，Unicode使用了一个统一编码方案，包含世界上所有的字符。它是一个字符集，解决了不同国家不同标准的问题。最常见的Unicode是16位的，有超过一百万个位置，对所有语言的每个字符都够了。

UTF-8是Unicode字符的实现方式之一，它使用1～4个字符表示一个符号，根据不同的符号而变化字节长度。ASCⅡ码表如表1-6和表1-7所示。

表1-6　ASCⅡ码表（共33个控制字符）

二进制	十进制	十六进制	缩写	含义
0000 0000	0	00	NUL	空字符（Null）
0000 0001	1	01	SOH	标题开始
0000 0010	2	02	STX	本文开始
0000 0011	3	03	ETX	本文结束
0000 0100	4	04	EOT	传输结束
0000 0101	5	05	ENQ	请求
0000 0110	6	06	ACK	确认回应
0000 0111	7	07	BEL	响铃
0000 1000	8	08	BS	退格
0000 1001	9	09	HT	水平定位符号
0000 1010	10	0A	LF	换行键
0000 1011	11	0B	VT	垂直定位符号
0000 1100	12	0C	FF	换页键
0000 1101	13	0D	CR	CR（字符）
0000 1110	14	0E	SO	取消变换（Shift out）
0000 1111	15	0F	SI	启用变换（Shift in）
0001 0000	16	10	DLE	跳出数据通信
0001 0001	17	11	DC1	设备控制一（XON激活软件速度控制）
0001 0010	18	12	DC2	设备控制二
0001 0011	19	13	DC3	设备控制三（XOFF停用软件速度控制）
0001 0100	20	14	DC4	设备控制四

续表

二进制	十进制	十六进制	缩写	含义
0001 0101	21	15	NAK	确认失败回应
0001 0110	22	16	SYN	同步用暂停
0001 0111	23	17	ETB	区块传输结束
0001 1000	24	18	CAN	取消
0001 1001	25	19	EM	连线介质中断
0001 1010	26	1A	SUB	替换
0001 1011	27	1B	ESC	退出键
0001 1100	28	1C	FS	文件分割符
0001 1101	29	1D	GS	组群分隔符
0001 1110	30	1E	RS	记录分隔符
0001 1111	31	1F	US	单元分隔符
0111 1111	127	7F	DEL	Delete 字符

表 1-7　ASCⅡ码表（共 95 个可显示字符）

二进制	十进制	十六进制	图形
0010 0000	32	20	(space)
0010 0001	33	21	!
0010 0010	34	22	"
0010 0011	35	23	#
0010 0100	36	24	$
0010 0101	37	25	%
0010 0110	38	26	&
0010 0111	39	27	'
0010 1000	40	28	(
0010 1001	41	29	)
0010 1010	42	2A	*
0010 1011	43	2B	+
0010 1100	44	2C	,
0010 1101	45	2D	-
0010 1110	46	2E	.
0010 1111	47	2F	/

续表

二进制	十进制	十六进制	图形
0011 0000	48	30	0
0011 0001	49	31	1
0011 0010	50	32	2
0011 0011	51	33	3
0011 0100	52	34	4
0011 0101	53	35	5
0011 0110	54	36	6
0011 0111	55	37	7
0011 1000	56	38	8
0011 1001	57	39	9
0011 1010	58	3A	:
0011 1011	59	3B	;
0011 1100	60	3C	<
0011 1101	61	3D	=
0011 1110	62	3E	>
0011 1111	63	3F	?
0100 0000	64	40	@
0100 0001	65	41	A
0100 0010	66	42	B
0100 0011	67	43	C
0100 0100	68	44	D
0100 0101	69	45	E
0100 0110	70	46	F
0100 0111	71	47	G
0100 1000	72	48	H
0100 1001	73	49	I
0100 1010	74	4A	J
0100 1011	75	4B	K
0100 1100	76	4C	L
0100 1101	77	4D	M
0100 1110	78	4E	N

续表

二进制	十进制	十六进制	图形
0100 1111	79	4F	O
0101 0000	80	50	P
0101 0001	81	51	Q
0101 0010	82	52	R
0101 0011	83	53	S
0101 0100	84	54	T
0101 0101	85	55	U
0101 0110	86	56	V
0101 0111	87	57	W
0101 1000	88	58	X
0101 1001	89	59	Y
0101 1010	90	5A	Z
0101 1011	91	5B	[
0101 1100	92	5C	\
0101 1101	93	5D	]
0101 1110	94	5E	ˆ
0101 1111	95	5F	
0110 0000	96	60	`
0110 0001	97	61	a
0110 0010	98	62	b
0110 0011	99	63	c
0110 0100	100	64	d
0110 0101	101	65	e
0110 0110	102	66	f
0110 0111	103	67	g
0110 1000	104	68	h
0110 1001	105	69	i
0110 1010	106	6A	j
0110 1011	107	6B	k
0110 1100	108	6C	l
0110 1101	109	6D	m

续表

二进制	十进制	十六进制	图形
0110 1110	110	6E	n
0110 1111	111	6F	o
0111 0000	112	70	p
0111 0001	113	71	q
0111 0010	114	72	r
0111 0011	115	73	s
0111 0100	116	74	t
0111 0101	117	75	u
0111 0110	118	76	v
0111 0111	119	77	w
0111 1000	120	78	x
0111 1001	121	79	y
0111 1010	122	7A	z
0111 1011	123	7B	{
0111 1100	124	7C	|
0111 1101	125	7D	}
0111 1110	126	7E	～

1.5 新一代信息技术

1.5.1 信息技术的概念

1. 信息（information）

信息是对事物运动状态和特征的描述。信息是有用的消息，能减少不确定性的任何事物都可称为信息。

(1) 控制论（cybernetics）的创始人美国电子工程专家诺伯特·维纳认为：信息就是信息，它既不是物质也不是能量。

控制论是探索调节系统的跨学科研究，它用于研究控制系统的结构、局限和发展。这一论说的提出者，美国电子工程专家诺伯特·维纳在 1948 年将控制论定义为“以机器中的控制与调节原理，以及将其类比到生物体或社会组织体后的控制原理为对象的科学研究。”换句话说，这是关于人、动物和机器如何相互控制和通信的科学研究。

(2) 被誉为信息论（information theory）之父的美国数学家和密码学家克劳德·艾尔伍德·香农提出了信息熵的概念，用于衡量消息的不确定性。

信息论是应用数学、电子学和计算机科学的一个分支，涉及信息的量化、存储和通信等。信息论是由香农发展，用来找出信号处理与通信操作的基本限制，如数据压缩、可靠的存储和数据传输等。自创立以来，它已拓展应用到许多其他领域，包括统计推断、自然语言处理、密码学、神经生物学、进化论和分子编码的功能、生态学的模式选择、热物理、量子计算、语言学、剽窃检测、模式识别、异常检测和其他形式的数据分析。

熵是信息的一个关键度量，通常用一条消息中需要存储或传输一个符号的平均比特数来表示。熵衡量了预测随机变量的值时涉及的不确定度的量。例如，指定掷硬币两个可能的结果比指定掷骰子六个等可能的结果所提供的熵（信息量）更少。

信息论将信息的传递作为一种统计现象来考虑，给出了估算通信信道容量的方法。信息传输和信息压缩是信息论研究中的两大领域。这两个方面又由信道编码定理、信源-信道隔离定理相互联系。

(3) 信息的概念存在两个基本的层次，即本体论层次和认识论层次。前者是纯客观的层次，只与客体本身的因素有关，与主体的因素无关。后者是从主体立场来考察信息层次，既与客体因素有关，又与主体因素有关。

本体论（ontology）在计算机科学和信息科学中，本体是指对概念、数据和实体之间的类别、属性和关系的表示、命名和定义，这些概念、数据和实体构成了一个、大量或所有的论域。本体提供的是特定领域之中那些存在着的对象类型或概念及其属性和相互关系；或者说，本体就是一种特殊类型的术语集，具有结构化的特点，且更加适合于在计算机系统之中使用；或者说，本体实际上就是“对特定领域之中某套概念及其相互之间关系的形式化表达（formal representation）”。本体是人们以自己兴趣领域的知识为素材，运用信息科学的本体论原理而编写出来的作品。本体一般可以用来针对该领域的属性进行推理，亦可用于定义该领域也就是对该领域进行建模。此外，有时人们也会将本体称为本体论。

作为一种关于现实世界或其中某个组成部分的知识表达形式，本体目前的应用领域包括但不仅限于人工智能、语义网、软件工程、生物医学信息学、图书馆学以及信息架构。

认识论又称知识论（Epistemology）等，是与知识有关的哲学分支。认识论者研究知识的性质、起源和范围、认识论的正当性、信念的合理性以及各种相关问题。认识论被认为是哲学的一个主要子领域，其他主要子领域则有伦理学、逻辑学和形而上学等。

2. 信息技术（information technology，IT）

信息技术是使用计算机来创建、处理、存储、检索和交换各种数据和信息。

广义上来说，信息技术是信息和通信技术（information and communications technology，ICT）的一部分，是用于管理和处理信息所采用的各种技术总称，主要是应用计算机科学和通信技术来设计、开发、安装和部署信息系统及应用软件。

自从最早的书写系统被开发以来，人类就一直在存储、检索、操作和交流信息。现代意义上的信息技术一词首次出现在1958年发表在《哈佛商业评论》上的一篇文章中。作者哈罗德·莱维特（Harold J. Leavitt）和托马斯·惠斯勒（Thomas L. Whisler）评论说："新技术还没有一个既定名称，我们将其称为信息技术。"

依照存储和处理信息的不同，信息技术的发展可以分为以下四个不同的阶段，如表1-8所示。

表1-8　信息技术的发展阶段

时期	时间
前机械时期	公元前3000—1450年
机械时期	1450—1840年
机电时期	1840—1940年
电子时期	1940至今

信息技术的研究包括科学、技术、工程与管理学等学科，这些学科在信息的管理、传递和处理中的应用，相关的软件和设备及其相互作用。

信息技术的应用包括计算机硬件、软件、电子产品、半导体、互联网、电信设备和电子商务等。计算机与互联网普及以来，人们日益普遍地使用计算机来生产、处理、交换与传播各种形式的信息，如视频、音频、图形等。

1.5.2　大数据

根据权威机构Statista的统计，2020年全球数据量达到47 ZB，而到2035年，这一数字将达到2142 ZB，全球数据量即将迎来更大规模的爆发。

1. 大数据（big data）基本概念

大数据（big data）是无法在一定时间范围内用常规软件工具进行捕获、管理和处理的数据集合，是需要新处理模式才能具有更强的决策力、洞察发现力和流程优化能力的海量、高增长率和多样化的信息资产。

大数据所分析处理带来的信息以及反馈出来的事实，对于人们来说具有巨大的潜在价值。

2. 大数据的特点

大数据是具有体量大、结构多样、时效性强等特征的数据，处理大数据需要采用新型计算架构和智能算法等新技术。具体来说，大数据具有海量数据规模、低密度信息价值、高速数据流转、多种数据类型和数据内容真实等特点。

通常使用 5 个 V 来概括大数据的特征，即

- Volume（大量）：数据体量巨大，可以达到 PB、EB 数量级。
- Variety（多样）：数据类型繁多，有结构化和非结构化数据。
- Value（价值）：低密度信息价值，需要更科学的算法挖掘提取数据价值。
- Velocity（高速）：高速数据流转、处理速度快。
- Veracity（真实性）：数据来自各种、各类信息系统网络以及网络终端的真实行为和轨迹。

大数据从数据源经过分析挖掘到最终获得价值一般需要经过 5 个主要环节，包括数据准备、数据存储与管理、计算处理、数据分析和知识展现，最终通过数据可视化呈现给用户。大数据技术框架如表 1-9 所示。

表 1-9 大数据技术框架

<table>
<tr><td colspan="3">用户</td></tr>
<tr><td rowspan="5">大数据处理系统</td><td>数据可视化</td><td>5. 知识展现</td></tr>
<tr><td>数据挖掘（数据仓库、OLAP、商务智能等）</td><td>4. 数据分析</td></tr>
<tr><td>批处理　交换分析　流处理</td><td>3. 计算处理</td></tr>
<tr><td>数据存储（SQL 关系型数据库和 NoSQL 非关系型数据库）</td><td>2. 存储管理</td></tr>
<tr><td>数据导入（ETL、提取、转换、加载）</td><td>1. 数据准备</td></tr>
<tr><td colspan="3">数据源（互联网、物联网、企业数据等）</td></tr>
</table>

1.5.3 云计算

云计算（cloud computing），是一种基于互联网的计算方式，通过这种方式，共享的软硬件资源和信息可以快速、按需、弹性提供给计算机各种终端和其他设备的云计算服务，使用服务商提供的计算机作为计算资源，无需用户直接主动管理。

云计算的主要特点包括：宽带网络链接；快速、按需、弹性的云计算服务；客户端可以根据需求，动态申请计算、存储和应用服务，在降低硬件、开发和运维成本的同时，大大扩展了客户端的处理能力。

按照云计算服务提供的资源层次，可以分为 IaaS、PaaS 相 SaaS 三种服务类型。

（1）IaaS（infrastructure as a service，基础设施即服务）。

IaaS 向用户提供计算机能力、存储空间等基础设施方面的服务。这种服务模式需要较大的基础设施投入和长期运营管理经验，但 IaaS 服务单纯出租资源，盈利能力有限，如 Amazon 的 AWS。

（2）Paas（platform as a service，平台即服务）。

PaaS 向用户提供虚拟的操作系统、数据库管理系统、Web 应用等平台化的服务。PaaS 服务的重点不在于直接的经济效益，而更注重构建和形成紧密的产业生态，如 Aliyun Cloud Engine。

（3）SaaS（software as a service，软件即服务）。

SaaS 向用户提供应用软件、组件、工作流等虚拟化软件的服务。SaaS 一般采用 Web 技术和 SOA 架构，通过 Internet 向用户提供多租户、可定制的应用能力，大大缩短了软件产业的渠道链条，减少了软件升级、定制和运行维护的复杂程度，并使软件提供商从软件产品的生产者转变为应用服务的运营者，如 Microsoft CRM。

1.5.4 物联网

物联网（Internet of things，IoT）是通过信息传感设备，按约定的协议，将任何物品与互联网相连接，进行信息交换和通信，以实现智能化识别、定位、跟踪、监控和管理的一种网络。物联网主要解决物品与物品（thing to thing，T2T）、人与物品（human to thing，H2T）、人与人（human to human，H2H）之间的互联。与传统互联网不同的是，H2T 是指人利用通用装置与物品之间的连接，从而使得物品连接更加简化，而 H2H 是指人之间不依赖于 PC 而进行的互联。另外，许多学者在讨论物联网时，经常会引入 M2M 的概念，可以解释为人与人（man to man）、人与机器（man to machine），或机器与机器（machine to machine）。

1. 物联网应用关键技术

物联网应用中有两项关键技术，分别是传感器技术和嵌入式技术。

由于多种技术的融合，物联网领域得到了长足的发展，包括传感器、日益强大的嵌入式系统和机器学习。嵌入式系统、无线传感器网络、控制系统、自动化等传统领域独立地和共同地启用物联网。

（1）传感器（sensor）是一种检测装置，能感受到被测量的信息，并能将检测感受到的信息，按一定规律变换成为电信号或其他所需形式的信息输出，以满足信息的传输、处理、存储、显示、记录和控制等要求。在计算机系统中，传感器的主要作用是将模拟信号转换成数字信号。RFID（radio frequency identification，射频识别）是物联网中使用的一种传感器技术，可通过无线电信号识别特定目标并读写相关数据，而无需识别系统与特定目标之间建立机械或光学接触。

（2）嵌入式技术是综合了计算机软硬件、传感器技术、集成电路技术、电子应用技术为一体的复杂技术。经过几十年的演变，以嵌入式系统为特征的智能终端产品随处可见：小到人们身边的 MP3，大到航天航空的卫星系统。如果将物联网用人体做一个简单比喻，传感器相当于人的眼睛、鼻子、皮肤等感官；网络就是神经系统，用来传递信息；嵌入式系统则是人的大脑，在接收到信息后要进行分类处理。

在消费市场，物联网技术是与智能家居概念相关的产品的代名词，包括支持一个或更常见的生态系统，并且可以通过与该生态系统相关的设备进行控制，如智能冰箱、智能音响、智能电灯、智能窗帘、智能监控、智能门锁等。物联网也用于医疗保健系统。

物联网技术和产品的发展存在许多风险，特别是在隐私和安全领域，因此，政府和行业已经开始着手解决这些问题，包括制定国际和地方标准、指南和监管框架。

2. 物联网架构

物联网架构可分为三层，分别是感知层、网络层和应用层。

1）感知层

感知层负责信息采集和物物之间的信息传输。感知层由各种传感器构成，包括温湿度传感器、二维码标签、RFID 标签和读写器、摄像头、GPS 等感知终端。感知层负责物联网识别物体、采集信息。

2）网络层

网络层是物联网三层中标准化程度最高、产业化能力最强、最成熟的部分。网络层由各种网络，包括互联网、广电网、网络管理系统和云计算平台等组成，是整个物联网的中枢，负责传递和处理感知层获取的信息。

3）应用层

应用层是物联网和用户的接口，它与行业需求结合，实现物联网的智能应用。实现应用包括绿色农业、工业监控、公共安全、城市管理、远程医疗、智能家居、智能交通、环境监测等。

3. 物联网的产业链

物联网的产业链包括传感器和芯片、设备、网络运营商服务、软件与应用开发和系统集成。作为物联网“金字塔”的塔座，传感器是整个链条需求总量最大和最基础的环节。将整体产业链按价值分类，硬件厂商的价值较小，占产业价值大头的公司通常都集多种角色为一体，以系统集成商的角色出现。

物联网技术在智能电网、智慧物流、智能家居、智能交通、智慧农业、环境保护、医疗健康、城市管理（智慧城市）、金融服务保险业、公共安全等方面有非常关键和重要的应用。

物联网在城市管理中综合应用就是所谓的智慧城市。智慧城市建设主要包括以下几部分：

- 通过传感器或信息采集设备全方位地获取城市系统数据。
- 通过网络将城市数据关联、融合、处理、分析为信息。
- 通过充分共享、智能挖掘将信息变成知识。
- 结合信息技术，把知识应用到各行各业形成智慧。

1.5.5 移动互联网

移动互联网是指基于手机浏览器以及手机应用程序的互联网服务，人们可通过能访问蜂窝网络或其他无线网络的智能手机或功能手机等手持移动设备使用移动互联网服务。

移动互联网是互联网与移动通信各自独立发展后互相融合的新兴网络，目前呈现出互联网产品移动化强于移动产品互联网化的趋势。从技术层面的定义，以宽带 IP 为技术核心，可以同时提供语音、数据和多媒体业务的开放式基础电信网络；从终端的定义，用户使用手机、上网本、笔记本电脑、平板电脑、智能本等移动终端，通过移动网络获取移动通信网络服务和互联网服务。

移动互联网的核心是互联网，因此一般认为移动互联网是桌面互联网的补充和延伸，应用和内容仍是移动互联网的根本。

1. 移动互联网的特点

（1）终端移动性：移动互联网业务使得用户可以在移动状态下接入和使用互联网服务，移动的终端便于用户随身携带和随时使用。

（2）业务使用的私密性：在使用移动互联网业务时，所使用的内容和服务更私密，如手机支付业务等。

（3）终端和网络的局限性：移动互联网业务在便携的同时，也受到了来自网络能力和终端能力的限制，在网络能力方面，受到无线网络传输环境、技术能力等因素限制；在终端能力方面，受到终端大小、处理能力、电池容量等限制。无线资源的稀缺性决定了移动互联网必须遵循按流量计费的商业模式。

（4）业务与终端、网络的强关联性：由于移动互联网业务受到网络及终端能力的限制，因此，其业务内容和形式也需要适合特定的网络技术规格和终端类型。

移动互联网不仅具有传统互联网应用的简单复制和移植，还具有如下新特征：

- 接入移动性；
- 时间碎片性；
- 生活相关性；
- 终端多样性。

2. 移动互联网关键技术

（1）架构技术 SOA（service oriented architect）：面向服务的架构，不涉及底层编程接口和通信模型，Web Service 是目前实现 SOA 的主要技术。

（2）页面展示技术 Web 2.0：严格来说不是一种技术，而是互联网思维模式。

(3) 页面展示技术 HTML5：在原有 HTML 基础上扩展了 API，最大优势是可以在网页上直接调试和修改。

(4) 主流开发平台 Android：特点是入门容易，因为 Android 的中间层多以 Java 实现，指令相对减少、开发相对简单，而且开发社群活跃，开发资源丰富。

(5) 主流开发平台 iOS：一个非开源的操作系统，开发人员必须加入苹果开发者计划，需要付款以获得苹果的批准，开发语言是 Objective-C、C 和 C++，开发难度大于 Android。

(6) 开发平台 Windows Phone：微软的一款移动端操作系统，开发技术有 C、C++、C# 等。

1.6　信息素养

1.6.1　信息素养的基本概念

信息素养（information literacy）更确切的名称应该是信息文化（information literacy）。信息素养是一种信息能力，信息技术是它的一种工具。

信息素养这一概念是信息产业协会主席保罗·泽考斯基（Paul Zurkowski）于 1974 年提出的，他认为有信息素养的人必须能够确定何时需要信息，并且具有检索、评价和有效使用所需信息的能力。简言之，它的本质是全球信息化需要人们具备的一种基本能力。

1. 信息素养是一种能力素质

信息素养是一种对信息社会的适应能力。美国教育技术 CEO 论坛 2001 年第 4 季度报告提出 21 世纪的能力素质，包括基本学习技能、信息素养、创新思维能力、人际交往与合作精神、实践能力。信息素养是其中一个方面，它涉及信息的意识、信息的能力和信息的应用。

2. 信息素养是一种综合能力

信息素养涉及各方面的知识，是一种特殊的、涵盖面很宽的能力，包含人文的、技术的、经济的、法律的诸多因素，和许多学科有着紧密的联系。信息技术支持信息素养，通晓信息技术强调对技术的理解、认识和使用技能。而信息素养的重点是内容、传播、分析，包括信息检索以及评价，涉及面更宽。它是一种了解、搜集、评估和利用信息的知识结构，既需要通过熟练的信息技术，也需要通过完善的调查方法，通过鉴别和推理来完成。

1.6.2 信息素养的内容

信息技术学科的核心信息素养主要包括信息意识、计算思维、数字化创新与发展、信息社会责任四个方面。

1. 信息意识

信息意识是指个体对信息的敏感度和对信息价值的判断力。具备信息意识的学生，能了解信息及信息素养在现代社会中的作用与价值，主动地寻求恰当的方式捕获、提取和分析信息，以有效的方法和手段判断信息的可靠性、真实性、准确性和目的性，对信息可能产生的影响进行预期分析，自觉地充分利用信息解决生活、学习和工作中的实际问题，具有团队协作精神，善于与他人合作、共享信息，实现信息的更大价值。

2. 计算思维

计算思维是指个体在问题求解、系统设计的过程中，运用计算机科学领域的思想与实践方法所产生的一系列思维活动。具备计算思维的学生，能采用计算机等智能化工具可以处理的方式界定问题、抽象特征、建立模型、组织数据，能综合利用各种信息资源、科学方法和信息技术工具解决问题，能将这种解决问题的思维方式迁移运用到职业岗位与生活情境的相关问题解决过程中。

3. 数字化创新与发展

数字化创新与发展是指个体综合利用相关数字化资源与工具，完成学习任务并具备创造性地解决问题的能力。具备数字化创新与发展素养的学生，能理解数字化学习环境的优势和局限，能从信息化角度分析问题的解决路径，并将信息技术与所学专业相融合，通过创新思维、具体实践使问题得以解决；能合理运用数字化资源与工具，养成数字化学习与实践创新的习惯，开展自主学习、协同工作、知识分享与创新创业实践，形成可持续发展能力。

4. 信息社会责任

信息社会责任是指在信息社会中，个体在文化修养、道德规范和行为自律等方面应尽的责任。具备信息社会责任的学生，在现实世界和虚拟空间中都能遵守相关法律法规，信守信息社会的道德与伦理准则；具备较强的信息安全意识与防护能力，能有效维护信息活动中个人、他人的合法权益和公共信息安全；关注信息技术创新所带来的社会问题，对信息技术创新所产生的新观念和新事物，能从社会发展、职业发展的视角进行理性的判断和负责的行动。

模块小结

（1）自从第一台电子计算机出现后，随着电子器件的不断进步，计算机得到了迅猛发展。刚开始的时候使用的是真空电子管，那个时期的计算机体型庞大，维护复杂。之后出现了晶体管，电子器件的体积一步一步缩小，后来发展到中小规模集成电路和超大规模集成电路，电子器件的发展使得计算机历经几次更新换代，计算机的体积和能耗逐渐减小，功能逐渐增强。

（2）计算机系统由硬件系统和软件系统两部分组成。硬件和软件的组合构成一个可用的完整计算系统。

（3）计算机存储的数据可以是字符、音频、视频、图形和图像等，我们把数据输入计算机后，必须转换成计算机可以执行的语言，即机器语言，就是我们通常所说的二进制代码。在了解二进制代码之前，必须先了解一下数据存储基础知识。

计算机唯一能直接识别的数制是二进制，也就是二进制位的 0 和 1。一个二进制位（Binary digit）包含的信息量称为 1 位（bit）。位（bit）是二进制位（Binary digit）的简称。将 8 位（bit）组合在一起以组成 1 个字节（Byte）。

（4）信息（information）是对事物运动状态和特征的描述。信息是有用的消息，能减少不确定性的任何事物都可称为信息。

（5）信息是有用的消息，是事物包含的意义，在一种情况下能减少不确定性的任何事物都可称为信息。

（6）信息素养（information literacy）更确切的名称应该是信息文化（information literacy）。信息素养是一种信息能力，信息技术是它的一种工具。

复习题

一、单项选择题

1. 第一代计算机采用的逻辑元件是（　　）。

A. 晶体管　　B. 电子管

C. 中小规模集成电路　　D. 大规模集成电路

2. 计算机内部所有的指令数据都是以（　　）形式进行存储的。

A. 十进制　　B. 二进制

C. 八进制　　D. 十六进制

3. 存储容量的基本单位是（　　）。

A. 位　　B. 字节

C. ASCⅡ　　D. 二进制

4. 汉字“中国”在计算机内部占（　　）个字节。

A. 1　　B. 2

C. 4　　D. 8

5. （　　）是不合法的八进制。

A. 5678　　B. 3456

C. 7176　　D. 1234

二、填空题

1. 第二代计算机采用的逻辑元件是________。

2. 常见的进位制包括________、________、________和________。

3. 一个字节相当于________位。

4. 计算机系统包括________和________。

5. 中央处理器包括________和________，前者可以进行算术运算和逻辑运算。

三、简答题

1. 什么是大数据？有哪些特点？

2. 什么是云计算？有哪些服务类型？

四、论述题

作为当代大学生，我们应该如何提高个人信息素养？

参考文献

[1] 李腊元．计算机应用基础［M］．西安：西北工业大学出版社，2014.

[2] 杨月江．计算机导论［M］．北京：清华大学出版社，2014.

[3] 方恺晴．计算机硬件技术基础实验教程［M］．北京：清华大学出版社，2017.

[4] 肖川．计算机基础［M］．北京：电子工业出版社，2017.

[5] 张建宏．大学计算机［M］．北京：电子工业出版社，2017.

[6] 李珊枝．大学计算机基础［M］．上海：上海交通大学出版社，2017.

模块二

信息检索

学习目标

1. 了解信息检索相关的概念。
2. 熟练掌握信息检索的技术与方法。
3. 熟练掌握信息检索常见工具与平台的使用方法。
4. 熟练掌握信息检索的策略与技巧。
5. 了解信息检索技术未来的发展趋势。

学习重点

1. 熟练掌握信息检索的技术与方法。
2. 熟练掌握信息检索常见工具与平台的使用方法。
3. 熟练掌握信息检索的策略与技巧。

学习难点

1. 熟练掌握信息检索的技术与方法。
2. 熟练掌握搜索引擎的分类与应用。
3. 熟练掌握信息检索的策略与技巧。

大数据时代数据规模呈几何级数爆炸式增长，数据模式也更加复杂化，即使人们拥有再高的智商，再多的脑容量，也不能满足存储和理解全部知识的要求。那么面对以排山倒海之势席卷全球的大数据浪潮，如何才能从浩瀚、真假难辨、错综复杂的大数据海洋中及时捞取珍宝呢？答案就是人的第三种能力——搜商。搜商已成为一种与智商、情商并列的人类智力因素，其本质就是搜索。

2.1 信息检索概述

2.1.1 信息检索的含义

信息检索起源于图书馆的参考咨询和文摘索引工作，从19世纪下半叶首先开始发展，至20世纪40年代，索引和检索已成为图书馆独立的工具和用户服务项目。但“信息检索”作为一个比较规范、正式的学术术语，则是1950年由美国信息科学的先锋Calvin Northrup Mooers（1919—1994年）首先提出。

信息检索有广义、狭义之分。广义的信息检索全称为“信息存储与检索”，是指将信息按一定的方式组织和存储起来，并根据用户的需要找出有关信息的过程。信息的存储是实现信息检索的基础。这里要存储的信息不仅包括原始文档数据，还包括图片、视频和音频等，首先要将这些原始信息进行转换，并将其存储在数据库中，否则无法进行机器识别。待用户根据意图输入查询请求后，检索系统根据用户的查询请求在数据库中搜索与查询相关的信息，通过一定的匹配机制计算出信息的相似度大小，并按从大到小的顺序将信息转换输出。

狭义的信息检索为“信息存储与检索”的后半部分，即从信息集合中找出所需信息的过程，相当于“信息查找”或“信息查询”。通常情况下，人们讲信息检索是从狭义的角度而言。它包括三个方面的含义：了解用户的信息需求、信息检索的技术或方法、满足用户的需求。

2.1.2 信息检索类型

信息检索的类型很多，根据不同的分类方法，有不同的分类结果。

1. 按检索技术手段划分

根据检索手段的不同，信息检索可划分为手工检索、机械检索和计算机检索。

1）手工检索

手工检索是指以人工方式查找信息的一种检索方式，由人脑和手工操作完成检索过程。手工检索的主要对象是文献，检索匹配由人脑经过思考、比较、选择完成。早期的图书馆采用的就是此种检索手段。

手工检索操作简单、费用低廉、查准率高，但效率很低，查全率不能保证。

2）机械检索

机械检索是利用某种机械装置来处理和查找文献的检索方式，主要有穿孔卡片检索和缩微检索两种方式。

机械检索系统利用当时先进的机械装置改进了信息的存储和检索方式，通过控制机械动作，借助机械信息处理机的数据识别功能代替部分人脑，促进了信息检索的自动化。但它并没有发展信息检索语言，只是采用单一的方法对固定存储形式进行检索。从本质上来说，机械检索与手工检索并没有不同，只是手工检索向计算机检索的一种过渡形式。

3）计算机信息检索

自 1946 年第一台计算机问世不久，信息工作者就将这一新的技术与信息工作相结合，逐步建立了一种崭新的以计算机为核心的现代化信息检索系统。

计算机检索是指把信息及检索标识存储在磁性介质上，通过设计好的程序进行查找和输出。检索由人与计算机协同完成，匹配由计算机自动完成。

伴随着计算机技术与通信技术的不断发展，计算机检索系统根据存储介质与检索手段的不同，又可以分为以下几种。

（1）脱机批处理信息检索。

脱机批处理信息检索是指以批处理方式处理检索提问的计算机检索方式。它利用单台计算机的输入/输出装置进行顺序检索，用磁带作为存储介质。脱机信息检索系统是计算机检索初期使用的一种检索系统。

（2）联机信息检索。

联机信息检索是指检索者通过检索终端和通信线路，直接查询检索系统数据库的机检方式。它以磁盘作为存储介质，一台主机通过通信线路带动多个终端实行联机检索。这种系统具有分时功能，检索者借助检索程序通过终端以“即问即答”的方式与计算机对话，进行信息的检索。

（3）光盘信息检索。

光盘信息检索是指以光盘为检索介质的一种独立的计算机检索系统。光盘数据库的检索软件及数据都安装在光盘上，任何一台安装有光驱的 PC，只要装上光盘数据库，即可成为光盘数据库检索系统。

与联机检索相比，光盘检索系统存储介质容量大而体积小，使用方便、易于操作，且不用支付通信费用。但光盘数据库更新速度慢，故而光盘检索虽然比联机检索出现晚，并不能取代联机检索。

（4）网络信息检索。

网络信息检索是指利用各种检索工具，通过 Internet 对远程计算机上的信息进行检索。

20 世纪 90 年代，伴随着卫星通信技术、公共数据通信技术、光纤通信技术以及信息高速公路在全世界的迅猛发展，计算机信息检索走向了全球大联网时代。

网络信息检索与联机检索和光盘检索有许多共同之处，如都需要数据库、指定检索策略。但网络检索比联机检索经济，比光盘检索数据更新快，是当前检索的主流和发展方向。

在互联网发展初期，网站比较少，信息查找相对容易。但伴随着互联网的飞速发展，互联网信息爆炸式地增长，普通网络用户想要查找所需的资料犹如大海捞针，为了帮助用户快速、经济、全面地获取所需信息，1994 年搜索引擎应运而生。作为网站和应用入口的搜索引擎在信息检索中的地位也与日俱增。

计算机检索与手工检索相比，具有以下优点：速度快、效率高；检索范围广；检索不受时空限制，等等。但计算机检索在查全率上不如手工检索。

2. 按存储与检索对象划分

根据检索对象形式的不同，信息检索又可分为文献型信息检索、数据型信息检索、事实型信息检索。

1）文献型信息检索

文献型信息检索是指以包含用户所需特定信息的文献为检索对象，包含题录、文摘和全文。凡是查找某一主题、时代、地区、作者、文种的有关文献，以及这些文献的出处等，都属于文献检索的范畴。

文献型信息检索是一种相关性检索。相关性检索的含义是指系统不直接解答用户提出的问题本身，而是提供与问题相关的文献供用户做选择性参考。

文献型检索又有书目检索和全文检索之分。完成文献型信息检索主要借助于各种书目型数据库和文献型数据库。

2）数据型信息检索

数据型信息检索是指以数值型和非数值型数据为检索对象，检索结果是用户直接可以利用的东西，包括文献中的某一数据、公式、图表以及化学分子式等。

完成数据型信息检索主要借助于各种数值数据库和统计数据库。

3）事实型信息检索

事实型信息检索是指以某一种客观事实为检索对象，查找某一事物发生的时间、地点及过程的检索，其检索结果是客观事实或为说明客观事实而提供的相关资料。

事实型信息检索的结果是基于文献检索和数据检索基础上的对有关问题的结论和判断，是在数据检索和文献检索的基础上，经过比较、分析、判断的结果。完成事实型信息检索主要借助于各种参考工具书或事实型数据库。

事实检索和数据检索是以从文献中提取出来的各种事实、数据为检索对象的一种确定性检索。确定性检索的含义是指检索结果要么有，要么无；要么对，要么错。

3. 按检索途径划分

1）直接检索

直接检索是指用户通过直接阅读、浏览一次文献或三次文献从而获得所需资料的过程。

2）间接检索

间接检索与“直接检索”相对，是指用户借助检索工具或利用二次文献查找文献资料的过程。

2.1.3 信息检索系统的构成及工作原理

由于手工检索与机械检索基本被淘汰，这里所说的信息检索系统主要指计算机检索系统。

1. 信息检索系统的构成

信息检索系统是具有信息存储与信息查询功能的一类信息服务设施（或工具），包括物理和逻辑两个结构层面。

1）信息检索系统的物理结构

信息检索系统的物理结构包括信息检索所用的硬件资源、软件系统以及信息资源集合。

计算机硬件资源包括计算机主机、外围设备以及与数据处理和数据传输有关的其他设备。

软件是系统中有关的程序和各种文件资料的总称，包括软件系统和应用程序。

在设备上，合理存放又相互关联的信息资源集合称为数据库。数据库是信息检索的重要资料来源。数据库的种类很多，根据载体的不同，数据库可分为联机数据库、光盘数据库和网络数据库；根据数据库的内容与功能不同，数据库可划分为指南数据库（主要包括名录数据库和传记数据库等）、交易数据库（主要包括股票，房产交易数据库等）、全文数据库（存储文献全文及其中的主要部分）、书目数据库（包括各种目录、文摘和索引数据库）、字典（或词典）数据库（俗称电子词典）、数值数据库与统计数据库、图像数据库等。

2）信息检索系统的逻辑结构

信息检索系统的逻辑结构指系统所包含的功能模块或子系统及其相互关系，包括信息资源选择与采集子系统、信息标引子系统、词表管理子系统、数据库创建与维护子系统、提问处理子系统和用户检索接口子系统。其构成如图 2-1 所示。

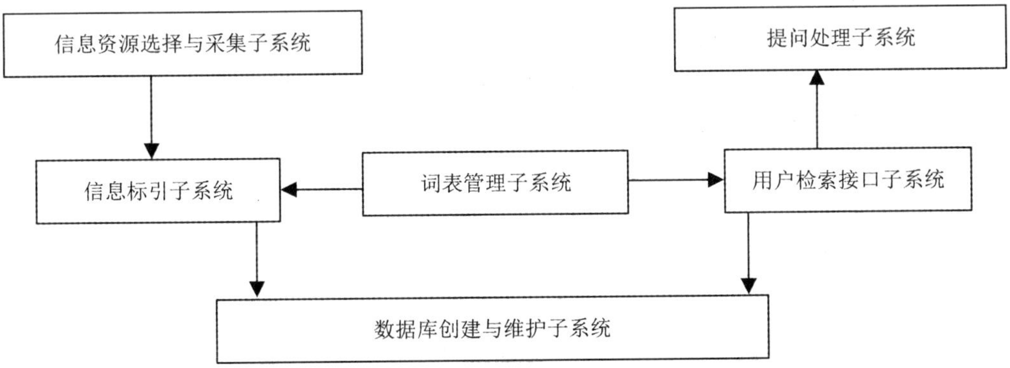

图 2-1 计算机信息检索系统的逻辑结构

2. 信息检索系统的工作原理

广义的计算机信息检索系统是指利用计算机存储和检索信息的系统。具体来说，就是指人们在计算机或者网络终端机上，使用特定的检索指令、检索词和检索策略，从计算机检索系统的数据库中检索出自己所需的信息，并最终在终端设备显示或者打印的过程。为实现用户的信息检索，标引人员必须事先将大量的、无序分散的信息进行收集、加工、组织，以数据库的形式存储在计算机中，建立各种各样的信息检索系统。

计算机信息检索基本原理如图 2-2 所示。

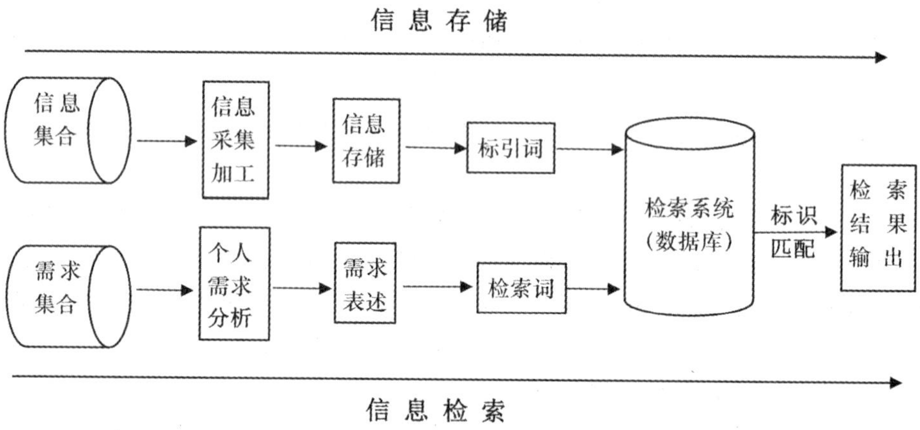

图 2-2　基于广义的信息检索基本原理

为了使检索过程即信息标引词和信息检索词的比对过程能顺利进行，两者都需要用一定的语言来表达。信息检索语言是人们在加工、存储和检索信息时用来描述信息内容和检索需求的词汇、符号及其使用规则。其目的是把信息存储与信息检索联系起来，以取得共同理解和交流。

为了完成信息存储与信息检索的匹配，还需要做好以下三个方面的工作。

1）数据预处理

目前的信息检索系统的主要数据来源是 Web，包含了网页、Word 文档、pdf 等各式各样的文档和图文信息，这些格式的数据除了具有正文内容之外，还有大量的标记信息，因此从多种格式的数据中提取正文和其他所需要的信息就成为数据预处理的主要任务。

数据预处理的本质是对数据进行二次加工。信息数据的选择、处理、录入和维护系统就是用来完成上述任务的。当然，由于研究者着眼点不同，不同的检索系统在此处各有侧重。

2）索引生成

对原始数据建立索引是为了快速定位查询词所在的位置。对二次加工后的数据进行标引，给出数据标识（如分类号、主题词等），将所有的数据按其标识进行有规律的组织排列，并记录它们出现的位置，形成可检索信息资源集合。

3）数据特征标识与检索提问标识的匹配

检索者在查找所需信息时，只要以该系统所用的标识作为提问标识，与系统中的数据特征标识进行比较，并将数据特征标识与提问标识一致的数据信息从检索系统中检出，检出的部分就是检索结果。

2.1.4 信息检索系统评价

信息检索系统评价的核心是检索性能评价。检索性能评价是根据一定的评价指标对实施信息检索活动所取得的成果进行客观科学评价，以期进一步完善检索工作流程。

评价检索效果的指标主要有查全率、查准率、漏检率、误检率以及新颖率、检索速度等。其中最主要的指标是查全率和查准率。

查全率是指检出信息中合乎需要的信息数量占数据库中存在的合乎需要的所有信息的比例。它反映了在该系统数据库中实有的相关信息在多大程度上被检索出来了。

$$查全率=\frac{检索出的相关信息量}{系统中的相关信息总量}\times 100\%$$

如果某系统中的相关文献共计有 50 篇，检索出了 40 篇，则此次的查全率为 80%。

查全率高说明相关的记录被检中的比例高，但对于数量巨大的数据库而言，要达到 100%的查全率是不可能的，在网络信息时代尤其如此。

查准率是指系统在进行某一检索时，检出的相关信息量与检出的信息总量的比率。它反映的是每次该系统中检索出的全部信息数据中有多少是与用户需求相关的。

$$查准率=\frac{检索出的相关信息量}{检出的信息数据总量}\times 100\%$$

如果某次检索共计检索出了 50 篇文档，但只有 35 篇与项目相关，其余 15 篇与检索主题无关，那么这次的查准率为 70%。

同样，对互联网信息检索来说，真实查准率也是很难计算的。

2.1.5 信息检索的应用与重要意义

1. 信息检索的应用

信息时代，面对海量的信息资源，信息检索成为我们生活中的重要部分。小到挑一件心仪的礼品、选择一道可口的美食、看一场喜欢的演出、挑选合适的行车路线，大到做科研写论文、找工作，我们都需要进行信息的检索。不仅如此，我们出门旅行要做行程规划、做报表要获取统计信息、立项前要查找专利信息、注册时要查找商标信息、研发新产品要查找标准信息、推广产品时要了解和分析市场信息等。近年来，信息检索在科技查新与学科前沿分析方面的应用也越来越广泛。

可以说信息检索渗透到了我们生活、工作、学习的方方面面。它给我们内容丰富、数据准确的资讯和知识；它给我们提供了一种渠道，指导我们在生活上、学习工作中利用这些科学的依据，做出正确率较高的判断和决定。总之，信息检索知识和技能已成为人们知识结构中不可缺少的组成部分。学习信息检索知识和操作技能，对于培养复合型、开拓型人才具有十分重要的意义。

2. 信息检索的意义

信息检索作为人类获得信息的主要手段与技术，在人类的知识传播和科学研究中具有承上启下的作用，是人类知识组织的超连接。其主要作用如下。

（1）信息检索是获取知识的捷径。

美国普林斯顿大学物理系大学生约翰·菲利普，在图书馆里借阅有关公开资料，仅用四个月时间，就画出一张制造原子弹的设计图。他设计的原子弹体积小（棒球大小）、重量轻（7.5 kg）、威力大（相当广岛原子弹3/4的威力）、造价低（当时仅需两千美元），致使一些国家（法国、巴基斯坦等）争相购买他的原子弹设计图。

（2）信息检索是科学研究的向导。

科学研究具有继承和创造两重性，纵观科学技术发展史，积累、继承和借鉴前人的研究成果是科技发展的重要前提。

① 有利于减少课题的重复研究，提高科研成功率。

我们知道，科学技术的发展具有连续性和继承性，闭门造车只会重复别人的劳动或者走弯路。例如，我国某研究所用了约十年时间研制成功“以镁代银”新工艺，满怀信心地去申请专利，可是美国某公司早在20世纪20年代末就已经获得了这项工艺的专利，而该专利的说明书就收藏在当地的科技信息所。美国在实施“阿波罗登月计划”中，对阿波罗飞船的燃料箱进行压力实验时，发现甲醇会引起钛应力腐蚀，为此付出了数百万美元来研究解决这一问题，事后查明，早在十多年前，就有人研究出解决方法，只需在甲醇中加入2%的水即可，而检索这篇文献的时间只要十几分钟。

科学研究最忌讳重复，因为这是不必要的浪费。但在科研开发领域里，重复劳动在世界各国都不同程度地存在。据统计，美国每年由于重复研究所造成的损失，约占全年研究经费的38%，达20亿美元之巨。日本有关化学化工方面的研究课题与国外重复的，大学占40%，民间占47%，国家研究机构占40%，平均重复率在40%以上。中国的重复率则更高。在研究工作中，任何一个课题从选题、试验直到出成果，每一个环节都离不开信息。研究人员在选题开始就必须进行信息检索，了解别人在该项目上已经做了哪些工作，哪些工作目前正在做，谁在做，进展情况如何，等等。这样，用户就可以在他人研究的基础上进行再创造，从而避免重复研究，少走或不走弯路。

② 有助于节约时间，提高科研效率。

科学技术的迅猛发展加速了信息量的增长，加重了用户搜集信息的负担。许多研究人员在承接某个课题之后，也意识到应该查找资料，但是他们以为整天泡在图书馆“普查”一次信息就是信息检索，结果浪费了许多时间却没有搜集到有价值的信息，查准率非常低。信息检索是研究工作的基础和必要环节，成功的信息检索无疑会节省研究人员的大量时间，使其能用更多的时间和精力进行科学研究。据美国和日本 20 世纪 60 年代的一个统计，科学工作者在从事科研活动中所花的时间为：试验研究占 32.1%，计划、思考占 7.7%，数据处理占 9.3%，查找情报资料占 50.9%。熟悉文献检索方法，就能大大节省查找资料的时间，从而加快科研速度、早出科研成果。

通过信息检索而使科研效率提升的事例数不胜数：日本高能物理研究所由于检索和利用国外的情报资料，研制成功的第一台高能加速器，投资为 40 亿美元，仅为国外同类投资的 50%；我国葛洲坝工程二江电站出线方案，由于情报人员及时搜集、查阅、分析了大量国内外情报资料，提出高压架空线跨越三江航道的方案，该方案被采纳后，仅投资一项就节约了 400 万元；“汪克尔”转子发动机是德国人发明的，日本在此项目开展研究的时间比德国晚 10 年，但由于日本政府和有关公司全力以赴搜集、检索德国这方面的情报，结果使得日本装有这种发动机的小汽车先于德国 10 年投入市场，前后共计为日本赢得了 20 年的时间。

在当今世界提高科研效率加快科研速度的意义还在于使相同科研课题在国内外竞争中处于有利位置。专利法规定，对相同的发明成果，按先申请原则授予专利权。即只授予第一个申请人专利权，其后申请的发明作为已知技术处理。显然如果忽视科研速度，即使科研获得了成功，但由于发明失去了时间的新颖性，也会变成无效劳动，给国家带来损失。

（3）信息检索是终身教育的基础。

学校培养学生的目标是培养学生的智能，包括自学能力、研究能力、思维能力、表达能力和组织管理能力。

UNESCO 提出，教育已扩大到一个人的整个一生，认为唯有全面的终身教育才能够培养完善的人，才可以不断更新知识，适应当代信息社会发展的需求。

近年来，随着社会政治经济的飞速发展，尤其是互联网技术的应用与发展，信息的增长与传播速度达到了前所未有的高度，也正因为如此，信息检索的作用也更凸显。信息检索不仅能提高我们的生活质量和工作效率，更重要的是掌握信息检索技能使我们学习的课堂得以延展，使我们能够保持终身学习的能力。

（4）信息检索是提高信息意识、信息观念和信息素养的重要途径。

21 世纪人类将全面进入知识经济社会，经济信息化的时代信息素质将成为衡量人才素质的重要标准。新世纪所需人才的各种素质与能力都有赖于全面信息素质的培养，包括：基本信息知识理论素质的培养；信息能力（对信息的搜集和获取、加工处理、组织管理、分析评价）和信息意识的增强，其中信息意识、信息能力是现代社会人才素质的基本要素，也是人才竞争优势的重要体现。

而信息检索，是用户进行信息查询和获取的主要方式，是我们开启知识宝库的金钥匙。掌握并有效利用信息检索技能，便能迅速、有效地获取信息，正确、合理地处理信息，并最终利用信息解决我们学习、生活和工作中遇到的各种问题，从而提高我们的信息能力和信息素养。

总之，在信息社会，如果没有掌握信息检索技能，想要在浩如烟海的各种信息中寻找自己需要的信息，就如同大海捞针一般困难，掌握了信息检索的方法和技巧，就可以使信息的查询过程更有条理性、计划性，避繁就简，事半功倍。所以，我们应充分利用信息资源，避免重复劳动。同时在信息社会，人们需要终生学习，不断更新知识，才能适应社会发展的需求。掌握信息检索的方法与技能，是形成合理知识和更新知识的重要手段，也是提高我们信息能力和信息素养的重要途径。

2.2　信息检索的方法与技术

信息检索的主要的目的是在最短的时间内获得最满意的检索结果。

为了提高信息检索的效率，必须掌握信息检索的方法与技术。

2.2.1　信息检索的基本方法

信息检索技术由最早的穿孔卡片检索、缩微胶卷检索发展到计算机脱机批处理检索，到现在的联机检索、光盘检索与网络检索并存，检索方法也在不断丰富。

信息检索的方法很多，分类方法不同，结果不同。常见的划分方法如下。

1. 按检索形式划分

按检索形式划分，信息检索可分为简单检索、高级检索、二次检索、专家检索。

1）简单检索

简单检索是一种单项检索（又称为“一框式”检索），每次只能选择一种检索途径的检索方式。

例如，在百度中进行简单检索如图 2-3 所示。

简单检索一般只需输入一个检索词，辅以相应的字段或路径即可进行检索。简单检索的检索准确性较差，精度较低，得到的结果也较多，但是胜在操作简单。图 2-3 中以“中国知网”为检索词，其下方的网页、资讯、文库、图片、视频、贴吧、知道、地图等为检索路径。

检索练习

如何在中国知网中进行简单检索？其检索的主要字段有哪些？

图 2-3 在百度中进行简单检索

知网简单检索界面如图 2-4 所示。

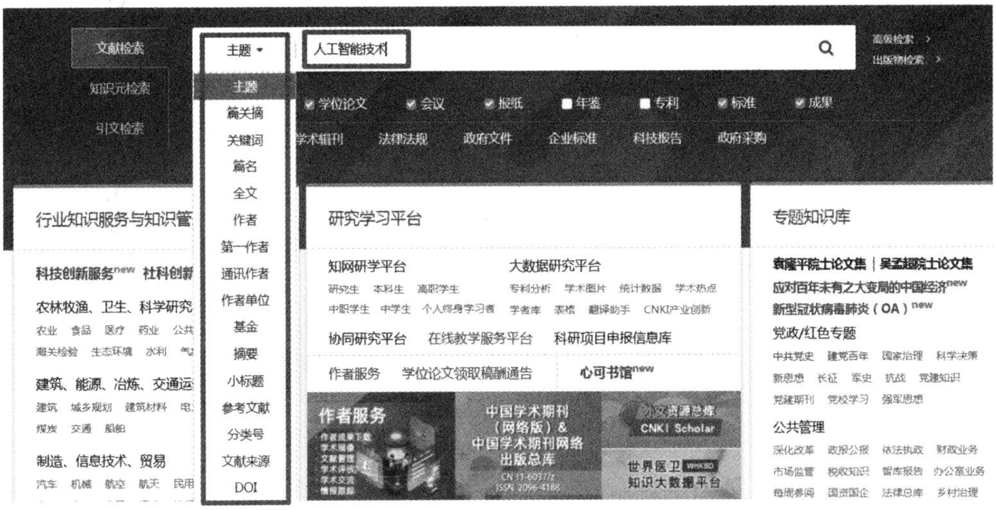

图 2-4 知网简单检索界面

2）高级检索

高级检索（advanced search）在有的检索系统也称为复杂检索或扩展检索。高级检索是用多个检索条件之间的逻辑匹配来进行检索。它有多个检索词输入框，可以用检索字段进行条件限制，也可以进行二次检索，因而得到的检索结果比较精确，但相对简单检索而言数量较少。

高级检索支持使用运算符 *、+、-、" "、() 进行同一检索项内多个检索词的组合运算，检索框内输入的内容不得超过 120 个字符。高级检索功能包括字段限制检索、布尔逻辑检索等。

若检索词本身含空格或 *、+、-、()、/、%、= 等特殊符号，进行多词组合运算时，为避免歧义，须将检索词用英文半角单引号或英文半角双引号引起来。

知网的高级检索功能如图 2-5 所示。

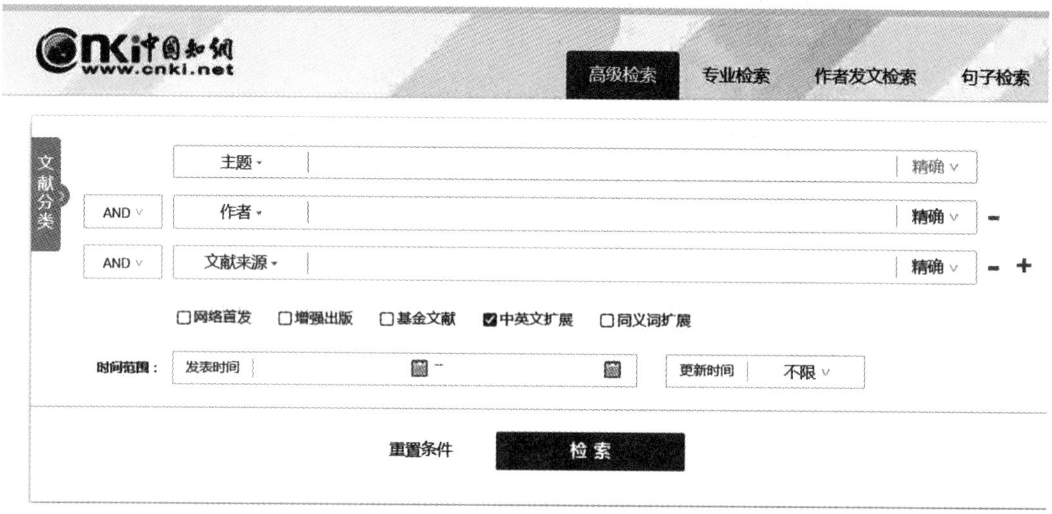

图 2-5 知网的高级检索功能

高级检索不仅能通过检索工具和平台的高级检索界面来实现，也可以通过在检索框中输入检索指令来实现。

通过布尔逻辑符、通配符和功能性词语等检索指令可以实现不同的检索功能。检索指令对检索结果起着定向和控制作用，使用的指令越多，搜索引擎的功能就越强大。

然而，检索指令除了布尔逻辑符和通配符外，并没有统一的词汇标准，不同的搜索引擎为实现某种相同或相似的检索功能，可能采用不同的检索指令，有的检索指令也可能适用于多种搜索引擎。检索指令的多样化给实际应用带来一定的困难。在搜索实践中，我们可以按功能对检索指令进行分类与归纳，以便于了解、掌握和正确使用。

百度高级检索界面如图 2-6 所示。

检索练习

如何进入百度的高级检索界面？其检索路径“包含以下全部的关键字”“包含以下完整关键字”和“包含以下任意关键字”各是什么含义？

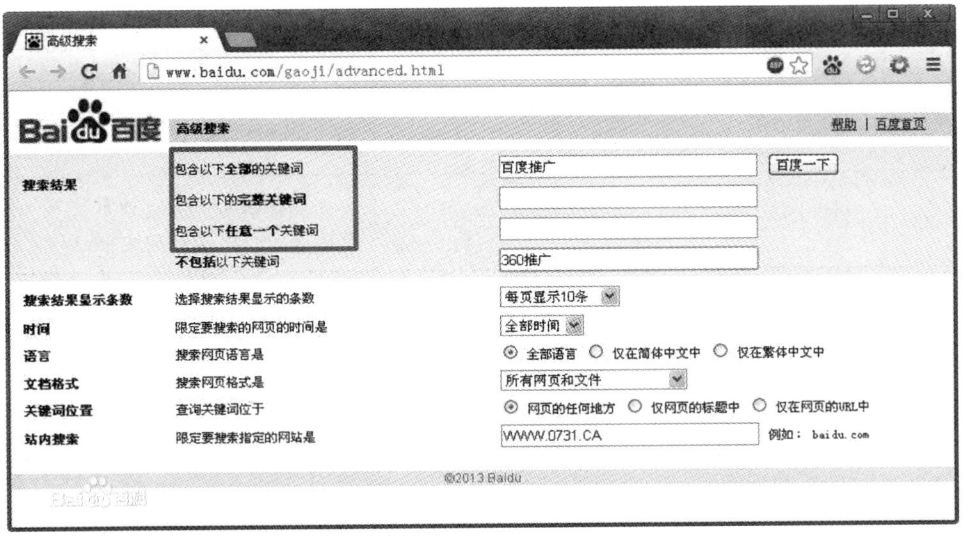

图 2-6 百度高级检索界面

常见的高级检索指令如表 2-1 所示。

表 2-1 常见的高级检索指令

类型	指令	含义	检索示例
标题搜索	[intitle:]	该指令返回的是页面标题中包含关键词的页面	如检索指令 intitle：信息检索。返回的是页面标题中包含关键词“信息检索”的页面
	[alltitle:]	该标签返回的结果是页面标题中包含多组关键词的文件	如检索指令 alltitle：信息检索智能化，相当于 intitle：信息检索 intitle：智能化。返回的是标题中既包含“信息检索”也包含“智能化”的页面
网站搜索	[site:]	site 是最常用的搜索指令，它是用来搜索某个网站下的所有文件（注意：文件须是搜索引擎收录的文件）	如检索指令 site：www.baidu.com 信息检索，返回的是百度网站中包含“信息检索”的指令
网址搜索	[inurl:]	可以限定在网站 url 链接中搜索信息。用于搜索查询词出现在 URL（链接）中的页面	如检索指令 inurl：www.xinnet.com，返回的是 url 中包含“www.xinnet.com”的网页
文件搜索	[filetype：文件类型后缀]	该指令用于返回特定的文件格式（如 pdf、doc、swf 等）	搜索“filetype：ppt 信息检索”返回的就是包含检索词“信息检索”的 ppt 文件

续表

类型	指令	含义	检索示例
精确检索	双引号“”	该指令用于检索词完全匹配的检索	在检索框中输入“信息素养”，表明这个检索词不能拆分
通配符	星号（*）	就是匹配全部的意思	比如在搜索引擎中搜索“郭*纲”，其中*号代表了任何文字

3）二次检索

在原有简单检索的结果基础上，再进行检索。经过多次的二次检索，逐渐缩小文献范围，使检索结果更符合用户的查询目标。例如，检索信息检索方面的文献时，用“关键词”检索途径，第一次输入关键词“信息检索技术”，可以查询到关于“信息检索技术”方面的文献。

如果知道作者是谁，这时可通过二次检索，如在“检索结果”中再检索选择“作者”字段，输入作者名，在上次检索结果中查出所需该作者的文献。

中国知网中二次检索如图 2-7 所示。

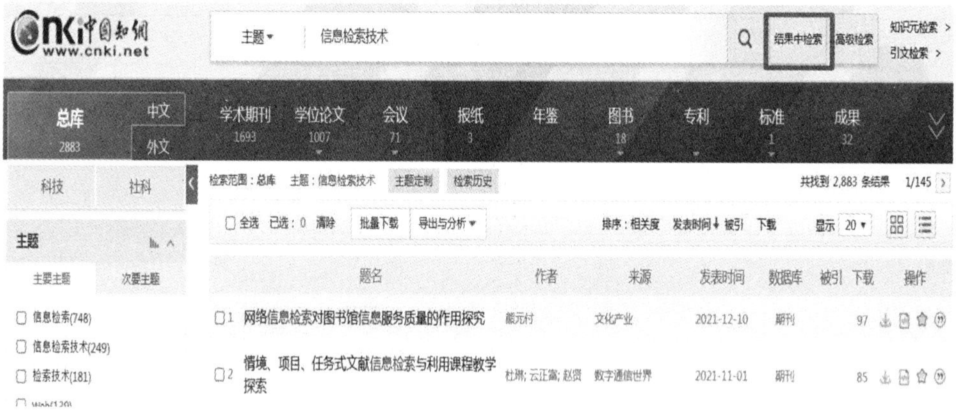

图 2-7　中国知网中二次检索示例

4）专家检索

用多个检索词与各种运算符组成检索式，功能与高级检索相似，但需要用户有较强的专业检索技能。中国知网中的专家检索如图 2-8 所示。

例如，T=“生态”and KY=“生态文明”and（Au%‘陈’+‘王’）可以检索到篇名包括“生态”、关键词包括“生态文明”且作者为“陈”姓和“王”姓的所有文章。

2. 按检索手段划分

按检索手段划分，检索可分为顺查法、逆查法、溯源法、抽查法、循环法五种。这五种检索方法的含义与优缺点如表 2-2 所示。

图 2-8 中国知网专家检索示例

表 2-2 顺查法、逆查法、溯源法、抽查法、循环法的优缺点对比

检索方法	定义	优点	缺点	适用的检索问题
顺查法	根据检索课题所涉及的专业范围，从检索课题发生的年代开始，由远而近地检索文献	系统性强，查全率和查准率较高	费时费力	系统性、全面性要求较高的问题
逆查法	与顺查法相反，是由近及远逆时检索文献	省时又高效	漏检率较高	不太注重历史渊源的检索问题
抽查法	根据学科发展的特点，抽出该学科发表文献较多的年代进行检索的方法	省时、高效	漏检率最高	时间性或阶段性很明显的检索问题
溯源法（引文法）	是以原始文献后所附的参考文献为线索而进行的检索	比较简单	漏检率和误检率都高	专题研究、人物和事件等检索问题
循环法（分段法）	前 4 种方法综合运用	查全率和查准率较高	费时费力	单独使用某一种方法都无效、比较复杂的检索问题

2.2.2 信息检索的主要技术

1. 布尔逻辑检索

利用布尔逻辑算符进行检索词或代码的逻辑组配，是现代信息检索系统中最常用的一种方法。绝大部分计算机信息检索系统都支持布尔逻辑检索。常用的布尔逻辑算符有三种，分别是逻辑或“OR”、逻辑与“AND”、逻辑非“NOT”。

1）逻辑“与”

逻辑“与”用 AND（或 *）表示。检索词 A、B 若用逻辑“与”相连，即 A AND B 或者 A * B，则表示同时含有这两个检索词才能被命中，如图 2-9 所示。

例如，要检索“信息检索与论文写作”的文献，检索逻辑式可表示为：信息检索 AND 论文写作，也可表示为：信息检索 * 论文写作。

2）逻辑“或”

逻辑“或”用 OR（或＋，或｜）表示。检索词 A、B 若用逻辑“或”相连，即 A OR B（A＋B）或者（A｜B），则表示只要含有其中一个检索词或同时含有这两个检索词的文献都将被命中，如图 2-10 所示。

例如，要检索“计算机”或“人工智能”方面的文献，检索逻辑式可表示为：计算机 OR 人工智能，也可表示为：计算机＋人工智能，或者表示为：计算机｜人工智能。

3）逻辑“非”

逻辑“非”用 NOT（AND NOT，BUT NOT）（或－）表示。

检索词 A、B 若用逻辑“非”相连，即 A NOT B 或者 A－B，则表示被检索文献在含有检索词 A 而不含有检索词 B 时才能被命中，如图 2-11 所示。

例如，要检索有关“汽车”方面的文献，但涉及“新能源汽车”方面的文献不要，检索逻辑式可表示为：汽车 NOT 新能源汽车，或者汽车—新能源汽车。

NOT 可以缩小检索范围，但必须慎用，只有当确信要从检索结果中去除一个术语或短语时才用它，否则，会将有用的资料排除在外。

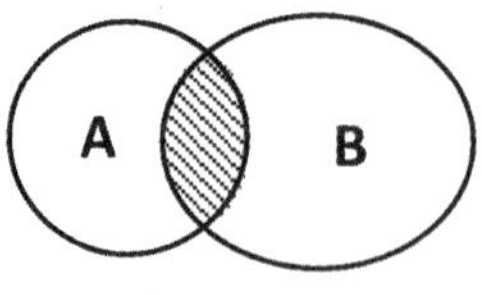

A AND B

图 2-9 逻辑与

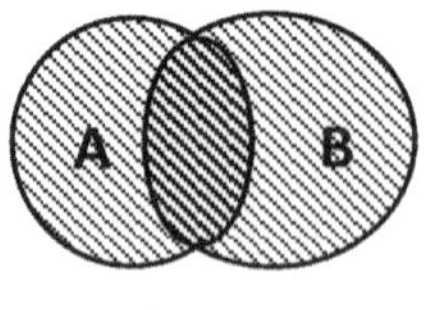

A OR B

图 2-10 逻辑或

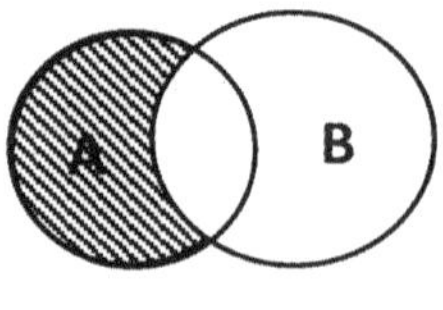

A－B

图 2-11 逻辑非

布尔逻辑运算符的运算次序为：逻辑“非”→逻辑“与”→逻辑“或”。有括号，则括号优先，这与算术运算中的四则运算相似。输入运算符 *（与）、＋（或）、－（非）时，前后要空一个字节，优先级需用英文半角括号确定。

用这些逻辑算符将检索词组配构成检索提问式，计算机将根据提问式与系统中的记录进行匹配，当两者相符时则命中，并自动输出该文献记录。中国知网布尔逻辑检索示例如图 2-12 所示。

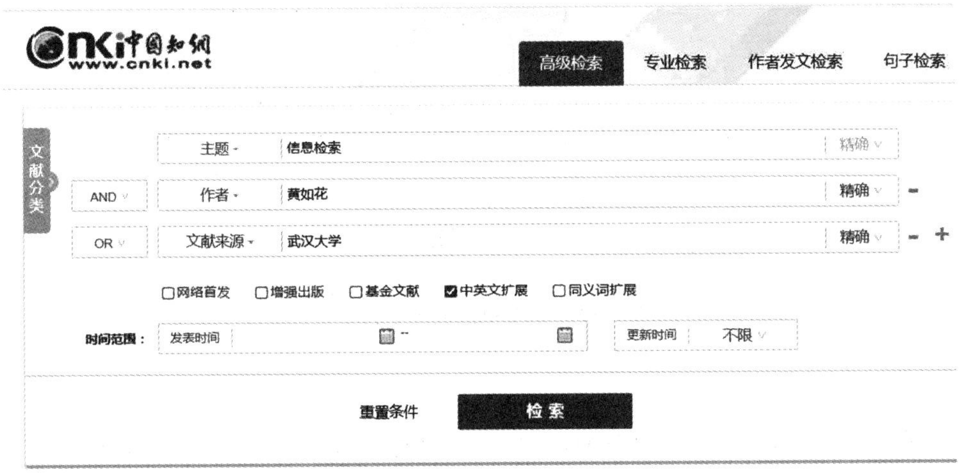

图 2-12　中国知网布尔逻辑检索

2. 截词检索

截词检索就是用截断的词的一个局部进行的检索，在检索标识中保留相同的部分，用相应的截词符代替可变化部分，并认为凡满足这个词局部中的所有字符（串）的文献，都为命中的文献。检索中，计算机会将所有含有相同部分标识的记录全部检索出来。按截断的位置来分，截词可有后截断、前截断、中截断三种类型：

（1）前截断：词首截词，后方一致。

例如，＊wave——shortwave，microwave；＊computer—minicomputer，microcomputers 等。

（2）中截断：中间截词，前后一致。

例如，organi? ation——organization，organisation。

（3）后截断：词尾截词，前方一致。

例如，comput＊——computer，computers，computing 等。

不同的系统所用的截词符也不同，分为有限截词（一个截词符只代表一个字符）和无限截词（一个截词符可代表多个字符）。截词符大多用"?"或"＊"表示，在一般情况下，"?"代表 0 至 1 个字符，"＊"代表 1 至多个字符。但有的检索系统用其他符号或刚好与此相反，如著名的法律检索系统 Westlaw 用"!"代表任意多个字符，用"＊"代表任意 1 个字符。

中文检索在扩大检索范围时也可以采取截词检索技术。例如，在知网检索某位作者的文献，只知道作者姓肖而不知道作者名字，检索时可在作者字段输入"肖?"，就能检索出所有肖姓作者的文献。

百度中文截词检索示例如图 2-13 所示。

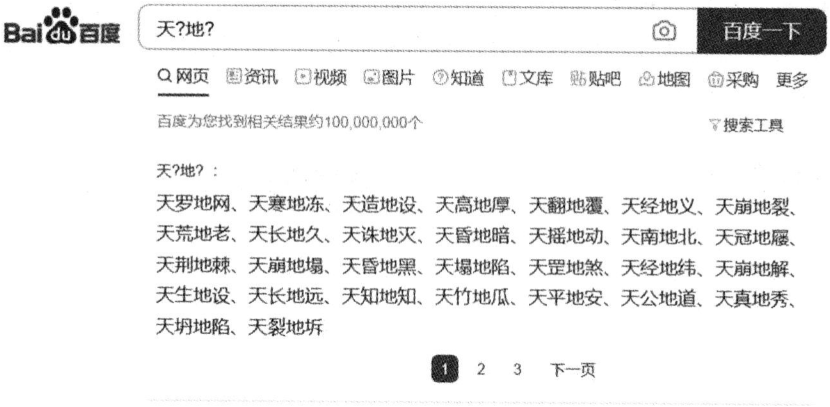

图 2-13　百度中文截词检索实例

3. 精确检索

精确检索也称短语检索。精确检索常用运算符为双引号" "，表示检索出与" " 内形式完全相同的短语或词组，以提高检索的精度和准确度。例如，在检索框中输入打了引号的“检索智能化”，那么“智能化检索”“检索的智能化”等就不会出现在检索结果中。

精确检索实例如图 2-14 所示。

图 2-14　精确检索实例

在百度高级搜索中，检索项“包含完整的关键字”，指的就是精确检索。精确检索查准率高。

4. 模糊检索

模糊检索又称概念检索，是指使用某一检索词进行检索时，能同时对该词的同词、近义词、上位词、下位词进行检索以达到扩大检索范围、避免漏检的目的。例如，输入“计算机”一词进行检索时，检索结果不仅包括“计算机的内容，还包含“电脑”“手提”“笔记本”“台式机”等与“计算机”含义相近或相关的记录。

模糊检索类似智能检索，系统不但忽略复合词，可能还会自动返回包含它认为意义相近的检索词的记录，甚至还会对词组进行拆分后分别匹配检索，返回近似或相同的记录。

中国知网的模糊检索功能如图 2-15 所示。

图 2-15 中国知网的模糊检索功能

5. 字段限制检索

组成数据库的最小单位是记录，一条完整记录中的每一个录事项为字段。

在信息检索过程中，为了提高查全率或查准率，需要将检索范围限制在特定的字段中，即字段限制检索。字段检索包括两种形式：一是通过菜单选择检索字段；二是用命令的方式输入字段限制，如 TI=……等。

一般而言，一篇记录中主要用来表达文献内容特征的字段称为基本索引字段，如篇名、文摘、叙词、自由词。叙词和自由词都是代表文献主题内容的语词，但前者选自各个数据库的专用词表，属规范化用语；后者则选自原始文献，属不规范的自然语言。

在进行计算机检索时，一般将基本索引字段代码附于所选定的检索词之后，计算机系统即在指定的字段中进行检索。如果检索词前后未指定字段，则系统将自动检索所有基本索引字段。但不同的计算机检索系统所用的字段标识符和标识符放置位置不尽相同。

表达文献外部特征的字段称为辅助索引字段，如作者、文献类型、机构名称、语种、刊名、来源、出版年等。

例如，检索式“AU=Wang hui AND（AA=Wuhan Univ.）”，表示检索出著者是 Wang hui，著者单位是 Wuhan University 的记录，即要查找“武汉大学”姓名为 Wang hui 的作者的文献。

常用的索引字段及其代码如表 2-3 所示。

表 2-3　常用的索引字段及其代码

代码	含义	代码	含义
TI	表示文献名称 title	AU	表示作者 author
AB	表示文摘 abstract	SO	表示文献来源 source
DE	表示叙词 descriptor	PY	表示出版年 publication year
KY	表示关键词 keyword	TF	表示文章类型 typefile
ID	表示自由词 identifier	LA	表示语种 language
AA	表示著作单位 author affiliation	PU	表示出版者 publisher
JN	表示期刊名 jonrnal title	AD	表示专利申请日 application date

6. 位置限制

位置限制检索有时又称为邻近检索，是用一些特定的算符来表达检索词与检索词之间的顺序和词间距的检索。其依据是录入词语的相对次序或位置不同，所表达的意思可能不同，而同样表达式中词语的相对次序不同，其表达的检索意图也不一样。

不同检索系统支持的位置限制检索也不同，常见的有以下几种。

（1）表示前后是否可以颠倒。

① A（W）B：此处 W 是“with”的缩写，表示 B 紧邻着 A，中间不能插入字符，前后顺序不能颠倒。

② A（N）B：此处 N 是“near”的缩写，表示 B 紧邻着 A，中间不能插入字符，前后顺序可以颠倒。

(2) 表示两个词之间可以插入几个词。

① A (nW) B：此处 W 是“word”的缩写，表示中间可以插入 n 个字符，且前后顺序不能颠倒。

② A (nN) B：此处 N 是“near”的缩写，表示 B 紧邻着 A，A 和 B 之间可以插入 n 个字符，前后顺序可以颠倒。

例如，A (2W) B：表示 A 和 B 之间可以插入 2 个字符，前后顺序不能颠倒；A (2N) B：表示 B 紧邻着 A，A 和 B 之间可以插入 2 个字符，前后顺序可以颠倒。

7. 其他检索技术

1) 括号检索

用于改变运算的先后次序，括号内的运算优先进行。

2) 区分大小写检索

对于具有区分大小写检索功能的工具而言，如果用户输入的检索式用小写字母表示，搜索工具既匹配大写又匹配小写，如输入“china”，将检索出 china (瓷器)，China (中国)；但如果用大写字母表示，搜索工具认为用户指定了只要大写，就只会查找那些与用户键入的输入形式完全相同的结果，如输入 China，则只检索出 China。AltaVista 等搜索引擎支持区分大小写的检索。

3) 加权检索

加权检索的基本方法是：在每个提问词后面给定一个数值表示其重要程度，这个数值称为权，在检索时，先查找这些检索词在数据库记录中是否存在，然后计算存在的检索词的权值总和。权值之和达到或超过预先给定的阈值，该记录即为命中记录。

运用加权检索可以命中核心概念文献，因此它是一种缩小检索范围、提高查准率的有效方法。但并不是所有系统都能提供加权检索这种检索技术，而能提供加权检索的系统，对权的定义、加权方式、权值计算和检索结果的判定等方面，又有不同的技术规范。

随着计算机技术和通信技术的发展，网络信息资源更加多样化、复杂化，越来越多的音频、视频、图形图像等多媒体数据以及全文数据、事实数据遍布于互联网空间。为了跟上信息资源的发展速度，信息检索技术手段也在不断地发展与创新。

未来的计算机检索技术将在全文信息检索、多媒体信息检索、可视化信息检索、智能化信息检索、超文本超媒体信息检索、跨语言检索等方面进一步发展，使人们能在纷繁芜杂的大数据时代，依然能快速、准确、全面地获取自己所需的信息资源。

信息技术与检索方法密不可分，伴随着信息技术的发展，检索手段方法会越来越智能化。未来的某一天人机可以用自然语言实现轻松对话，用户不用再学习复杂的检索方法与技巧，直接像对话一样，用自然语言中的字、词、句进行提问式检索。

2.3 信息检索常用的工具与平台

2.3.1 信息检索工具与平台简介

1. 概念

检索工具是用于报道、存储和查找信息线索的工具和设备的总称，具有报道信息、存储信息、检索信息三大基本功能。

2. 特点

检索工具的主要特点有：

（1）详细描述信息的内容特征、外表特征；

（2）每条信息记录必须有检索标识；

（3）信息条目按一定顺序形成一个有机整体，能够提供多种检索途径。

3. 类型

检索工具按照不同的标准可以划分为不同的种类。

（1）按照检索手段划分，检索工具可分为手工检索工具（如字典、辞典、百科全书等工具书）和计算机检索工具（也称数字检索工具，如搜索引擎、网络数据库、电子书刊等）。

常见的手工检索工具如表 2-4 所示；常见的计算机检索工具如表 2-5 所示。

表 2-4 常见的手工检索工具一览表

类型	示例	功用
线索性工具书	书目、索引、文摘等	提供检索文献资源原文的线索
词语性工具书	各类字典、词典、百科全书等	（1）提供字、词和成语的形音义和具体使用方法； （2）提供学科名词术语的含义、演变及发展等
资料性工具书	类书、政书、年鉴、手册、名录、表谱、图录等	提供各种所需的基本知识或某一专题的资料
参考性工具书	丛书、总集、资料汇编、综述、方志等	介于工具书与非工具书之间，既具有一般图书阅读功能，又具有工具书查检功能，一般以汇集参考资料为宗旨

表 2-5 常见的计算机检索工具一览表

类型		示例
联机检索工具	光盘数据库	随书光盘
网络检索工具	网络数据库	中国知网、万方、资讯行、维普等
	数字书刊（电子书刊）	超星、阿帕比、中国知网等
	多媒体资源	语言类在线平台，图片、视频数据库等
	搜索引擎	百度、谷歌、搜狗、读秀
	社交媒体或网站等内嵌检索工具	微信搜索、微博搜索、新浪网搜索
	各类 App 内置搜索	地图类 App、购物类 App 等

（2）按照信息载体形态划分，检索工具可以划分为书本式检索工具（包括期刊式、单卷式和附录式）、卡片式检索工具、缩微式检索工具、磁性材料式检索工具。

（3）按照检索内容划分，检索工具可以划分为事实与数据检索工具、文献检索工具。

① 事实与数据检索工具。

我们经常会遇到一些问题，这些问题的答案往往只是一条信息、一个知识点或某个背景资料。例如，有关一个名词的定义；某个事件发生的时间和地点；一位名人的生平事迹；一项法律条文或对某个问题的具体规定；中国某一年的 GDP 是多少，等等，这些都属于事实与数据检索。

常见事实与数据检索工具如表 2-6 所示。

表 2-6 常见事实与数据检索工具

类型	检索工具	示例
工具书	在线字典 词典	中文：海词、词林、汉程工具 英文：Onelook、Thesaurus、Forve、Vidtionary、Dictionary
	百科全书数据库	中国大百科全书数据库、大英百科全书数据库
数据库（搜索引擎）	综合数据库	CNKI 字典词典、CNKI 工具书总库
	专业数据库	查企业：天眼查、企查查等
		查数据：国家统计局数据平台
		查法律法规：中国裁判文书网、无讼案例、北大法宝等
		查传记名录：中国历史人物传记资源数据库
网络百科	搜索引擎的百科检索	百度百科、搜狗百科等、全球百科（https：//vibaike.com/）等

② 文献检索工具。

文献检索工具按编制方法划分共有以下四种。

目录型检索工具：是由信息管理专业人员在广泛搜集网络资源，并进行加工整理的基础上，按照某种主题分类体系编制的一种可供检索的等级结构式目录（如馆藏目录、联合目录、国家书目、出版社与书店目录）。

题录型检索工具：是以单篇文献为基本著录单位来描述文献外表特征（如文献题名、著者姓名、文献出处等），无内容摘要，是快速报道文献信息的一类检索工具。

文摘型检索工具：是将大量分散的文献，选择重要的部分，以简练的形式做成摘要，并按一定的方法组织排列起来的检索工具。按照文摘的编写人，可分为著者文摘和非著者文摘（如知识型文摘）。

索引型检索工具：是根据一定的需要，把特定范围内的某些重要文献中的有关款目或知识单元，如书名、刊名、人名、地名、语词等，按照一定的方法编排，并指明出处，为用户提供文献线索的一种检索工具。

常见的文献检索工具如表 2-7 所示。

表 2-7　常见的文献检索工具

类型	示例
网络学术搜索	百度学术、Google 学术搜索等
电子图书馆	方正、超星、读秀、国家图书馆、Calis 等
网上书店	亚马逊网上书店、当当网上书店等
电子期刊、报纸数据库	“全国报刊索引”数据库、《中国学术文献网络出版总库》、维普《中文科技期刊数据库》、CNKI 的《中国期刊全文数据库》、万方《中国数字化期刊群》

文献检索按内容划分，可分为期刊信息检索系统、图书信息检索系统、学位论文检索系统、专利信息检索系统、标准信息检索系统、会议论文检索系统。

文献检索按照综合程度划分，可分为综合信息检索系统，如中文检索工具（维普《中文科技期刊数据库》、CNKI 的《中国期刊全文数据库》、万方《中国数字化期刊群》、NSTL 的数据库）和外文检索工具（联机检索系统、网络在线检索系统）；专业信息检索系统，如中文检索工具（《中国人民大学复印报刊资料数据库》、其他各类数据库）和外文检索工具（《化学文摘》、生物学文摘系列、《工程索引》、医学文献数据库、农业数据库、《食品科学与技术文摘》、科学文摘数据库 ISI INSPEC、学术大全数据库、其他外文数据库）。

2.3.2　搜索引擎

1. 搜索引擎的含义

搜索引擎是一种 Web 上应用的软件系统，它以一定的策略在 Web 上搜集和发现信息，在对信息进行处理和组织后，为用户提供 Web 信息查询服务。从使用者的角度看，这种软件系统提供一个网页界面，让它通过浏览器提交一个词语或者短语，然后很快返回一个可能和用户输入内容相关的信息列表。随着搜索引擎技术的发展，系统可以处理的范围从单一的文本向语音、图片甚至视频等转变。随着互联网的普及和网络技术的飞速发展，网上信息资源的数量和种类激增，搜索引擎成为人们在茫茫网海中快捷、准确地找出所需信息的重要工具。

根据搜索引擎的特点，搜索引擎的发展可分为以下四个阶段。

第一阶段为分类目录时代。以 Yahoo! 为代表，通过目录的方式，分类组织网站，用户在特定的分类目录中检索所需内容。

第二阶段为文本检索阶段。搜索引擎将用户所输入的检索关键词提交给服务器并查找相关度较高的网页返回给用户。AltaVista 等为这一阶段搜索引擎的代表。

第三阶段以 Google 和百度为代表，通过外部链接评价网站，并结合网页内容，智能地将相关信息进行整合，为用户返回的是与输入的关键词相关的多维度信息，改善了搜索引擎的信息质量和用户体验。

第四阶段是以用户为中心，通过大数据对用户的使用行为进行分析，返回的是用户可能感兴趣的个性化的检索结果。人工智能在搜索引擎领域的应用更是不断推动搜索引擎智能化的发展。移动搜索亦是搜索引擎快速发展的新领域。

2. 搜索引擎的分类

（1）按信息内容的组织方式划分，搜索引擎可划分为目录式搜索引擎和机器人搜索引擎。

① 目录式搜索引擎是以人工方式或半自动方式搜集信息，由专业的编辑人员查看信息之后，依据一定的标准对网络资源进行选择、评价，人工形成信息摘要，并将信息置于事先确定的分类框架中而形成的主题的目录。其收录的网络资源经过了人工（多为专家）的挑选和评论，因此具有信息准确、质量较高的优点，但同时存在收录网络资源规模有限、维护量大、信息更新不及时等不足。新浪、搜狐、网易分类目录和 Yahoo 网站曾是最流行的目录式搜索引擎。

② 机器人搜索引擎，国内比较有代表性的是百度（Baidu），国外比较有代表性的则是 Google。它们从互联网提取各个网站的信息（以网页的文字为主），建立起数据库，并能检索与用户查询条件相匹配的记录，按一定的排列顺序返回结果。

从搜索结果来源的角度，机器人搜索引擎又可细分为两种，一种是拥有自己的检索程序（Indexer），俗称“蜘蛛”（Spider）程序或“机器人”（Robot）程序，并自建网页数据库，搜索结果直接从自身的数据库中调用；机器人搜索引擎不依靠人工发现和甄别信息，由“蜘蛛”或“机器人”程序依据一定的网络协议以某种策略自动地在互联网中搜集和发现信息，由索引器为搜集到的信息建立索引，由检索器根据用户的查询输入检索索引库，并将查询结果返回给用户。其优点是信息量大、更新速度快；缺点是返回信息过多，冗余信息较多，用户必须从结果中进行筛选。主要代表是 Google、百度、Bing（必应）、搜狗搜索引擎等。

另一种则是租用其他引擎的数据库，并按自定的格式排列搜索结果，以 Lycos 搜索引擎为代表。

（2）按专业范畴划分，搜索引擎可划分为综合性搜索引擎和专业性搜索引擎。

① 综合性搜索引擎内容涵盖各个学科和生产生活的各个领域，可检索图片、音频、视频等多种资源类型，适用对象广泛，如 Google、百度、必应（Bing）等。

② 专业性搜索引擎是指收录某一个或几个学科资源的搜索引擎，如法律专业搜索引擎 Lawerawler、临床医学英文资源的搜索引擎 Medical matrix、化学搜索引擎 ChemGuide 等；具有专门搜索功能的搜索引擎，如专门搜索专利信息的中国的 SooPAT 搜索，专门的视频搜索引擎 Blinkx；面向特定用户的搜索引擎，如面向少年儿童的搜索引擎腾讯儿童搜索等，具有专业化程度高、信息准确等特点。

（3）按检索功能划分，搜索引擎可划分为独立搜索引擎、元搜索引擎、互动式搜索引擎和搜索引擎的搜索引擎。

① 独立搜索引擎，又名单一搜索引擎或常规搜索引擎，其特点是建立独立的数据库，通常只在该数据库中进行搜索，并返回查询结果。Google、百度等均属此类。

② 元搜索引擎，又称多元搜索引擎或集成式搜索引擎，是多个独立搜索引擎的集合，通过一个统一的用户界面，可同时对多个搜索引擎进行检索操作，即用户只需一次输入检索式，便可检索一个或多个独立搜索引擎。例如，元搜索引擎接受用户查询请求后，同时在多个搜索引擎上搜索，并将结果返回给用户。著名的元搜索引擎有 360 搜索、Dogpileo 等。元搜索引擎具有扩大检索范围、避免多次访问不同搜索引擎、提高检索效率等优点。部分元搜索引擎还支持检索结果去重功能。

独立搜索引擎与元搜索引擎的主要区别在于：前者拥有独立的网络资源采集标引机制和相应的数据库；后者一般没有独立数据库，多提供统一链接界面（或进一步提供统一检索方式和结果整理功能），形成一个由多个具备独立功能的分布式搜索引擎构成的虚拟平台。用户通过元搜索引擎实现对多个独立搜索引擎的数据查询、结果显示等操作。

③ 互动式搜索引擎，其特点是在用户输入一个查询词时，会尝试理解用户可能的查询意图，智能展开多组相关的主题，引导用户更快速准确定位自己所关注的内容。例如，搜狗搜索是搜狐公司强力打造的全球首个第三代互动式搜索引擎。

④ 搜索引擎的搜索引擎，国内比较有代表性的就是搜网（http：//www.sowang.com/），是专门的搜索引擎网站，集合了百度、Google、搜狗、必应（Bing）等常用的搜索引擎，可以实现各大搜索引擎的一键式搜索。

搜网各大搜索引擎一键式搜索如图 2-16 所示；常用搜索引擎集合式搜索如图 2-17 所示。

图 2-16 搜网——各大搜索引擎一键式搜索

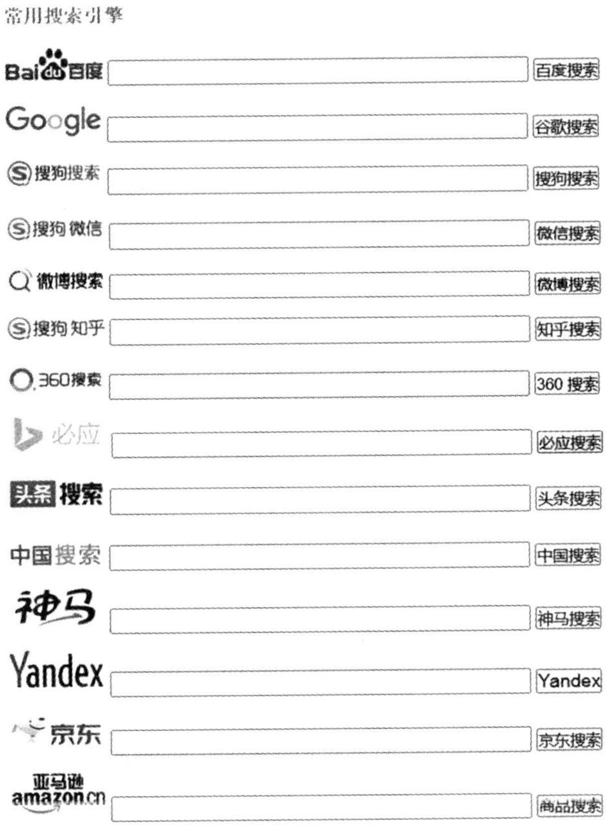

图 2-17 常用搜索引擎集合式搜索

(4) 按搜索运营方式划分，搜索引擎可分为通用搜索引擎和垂直搜索引擎。

① 通用搜索引擎，如百度、Google 等提供综合性的搜索服务的搜索引擎，特点是面向所有用户，不特别针对某一行业或领域，具有信息量大、对于特定领域的查询不准确、深度不够等特点。

② 垂直搜索引擎往往聚焦某一特定的行业或领域，具有搜索准确性高、数据更新及时、质量更有保证等特点，可以满足用户个性化的检索需要。

例如，图片垂直搜索只搜图片，视频垂直搜索只搜视频，字体垂直搜索只搜字体，房产垂直搜索只搜房产信息，等等。CALIS 学科导航可视为一个学术型垂直搜索引擎，而中文“去哪儿”网为旅游主题的搜索引擎。本质上讲，查询购买火车票的 12306、购物用的淘宝京东，甚至搜电子书的超星、搜学术期刊的中国知网，这些都是垂直搜索引擎。

不同的搜索引擎的检索机制、所支持的检索算法、对提问式的解读均不相同。

2.3.3 其他常见的网络检索工具

除了搜索引擎和商业数据库之外，好用的网络检索工具还有各类应用程序（App）、网络正式出版物系统、学科信息门户网站、开放获取网络资源以及问答式网络咨询工具。

常见的具有内置搜索功能的 App 如表 2-8 所示。

表 2-8 常见的具有内置搜索功能的 App

分类	常见的 App
社交类	微信、陌陌、百度贴吧等
生活服务类	美团、大众点评等
购物类	淘宝、京东等
地图导航类	百度地图、高德地图等
效率类	印象笔记、金山词典等
泛媒体类	糗事百科、今日头条、爱奇艺、喜马拉雅等
游戏类	王者荣耀等

其他常见网络检索工具如表 2-9 所示。

表 2-9 其他常见网络检索工具

分类	示例
网络正式出版物系统	中国知网、万方、维普、超星等
学科信息门户网站	国家科学数字图书馆的学科信息门户、CALIS 重点学科网络资源导航门户
开放获取网络资源	中国预印本服务系统
问答式网络咨询工具	全国图书馆参考咨询联盟网、百度知道、爱问知识人、OCLC 的 QuestionPoint

2.3.4 常见的检索工具与平台简介

1. 中国知网（CNKI）

简介：CNKI工程是以实现全社会知识资源传播共享与增值利用为目标的信息化建设项目，由清华大学、清华同方发起，始建于1999年6月。

地位：采用自主开发和具有国际领先水平的数字图书馆技术，建成了世界上全文信息量规模最大的“CNKI数字图书馆”，并正式启动建设《中国知识资源总库》及CNKI网格资源共享平台，通过产业化运作，为全社会知识资源高效共享提供最丰富的知识信息资源和最有效的知识传播与数字化学习平台。

提供的检索服务包括：文献检索、数字检索、翻译助手、图形搜索。

2. 维普科技期刊

简介：维普网，原名“维普资讯网”，是重庆维普资讯有限公司所建立的网站，该公司是中文期刊数据库建设事业的奠基人，目前已经成为中国最大的综合文献数据库。从1989年开始，一直致力于对海量的报刊数据进行科学严谨的研究、分析，采集、加工等深层次开发和推广应用。

地位：网站陆续建立了与谷歌学术搜索频道、百度文库、百度百科的战略合作关系。网站目前遥遥领先数字出版行业发展水平，数次名列中国出版业网站百强，并在中国图书馆业、情报业网站排名中名列前茅。经过多年的商业运营，维普网已经成为全球著名的中文专业信息服务网站，以及中国最大的综合性文献服务网站。

提供的检索服务是分类检索。

3. 万方数据库

简介：万方数据库是由万方数据公司开发的，涵盖期刊、会议纪要、论文、学术成果、学术会议论文的大型网络数据库。

地位：和中国知网齐名的中国专业的学术数据库。其开发公司——万方数据股份有限公司是国内第一家以信息服务为核心的股份制高新技术企业，是在互联网领域，集信息资源产品、信息增值服务和信息处理方案为一体的综合信息服务商。

提供的检索服务包括：浏览格式检索、专项信息检索、自由检索。

4. X-MOL化学资讯平台

简介：由北京衮雪科技有限公司创办，对化学工作者免费开放。北京衮雪科技有限公司创立于2006年，目前拥有一个近百人的团队，团队80%以上成员拥有化学、生物学、药学等领域的硕士或博士学位。北京衮雪科技有限公司专注于服务化学和生命科学领域，客户包括国内外大型药企和研究机构。

5. 国外学术期刊

国外学术期刊包括 Nature、Science、Nature Chemistry、JACS 等数十种高水平期刊。最新论文的图文信息每日更新，看文献更方便，一目了然。

2.4 信息检索的技巧与策略

2.4.1 检索策略概念

检索策略是指为实现检索目标而制定的全盘计划或方案。简言之，检索策略就是在分析信息提问实质的基础上，正确地选择检索词（项）及相关数据库，科学地拟定逻辑提问式，合理地规划查找步骤的全过程。检索策略考虑得是否周全，直接影响信息的查全率和查准率。要掌握信息检索的策略与技巧，有必要了解信息检索的全流程，并弄清楚每一步骤中所要注意的技巧与策略。信息检索流程图如图 2-18 所示。

2.4.2 信息检索策略

1. 分析检索课题

就是要明确检索要求和目标，确定检索范围和主题概念。检索的范围包括课题所涉及的学科、专业范围，所需要的信息类型是文献还是具体的数据、事实，对检出的信息类型、语种、出版时间，地域范围等有什么要求等；主题概念包括课题的主要研究内容、重点及子课题研究内容等。

2. 选择合适的检索工具和检索途径

1）确定检索工具

检索问题对需要使用的检索工具具有直接影响，检索工具的选择正确与否对检索效率起着十分重要的作用。选择合适的检索工具主要从检索工具的类型、收录范围、检索问题的类型、检索问题的具体要求等方面综合考虑。由于搜索引擎的普及和用户对其他信息检索工具的不熟悉，许多网络信息检索的用户通常只使用搜索引擎或以搜索引擎为主，而忽视各种专业数据库的作用。

正确的选择是，检索大众化的主题比较适合的工具是搜索引擎，而各种专业的数据库则适合查找学术信息和各种专门信息。例如，查找期刊论文首选的是中国期刊网和 Elsevier 等中外文期刊数据库；查找背景与概况信息，不清楚或模糊的词、术语，可用百科全书、各种汉语词典、英汉等双语词典、外语词典、各学科词典、搜索引擎

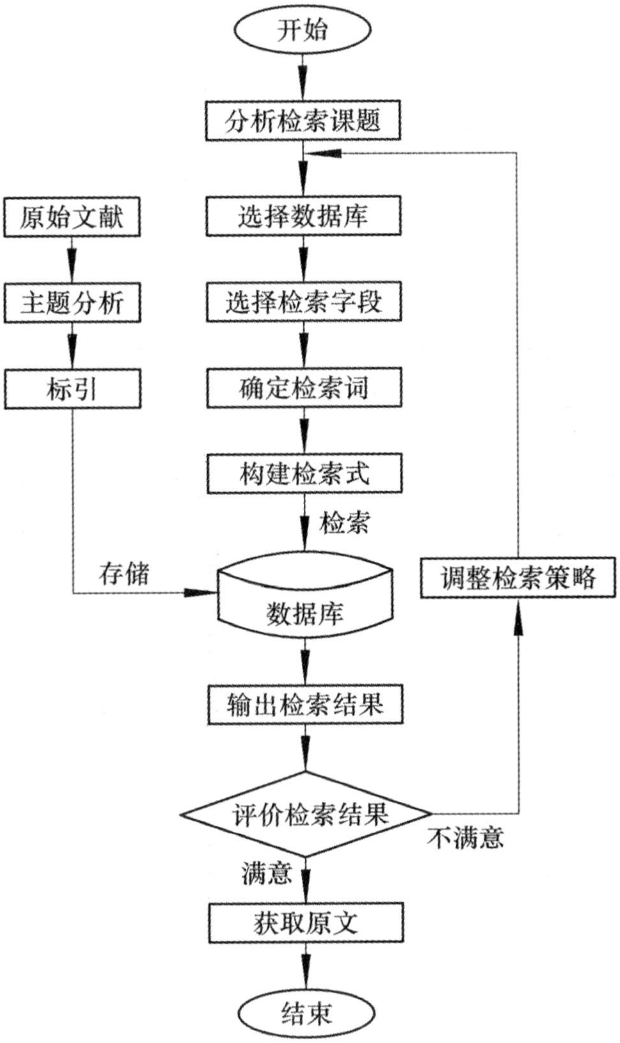

图 2-18 信息检索流程图

等；要查找图书的出版信息，可利用各图书馆的馆藏目录（OPAC）、Worldcat 等联合目录、出版社书目、在版书目、网上书店、搜索引擎等。

2）选择检索途径

检索途径也称检索字段，包括主题、分类、文摘、关键词、题名、责任者、机构名、专利号、代码（如分子式、结构式）、引文、全文等字段选择。

不同字段检索结果也不一样，如选择题名与关键词字段检索，查准率较高，但查全率较低；选择主题，文摘与全文字段检索，查全率较高，但查准率较低；实际检索时要根据检索结果的多少及是否符合课题来调整检索途径，如检索结果少，则选择主题重新检索；检索结果多，则选择题名重新检索。

3. 选择与扩充检索词

1）检索词的选择

检索词是用户或检索人员检索时输入的字、词、字符或短语，用于查找含有它（它们）的记录，检索词必须反映课题内容和信息需求。检索词包括关键词和各种符号，前者是指那些出现在文献的标题（篇名、章节名）、关键词、摘要，或者正文中对表达文献主题内容具有实质意义的语词，后者如分类号、专利号和出版年等。

学会从复杂的检索课题中提炼出最具代表性和指示性的检索词，这对提高检索效率至关重要。选择检索词应尽量选专指词、特定概念或专业术语作关键词，避免冷僻词汇和太泛的词。虚词通常不能作为检索词。有的自由词虽是实词，但是意义过于宽泛，不能表达课题的实质意义，如研究、发展、前景、技术、创新等，若用作关键词，会反馈数以万计的检索结果，失去检索意义，也不能作为检索词。

也就是说，一个检索课题，首先需要提取主要概念，区分出辅助概念、禁用词。主要概念（也称核心概念）指课题研究的主要对象，包括课题归属的专业名称，课题涉及的具体原理、研究方法、材料工艺、应用领域等；辅助概念（也称普通概念）指没有专业意义的概念；禁用词（屏蔽概念）指没有检索意义、检索过程中一般不使用的词，包括介词、冠词、连词等虚词，也包括没有事物含义的普通名词、代词、动词和形容词。例如，检索关于机床模具的CAD设计的文献，主要概念包括："机床""模具""CAD"；辅助概念包括："设计"；禁用词包括："关于""的""文献"。

对关键词的选择通常有如下建议：使用名词或物体作为关键词；检索式中使用2～3个关键词为宜；使用截词检索，可检索出词根相同的词或同一词的单复数形式，如 inform *；利用 OR 连接同义词、近义词、相关词或同一术语的不同表达方式，如红茶 OR 绿茶 OR 乌龙茶 OR 白茶；对专有名词，如人名、地名、机构名，使用大写字母指定检索，如 EU；对固定短语，用" " 进行精确检索。

2）检索词扩展

检索词为关键词（自由词）时，还应选取该词的同义词、近义词、广义词、狭义词、分子式、分类号、登记号、专利号、化学物质俗名、商品名等，以扩大检索范围，提高查全率。

4. 正确构造检索式

检索式也称检索提问表达式，是对多个检索词之间的相互关系和检索顺序作出的某种安排，是要求检索系统执行的检索语句。检索式通常由检索词和检索算符构成。计算机检索系统可以接受的检索算符包括布尔逻辑算符、位置算符、字段限制、优先算符等。检索式是检索策略的具体体现。最简单的检索式由一个检索词（字段标识有时被省略）构成，复杂的检索式由多个检索词和字段名通过关系算符（包括逻辑算符与位置算符）连接而成。

构造检索式时，要充分利用搜索工具支持的检索运算、允许使用的检索标识，各种限定也是进行有效检索的基础。

需要特别说明的是，许多用户在信息检索时往往只对检索问题中的每一概念用一个检索词表示，这样很容易造成漏检。避免产生此错误的最有效的做法是：对于检索问题中的每一个概念，尽可能全面地列举表达该概念的同义词、近义词、相关词甚至上位词、下位词，并在它们之间用布尔逻辑运算符 OR 连接起来，形成一个子检索式。再用适当的布尔逻辑运算符将所有子检索式连接起来，构成一个总检索式，即“积木型”检索。积木型检索式如图 2-19 所示。

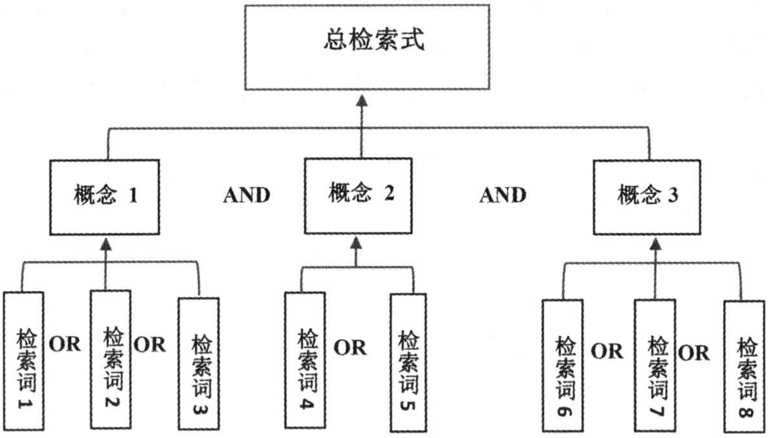

图 2-19 积木型检索式

许多搜索引擎都提供简单检索和高级检索，建议使用后者。例如，组合使用布尔逻辑运算符 AND（+）、NOT（—）、双引号，使用日期与语种限定，可使检索结果控制在一定范围内。同时要充分利用进阶检索，即某些工具提供的二次检索等功能，在前一次检索产生的结果基础上做进一步的检索以缩小检索范围。

5. 及时调整检索策略

经过课题分析，选择了合适的检索工具与途径后，在检索框中输入检索词或检索式，提交检索，然后对输出的结果进行评判。若结果满意，则保存或下载检索结果；若结果不满意，则回到第一步，重新调整策略。调整检索策略主要有以下两种方式：

1）扩大检索范围

当检索结果为零或检索结果太少时，就需要扩大检索范围。

其方法有：在检索词的选择方面，可以使用布尔逻辑“或”连接表达某一概念的同义词、近义词或相关词；降低检索词的专指度，如使用较普遍的词代替不常用的词，或改用上位词；减少用布尔逻辑运算符“AND”连接的最不重要的检索词；去掉布尔逻辑运算符“NOT”及其连接的检索词；取消某些限制，如文献类型、出版年、语种等；使用分类号进行族性检索，如利用《中图法（第 5 版）》的分类号 G254.9 可检索所有与“信息检索”有关的文献；使用截词检索以检索出某词的单复数形式、英美单词拼写差异、同根词或者含有某几个字母组合的所有单词；利用某些检索工具提供的“自动扩检”功能进行相关检索；对于查全率要求高的检索问题，不妨使用多个检索工具；使用元搜索引擎；使用信息资源的整合平台检索来自不同提供方的各种数据库。

2）缩小检索范围

检索时，如果得到的检索结果太多，或检索结果不相关，则需要缩小检索范围。其方法有：使用逻辑“与”连接更多的关键词；使用布尔逻辑“非”把不需要查找的关键词排除在检索结果之外；使用位置限制的检索；使用字段限制检索；用短语检索进行精确检索；当某一缩略语有多种全称时，同时使用缩写与全称；利用检索工具的进阶检索功能（refine，revise，search again，二次检索）；限制查询范围，如类目的分类范围、地域范围、时间范围、网站类型范围、文件类型（pdf、ppt、word 等）。这些范围限制实现的方法不同，有些是通过在关键词前加特殊的符号，有些是通过下拉菜单实现的。

6. 检索结果的输出

若检索结果满足用户需求，则可输出检索结果。输出方式有多种，包括信息检索显示、复制、打印、下载、E-mail 发送、输入检索结果到参考文献管理软件或个人信息管理软件等，输出形式包括目录、题录、文摘、全文或自定义形式等，还可以对检索结果进行有选择性的输出。

2.5 信息检索未来的发展趋势

1. 社会化搜索

社交网络平台和应用占据互联网的主流，是未来社会的发展趋势。而社交网络平台强调用户之间的联系和交互，这对传统的搜索技术提出了新的挑战。

传统搜索技术强调搜索结果和用户需求的相关性，社会化搜索除了相关性外，还额外增加了一个维度，即搜索结果的可信赖性。对某个搜索结果，传统的结果可能成千上万，但如果属于用户社交网络内其他用户发布的信息、点评或验证过的信息，则更容易信赖，这是与用户的心理密切相关的。社会化搜索为用户提供更准确、更值得信任的搜索结果。

2. 实时搜索

对搜索引擎的实时性要求日益增高，这也是搜索引擎未来的一个发展方向。

实时搜索最突出的特点是时效性强，用户发布的信息第一时间能被搜索引擎搜索到。不过目前实时搜索由于各方面的原因无法普及使用，如 Google 的实时搜索是被重置的，百度也没有明显的实时搜索入口。

3. 移动搜索

移动搜索是指以移动设备为终端，对互联网进行搜索，从而实现高速、准确地获取信息资源。随着科技的高速发展，信息的迅速膨胀，手机已经成为信息传递的主要设备之一。近年来，随着移动互联网技术和智能手机的不断发展，移动搜索逐渐成为用户获取网络信息的主要途径。中国互联网信息中心（CNNIC）2018 年 1 月发布的《第 41 次中国互联网络发展状况统计报告》显示，截至 2017 年 12 月，我国网民使用手机上网的比例达 97.5%，较 2016 年年底提升了 2.4 个百分点，手机搜索用户数达 6.24 亿，使用率为 82.9%，用户规模较 2016 年年底增长 8.5%。尽管手机搜索用户增长速度趋缓，但增量仍超过整体用户增量，继续承担搜索应用用户规模增长主要推动力的角色。移动搜索的快速发展，正在改变着人们的生活方式和生活习惯。

4. 个性化搜索

个性化搜索主要面临两个问题：如何建立用户的个人兴趣模型？在搜索引擎里如何使用这种个人兴趣模型？

个性化搜索的核心是根据用户的网络行为，建立一套准确的个人兴趣模型。而建立这样一套模型，就要全面收集与用户相关的信息，包括用户搜索历史、点击记录、浏览过的网页、用户 E-mail 信息、收藏夹信息、用户发布过的信息、博客、微博等内容。比较常见的是从这些信息中提取出关键词及其权重。为不同用户提供个性化的搜索结果，是搜索引擎总的发展趋势，但现有技术有很多问题，如个人隐私的泄露，而且用户的兴趣会不断变化，太依赖历史信息可能无法反映用户的兴趣变化。

5. 地理位置感知搜索

目前，很多手机已经有 GPS 的应用了，这是基于地理位置感知的搜索，而且可以通过陀螺仪等设备感知用户的朝向，基于这种信息，可以为用户提供准确的地理位置服务以及相关搜索服务。目前，此类应用已经得到很大发展，如手机地图 App。

6. 跨语言搜索

如何将中文的用户查询翻译为英文查询，目前主流的方法有三种：机器翻译、双语词典查询和双语语料挖掘。对于一个全球性的搜索引擎来说，具备跨语言搜索功能是必然的发展趋势，而其基本的技术路线一般会采用查询翻译加上网页的机器翻译这两种技术手段。

7. 多媒体搜索

目前，搜索引擎的查询还是基于文字的，即使是图片和视频搜索也是基于文本方式。那么未来的多媒体搜索技术则会弥补查询这一缺失。多媒体形式除了文字，主要包括图片、音频、视频。多媒体搜索比纯文本搜索要复杂许多，一般多媒体搜索包含四个主要步骤：多媒体特征提取、多媒体数据流分割、多媒体数据分类和多媒体数据搜索引擎。

8. 情境搜索

情境搜索是融合了多项技术的产品，上面介绍的社会化搜索、个性化搜索、地点感知搜索等都是支持情境搜索的，目前 Google 在大力提倡这一概念。所谓情境搜索，就是能够感知人与人所处的环境，针对“此时此地此人”来建立模型，试图理解用户查询的目的，根本目标还是要理解人的信息需求。例如，某个用户在苹果专卖店附近发出“苹果”这个搜索请求，基于地点感知及用户的个性化模型，搜索引擎就有可能认为这个查询是针对苹果公司的产品，而非对水果的需求。

人类已经进入信息社会，信息社会化与社会信息化是当今重要的时代特征。信息检索作为传递、搜索信息的手段发展愈来愈快。未来社会，新的技术方法层出不穷，信息检索的手段与方法也越来越社会化、智能化、个性化。

模块小结

（1）信息检索是用户进行信息查询和获取的主要方式，是查找信息的方法和手段。狭义的信息检索仅指信息查询，即用户根据需要，采用一定的方法，借助检索工具，从信息集合中找出所需要信息的查找过程。广义的信息检索是信息按一定的方式进行加工、整理、组织并存储起来，再根据信息用户特定的需要将相关信息准确地查找出来的过程。文献检索是指根据学习和工作的需要获取文献的过程。

（2）大数据时代，海量数据呈几何级爆炸式地增长，想要在浩瀚的数据海洋中快速、准确地获取自己想要的信息必须掌握一定的检索方法与技术。信息检索的方法与技术非常多，不同的平台会有所不同。

（3）伴随着网络信息资源的迅猛增长，人们获取有用信息越来越难，为满足人们快速、准确检索信息的需求，网络检索工具应运而生。其中最重要的工具和平台就是搜索引擎。但信息检索的平台绝对不止有搜索引擎，网络开放信息平台、问答系统、商业数据库、各种专业 App 等都是好用的信息检索平台与工具。检索不同类别的信息需要选择不同的检索网站与平台。例如，找视频——视频网站；找书——图书馆网站或购书网站；找音乐——专门的音乐网站；找电影——电影网站；找学术信息——学术数据库平台；找美食——美食评价平台或外卖网站；购物——购物平台；旅游——旅游网站，等等。

（4）检索策略是指为实现检索目标而制定的全盘计划或方案。简言之，检索策略就是在分析信息提问实质的基础上，正确地选择检索词（项）及相关数据库、科学地拟定逻辑提问式、合理地规划查找步骤的全过程。检索策略考虑得是否周全，直接影响信息的查全率和查准率。

(5) 21 世纪人类全面进入知识经济社会，经济信息化的时代信息素质将成为衡量人才素质的重要标准，新世纪所需人才的各种素质与能力都有赖于全面信息素质的培养。包括：基本信息知识理论素质的培养；信息能力（对信息的搜集和获取、加工处理、组织管理、分析评价）思维创新与交流的提高和信息意识的增强，其中信息意识、信息能力是现代社会人才素质的基本要素，也是人才竞争优势的重要体现。而信息检索则是我们培养信息意识、信息能力与信息素养的重要手段。

复习题

一、单项选择题

1. 符号“*”用在信息检索中，称为（　　）。

A. 通配符　　B. 字段检索符

C. 精确检索符　　D. 模糊检索符号

2. 以下符号中，（　　）不是信息检索中的逻辑算符。

A. AND　　B. OR

C. NO　　D. NOT

3. 百度搜索引擎中，用减号“—”剔除检索结果中包含的特定信息，注意减号“—”必须是英文符号，使用时前面必须带（　　）。

A. 回车　　B. 分号

C. 空格　　D. 逗号

4. 截词检索是指在检索式中使用专门的截词符号，以表示检索词的（　　）允许有一定词形变化，用检索词的词干或不完整的词形查找信息的一种检索方法。

A. 全部　　B. 后缀

C. 前缀　　D. 某一部分

5. 网络信息收集的技巧有（　　）。

A. 充分利用索引检索引擎　　B. 浏览信息，添加文件名

C. 合理使用各种符号改善检索过程　　D. 明确检索目标

6. 布尔逻辑检索中检索符号“OR”的主要作用在于（　　）。

A. 提高查准率　　B. 提高查全率

C. 排除不必要的信息　　D. 减少文献

7. 要在题名字段中一次性检索出所有包括“颜色”这一英文单词的信息资源，应使用（　　）截词符号。

A. ?　　　　B. *

C. ??　　　　D. #

8. 以下有关搜索引擎的说法，不正确的是（　　）。

A. 描述符号“—”用于限制符号后面的关键字必须出现在检索结果中

B. 搜索引擎实际上也是一个网站，此类网站的主要作用是提供信息检索服务

C. 如用户用双引号将所需查询的关键字括起来，说明用户需要查询完全匹配的信息

D. 在Internet上有很多搜索引擎，如Google、百度等

9. 在知网中检索我国围棋起源方面的论文，检索式检出结果最多的是（　　）。

A. TI=中国*围棋*起源*论文

B. TI=（中国+中华）*围棋*（起源+源头）

C. TI=（中国+我国+中华）*围棋*（起源+源头）

D. TI=我国*围棋*起源*方面*论文

10. 检索式“computer（3W）design”表示（　　）。

A. computer与design的先后顺序可以颠倒

B. computer与design之间可插入3个词

C. computer与design的先后顺序不可以颠倒

D. 可以检索出“design and computer”

二、判断题

1. 国家图书馆不能获取电子版学位论文。（　　）

2. 检索式“关键词=大数据*（法律+法规）”表示查找关键词中包含前1个词，并包含括号中至少1个词的记录。（　　）

3. 检索语言是根据文献信息检索的需要而编制的专供文献信息存储和检索使用的一种人工语言，是为检索系统提供的符号化或语词化的专用交流工具。（　　）

4. 计算机信息检索的方法包括：顺查法、倒查法、抽查法、循环法、溯源法。（　　）

5. 常用计算机信息检索技术包括：布尔逻辑检索、截词检索、短语检索、位置限制检索、字段限制检索。（　　）

三、简答题

1. 什么是信息检索？说说你在日常学习、生活中如何利用信息检索提高生活质量和学习效率的。

2. 什么是搜索引擎？列举出你所知道的搜索引擎名称。

3. 什么是信息检索技术？你知道哪些常见的信息检索技术？它们各有什么特点？

4. 请谈谈你对信息检索策略与技巧的认识。

四、实训实验题

1. 利用百度高级检索功能，查找出百度网站内的有关“广州旧物仓”方面的信息。列出检索式，并说明其检索途径与方法。

2. 在 CNKI 上查找以下信息：

（1）2015 年后武汉大学教师发表的有关信息检索与信息素养的文献 10 篇，下载其篇名、作者、期刊刊名及卷、期信息，并说明检索途径和方法。

（2）分别写出“中国期刊全文数据库”“中国优秀硕士学位论文全文数据库”“中国博士学位论文全文数据库”“中国重要会议全文数据库”“中国重要报纸全文数据库”命中的篇数，注意不同检索字段对检索结果的影响。

3. 利用万方数据库，查询最近两年本专业的硕士学位论文 5 篇，下载其篇名、作者、指导教师信息和论文摘要，并说明检索途径和方法。

4. 查找马景娣主编的《实用信息检索教程》这本书在国内哪些图书馆有收藏，并说明该书在武汉大学图书馆的具体馆藏情况（写出索书号、馆藏地及借阅状态）。

参考文献

[1] 黄如花．信息检索［M］. 3 版．武汉：武汉大学出版社，2020.

[2] 王月辉，杜向荣，冯艳．市场营销学［M］．北京：北京理工大学出版社，2017.

[3]《搜索引擎浅谈》万方数据知识服务平台［引用日期 2019-06-22］

[4] 潘燕桃，肖鹏．信息素养通识教程［M］．北京：高等教育出版社，2019.

模块三

Windows 10 操作系统

学习目标

1. 了解 Windows 10 操作系统。
2. 掌握 Windows 的虚拟桌面、任务栏设置、桌面设置等操作的基本方法。
3. 掌握 Windows 10 文件管理、系统管理、控制面板、任务管理器的相关操作。

学习重点

1. 了解计算机操作系统的发展历程及特点。
2. 掌握 Windows 10 基本操作的使用方法。
3. 掌握 Windows 10 文件管理、系统管理、任务管理器的相关操作。

学习难点

掌握 Windows 10 文件资源管理器和任务管理器的操作。

3.1 操作系统简介

3.1.1 操作系统发展历史

1946 年第一台计算机诞生。20 世纪 50 年代中期，当时还未出现操作系统，操作系统并不是与计算机硬件一起诞生的，它是在人们使用计算机的过程中，为了满足两大需求，即提高资源利用率和增强计算机系统性能，伴随着计算机技术本身及其应用的日益发展，而逐步形成和完善起来的。操作系统是管理计算机硬件资源，控制其他程序运行并为用户提供交互操作界面的系统软件的集合，是计算机系统的关键组成部分，负责管理与配置内存。操作系统决定系统资源供需的优先次序，控制输入和输出设备，操作网络与管理文件系统等。

操作系统诞生距今已经有了几十年的时间，是计算机资源的管理者。最初，人们是没有操作系统来对计算机加以控制的，一直都采用人工管理方式对计算机进行操作和管理，人工手动的低速和计算机的高速处理形成尖锐的矛盾，资源利用率非常低，从而导致计算机的效率十分低下。为了解决人工干预和 CPU 速度不匹配的矛盾，提高计算机的使用效率，科学家研发了世界上第一个操作系统——脱机输入/输出系统，虽然脱机输入/输出系统提高了计算机的运行效率，但是在计算机工作过程中还是需要人工进行干预。后来就出现了批处理系统，由于该类系统的内存中只能保持一个作业运行，所以这类系统又称为单通道批处理系统。20 世纪 60 年代科学家研发的多通道批处理系统能够做到计算机内存中的作业并发执行。后来出现的分时操作系统能够让多个用户共同使用一个操作系统，并可以让用户随时和计算机进行交互，而各个用户都感受不到其他用户的存在。随着计算机技术的发展，科学家又研发了实时操作系统，该系统能实时反馈用户的操作。如今操作系统已经成为计算机不可或缺的部分。

3.1.2 操作系统的定义

操作系统（operating system，OS），是指以合理的方式控制与管理计算机硬件和软件资源的计算机程序，是直接运行在“裸机”上的最基本的系统软件，功能包括完成管理与配置内存、决定系统资源供需的优先次序、控制输入与输出设备、操作网络与管理文件系统等基本事务，达到共享资源的目的。

3.1.3 操作系统的功能

根据应用领域来划分，操作系统可分为桌面操作系统、服务器操作系统、嵌入式操作系统；其中嵌入式操作系统广泛应用于生活的各个方面，涵盖范围从便携设备到大型同步设备，如手机、平板电脑、家用电器、医疗设备、交通灯、航空电子设备和工厂控制设备等；根据所支持的用户数目，操作系线可分为单用户操作系统（如 MSDOS，Windows）、多用户操作系统（如 UNIX、Linux）；根据源码开放程度，可分为开源操作系统和闭源操作系统；根据硬件结构，可分为网络操作系统、多媒体操作系统和分布式操作系统等；根据操作系统环境，可分为批处理操作系统、分时操作系线、实时操作系统；根据存储器寻址宽度，可分为 8 位、16 位、32 位、6 位、128 位的操作系统。常用的操作系统都支持 32 位和 64 位数字应用设备。

下面介绍几种常见的操作系统。

1. DOS

DOS 是 disk operating system 的缩写，意思是操作系统，是微软公司开发的，早期微型计算机使用最广泛的操作系统，是单用户、单任务的操作系统。DOS采用字符用户界面，主要通过字符信息进行人机交互。

Windows 10依然提供了对部分DOS程序的支持，用户可以在Windows 10的“程序”菜单的“附件”中选中“命令提示符”项，启动DOS。在打开的DOS窗口中可以使用字符命令运行各种应用程序和进行文件管理。特别是现在在一些网络配置中还经常会用到DOS命令。

2. Windows

Windows是微软公司开发的一个多任务的操作系统，采用图形窗口界画，用户对计算机的各种复杂操作通过单击鼠标或敲击键盘就可以实现。Windows操作系统在世界范围内占据了桌面操作系统90%的市场份额。

3. UNIX

UNIX是一个强大的多用户、多任务操作系统，支持多种处理器架构。按照操作系统的分类，属于分时操作系统。该系统于1969年诞生于贝尔实验室。因为其稳定性和可靠性而广泛应用于金融、保险等行业。

4. Linux

Linux操作系统是1991年提出的，是一个多用户、多任务的操作系统。它与UNIX完全兼容。Linux最初是由芬兰赫尔辛基大学计算机系学生Linux在基于UNIX的基础上开发的一个操作系统内核程序，其设计是为了在Intel微处理器上更有效运用，它的最大特点在于它是一个自由及开放许可证簿代码的操作系统，其内核源代码可以自由传播。

5. Mac OS

Mac OS X是苹果公司开发的一种操作系统，一直运行于苹果系列电脑上，是首个在商用领域取得成功的图形用户界面系统。

6. IOS

IOS操作系统是苹果公司开发的手持设备操作系统。最早开发的IOS 6用于2007年发明的iphone手机上，后来陆续使用到了苹果的ipod Touch、ipad等产品上。

7. Android

基于一种以Linux为基础的开放源代码操作系统，主要用于手持设备操作系统。Android操作系统最初由Andy Rubin开发，主要支持手机。2005年，Google收购Android，组建了手机事业部对其进行深入开发改良，现在Android系统也逐渐扩展到平板电脑及便携设备、车载设备等领域上。

3.2 Windows 10 操作系统

Windows 10 是由美国微软公司开发的应用于计算机和平板电脑的操作系统，2014 年 1 月，微软在旧金山召开新品发布会，对外展示了新一代 Windows 操作系统，将它命名为“Windows 10”，新系统的名称跳过了数字“9”，于 2015 年 7 月 29 日发布正式版。需要特别声明的是，从 2020 年 5 月开始，微软停止向 PC 制造商提供 32 位版本的 Windows 10，并且将逐步淘汰 32 位版本的 Windows 10 系统。

3.2.1 Windows 10 概述

3.2.1.1 发展历程

2015 年 1 月 21 日，微软在华盛顿发布 Windows 10 系统，并表示向运行 Windows 7、Windows 8.1 以及 Windows Phone 8.1 的所有设备提供支持，用户可以在 Windows 10 发布后的第一年享受免费升级服务。同年 2 月 13 日，微软正式开启 Windows 10 手机预览版更新推送计划。3 月 18 日，微软中国官网正式推出了 Windows 10 中文介绍页面。7 月 29 日，微软发布 Windows 10 正式版。

2018 年 8 月 9 日，微软推送了 Windows 10 RSS 快速预览版。

2018 年 9 月，微软宣布为 Windows 10 系统带来了 ROS 支持。所谓 ROS 就是机器人操作系统，此前这一操作系统只支持 Linux 平台。

3.2.1.2 更新与功能

1. 生物识别技术

Windows 10 新增的 Windows Hello 功能将带来一系列对于生物识别技术的支持。除了常见的指纹扫描之外，系统还能通过面部或虹膜扫描来让使用者登录。当然，使用者需要使用新的 3D 红外摄像头来获取到这些新功能。

2. Cortana 搜索功能

可以用 Cortana 来搜索硬盘内的文件、系统设置、安装的应用，甚至是互联网中的其他信息。作为一款私人助手服务，Cortana 还能像在移动平台那样帮助使用者设置基于时间和地点的备忘录。

3. 平板模式

微软在照顾老用户的同时，也没有忘记随着触控屏幕成长的新一代用户。

Windows 10 提供了针对触控屏设备优化的功能，同时还提供了专门的平板电脑模式，开始菜单和应用将以全屏模式运行。如果设置得当，系统会自动在平板电脑与桌面模式间切换。

4. 桌面应用

微软放弃激进的 Metro 风格，回归传统风格，用户可以调整应用窗口大小，久违的标题栏重回窗口上方，最大化与最小化按钮也给了用户更多选择。

5. 多桌面

如果用户没有多显示器配置，但依然需要对大量的窗口进行重新排列，则 Windows 10 的虚拟桌面可以帮到用户。在该功能的帮助下，用户可以将窗口放进不同的虚拟桌面当中，并在其中进行轻松切换，使原本杂乱无章的桌面变得整洁起来。

6. 开始菜单进化

微软在 Windows 10 中带回了用户期盼已久的开始菜单功能，并将其与 Windows 8 开始屏幕的特色相结合。点击屏幕左下角的 Windows 键打开开始菜单之后，你会在左侧看到包含系统关键设置和应用列表，标志性的动态磁贴也会出现在右侧。

7. 任务切换器

Windows 10 的任务切换不再仅显示应用图标，而是通过大尺寸缩略图的方式对内容进行预览。

8. 任务栏的微调

在 Windows 10 的任务栏中，新增了 Cortana 和任务视图按钮，与此同时，系统托盘内的标准工具也匹配上了 Windows 10 的设计风格。可以查看到可用的 Wi-Fi 网络，或者对系统音量和显示器亮度进行调节。

9. 贴靠辅助

Windows 10 不仅可以让窗口占据屏幕左右两侧的区域，还能将窗口拖曳到屏幕的四个角落使其自动拓展并填充 1/4 的屏幕空间。

10. 文件资源管理器升级

Windows 10 的文件资源管理器会在主页面上显示出用户常用的文件和文件夹，让用户可以快速获取到自己需要的内容。

11. 新的 Edge 浏览器

为了追赶 Chrome 和 Firefox（火狐）等热门浏览器，微软淘汰了老旧的 IE 浏览器，带来了划时代的 Edge 浏览器。Edge 浏览器虽然尚未发展成熟，但它的确带来了诸多的便捷功能，比如和 Cortana 的整合以及快速分享功能。

3.2.1.3 版本与配置

Windows 10 有家庭版、专业版、企业版、教育版、移动版、移动企业版、专业工作站版和物联网核心版八个版本，如表 3-1 所示。

表 3-1 Windows 10 版本与功能

版本	说明
家庭版 home	Cortana 语音助手、Edge 浏览器、面向触控屏设备的平板电脑模式、Windows Hello（脸部识别、虹膜、指纹登录）、串流 Xbox One 游戏的能力、微软开发的通用 Windows 应用（Photos、Mps、Mail、Grnove Muic 和 Video）、3D Builder
专业版 Professional	以家庭版为基础，增添了管理设备和应用，保护敏感的企业数据，支持远程和移动办公，使用云计算技术。另外，它还带有 Windows Update for Buinese，微软承诺该功能可以降低管理成本、控制更新部署，让用户更快地获得安全补丁软件
企业版 Enterprise	以专业版为基础，增添了大中型企业用来防范针对设备、身份、应用和敏感企业信息的现代安全威胁的先进功能，供微软的批量许可（volume licesing）客户使用，用户能选择部署新技术的节奏，其中包括使用 Windows Update for Business 的选项。作为部署选项，Windows 10 企业版将提供长期服务分支（long term servicing branch）
教育版 Education	以企业版为基础，面向学校职员、管理人员、教师和学生。它将通过面向教育机构的批量许可计划提供给客户，学校能够升级 Windows 10 家庭版和 Windows 10 专业版设备
移动版 Mobile	面向尺寸较小、配置触控屏的移动设备，如智能手机和小尺寸平板电脑，集成有与 Windows 10 家庭版相同的通用 Windows 应用和针对触控操作优化的 Office。部分新设备可以使用 Continuum 功能，因此连接外置大尺寸显示屏时，用户可以把智能手机用作 PC
移动企业版 Mobile Enterprise	以 Windows 移动版为基础，面向企业用户。它将批量提供许可给客户使用，增添了企业管理更新、及时获得更新和安全补丁软件的方式
专业工作站版 Windows 10 Pro for Workstations	包括了许多普通版 Windows 10 Pro 没有的内容，着重优化了多核处理以及大文件处理，面向大企业用户以及真正的“专业”用户，如 6 TB 内存、ReFS 文件系统、高速文件共享和工作站模式

续表

版本	说明
物联网核心版 Windows 10 IoT Core	面向小型低价设备，主要针对物联网设备。目前已支持树莓派 2 代/3 代、Dragen-boand 410e（基于骁龙 410 处理器的开发板）、MinnowBoard MAX 及 Intel Joule

安装 Windows 10 最低配置要求如表 3-2 所示。

表 3-2 安装 Windows 10 最低配置要求

硬件	桌面版本	移动版本
处理器	1 GHz 或者更快的处理器	
RAM	1 GB（32 位）或 2 GB（64 位）	
硬盘空间	16 GB（32 位操作系统）或 20 GB	
显卡	DirectX 9 或更高版本	
分辨率	800×600	
软件环境	Windows 7、Windows 8	
网络环境	需要建立 Wi-Fi 连接	

3.2.2 Windows 基本操作

微软公司真正意义上的图形界面操作系统是从 Windows 95 开始的，后续又开发了 Windows XP、Windows 7、Windows 8 等操作系统。Windows 10 的到来，重新回归到经典的 Windows 开始菜单，更符合大部分用户的使用习惯。新的 Windows 10 中开始菜单由两部分组成，左侧为传统列表式开始菜单界面，在开始菜单右侧是类似 Mordern UI 的程序栏，会显示最近经常访问的应用。此外，Windows 10 中开始菜单的颜色将随着桌面背景的改变而改变，比如选择了蓝色的主题与蓝色的背景，开始菜单也随之变成蓝色。单击开始菜单，会弹出如图 3-1 所示选项，单击文件资源管理器，就能管理计算机中的文件，类似于之前 Windows XP 的打开“我的电脑”。

1. 鼠标与键盘的基本操作

鼠标的基本操作包括指向、单击、双击、右击、拖动等。

指向：在不操作任何鼠标按键的情况下，移动鼠标指针到某个对象上，称为指向。

单击：也就是单击鼠标左键，快速按一下鼠标左键，立即释放，常用于对象的选取。

双击：将鼠标指针指向目标对象，然后快速按两下鼠标左键，常用于启动程序或打开窗口等。

图 3-1 Windows 10 开始菜单

右击：将鼠标指针指向对象，按下鼠标右键即可。右击之后通常会弹出一个快捷菜单供用户选择。

拖动：将鼠标指针指向目标对象，按住鼠标左键不放，然后移动指针至指定位置后再释放鼠标左键。通常用于滚动条的操作、标尺滑动操作或复制、移动对象的操作等场合。

键盘的基本操作主要用于字母、数字的输入，除此之外，Windows 10 环境下，设置了很多的快捷键，常用快捷键如表 3-3 所示。

表 3-3 常用快捷键

快捷键	功能
Esc	取消
Alt	激活菜单栏
Alt+F4	关闭窗口
Alt+Tab	窗口之间的切换
At+＜空格键＞	打开窗口左上角的控制菜单
Ctrl+Alt+Del	打开“Windows 任务管理器”，提供管理任务。例如，可以通过管理器的“结束任务”命令来结束不响应的任务

续表

快捷键	功能
Ctrl＋A	选择全部
Ctrl＋X	剪切
Ctrl＋C	复制
Ctrl＋V	粘贴
Ctrl＋Z	撤销
Ctrl＋Esc	打开“开始”菜单
Ctrl＋<空格键>	启动或关闭输入法
Ctrl＋Shift	中文输入法的切换
Enter	确认
PrintScreen	复制当前屏幕图像到剪贴板中
Alt＋PrintScreen	复制当前窗口、对话框或其他对象到剪贴板中

2. Windows 10 虚拟桌面的应用

Microsoft 在 Windows 10 中内置了虚拟桌面功能。每个虚拟桌面可以被看成是一个独立的桌面或工作空间或另一台计算机界面。每创建一个虚拟桌面，就像打开了一个新的工作空间，能够开启一套完全不同的任务，而不用担心和以前的窗口混淆。虚拟桌面可以把正在运行的多个窗口或任务隔开放在不同的桌面上，这样方便查找马上要用的窗口或任务，但要消耗较多的系统资源，适用于配置较高的计算机。

创建虚拟桌面的快捷键是 Win＋Ctrl＋D，按 Win＋Tab 键即可浏览已开启的虚拟桌面，按 Win＋Ctrl＋F4 键即可关闭当前虚拟桌面。

在任务栏（即桌面底部为深色，上面显示各种图标那栏）上单击鼠标右键，然后单击显示任务示图按钮，任务栏上会出现如图 3-2 所示图标，单击该图标，即可展现虚拟桌面创建、关闭、浏览界面。

图 3-2　虚拟桌面控制图标

3. 图标的应用

Windows 10 的磁盘管理器、文件夹、文件及应用程序等各种操作对象，用各种形象的小图形表示，称之为图标。图标包括图片、说明文字两部分，文字在图形的下方，用来说明。

图标分为系统图标和快捷图标两种。系统图标是 Windows 10 为用户设置的图标，一般不能够删除，若将其删除，程序将不能正常运行。常见的系统图标有此电脑、网络、回收站等。

快捷图标是用户为应用软件设置的图标，又称快捷方式，将快捷方式删除后，程序仍然在计算机内存在，不影响程序的正常运行。常见的快捷图标是各种浏览器、微信、QQ 等。

无论是系统图标还是快捷图标都可以移动。用鼠标单击选中某图标，按住鼠标左键，可以将图标复制到桌面上的任何位置。当图标放置比较凌乱时，用户还可以进行图标的排列，在桌面上的空白处右击，在弹出的快捷菜单中选择“排列图标”命令，在其子菜单项中选择“排列方式”。排列方式有名称、大小、项目类型、修改日期等几种，如图 3-3 所示。

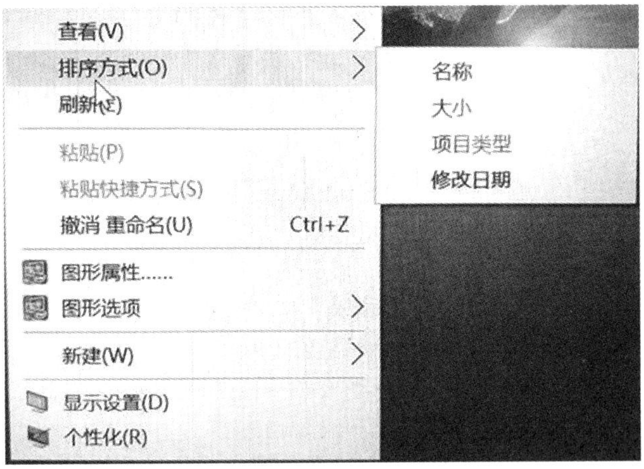

图 3-3　桌面快捷菜单选项

4. 任务栏的设置

任务栏一般位于桌面的最底部，通常由开始菜单、任务视图、打开文件的最小化窗口、日期与时间、通知中心等组成。用户可以对任务栏进行一些操作：改变任务栏的位置、隐藏任务栏、锁定任务栏、使用小任务栏按钮等。

改变任务栏的位置：在任务栏空白处右击，选中最下方的“设置”按钮，在弹出的“设置”对话框（见图 3-4）中，选中左侧的任务栏选项，在任务栏下拉列表中，有“靠左，顶部、靠右、底部”四个选项，系统默认任务栏的位置为底部，用户可以根据自己的需求进行选择。

锁定任务栏：用户可以不让任务栏来回移动，锁定任务栏，方便进行其他操作。锁定任务栏的方法比较简单，在“任务栏”对话框中，将“锁定任务栏”开关打开即可。

隐藏任务栏：任务栏不但可以锁定，而且可以暂时隐藏起来，等需要的时候再显示。用户想要隐藏任务栏，可以在“任务栏”对话框中，打开“在桌面模式下自动隐藏任务栏”下方的开关即可。

使用小任务栏：使用小任务按钮可以使得整个屏幕的窗口变大，任务栏上的图标变小，有利于用户对文档的操作。

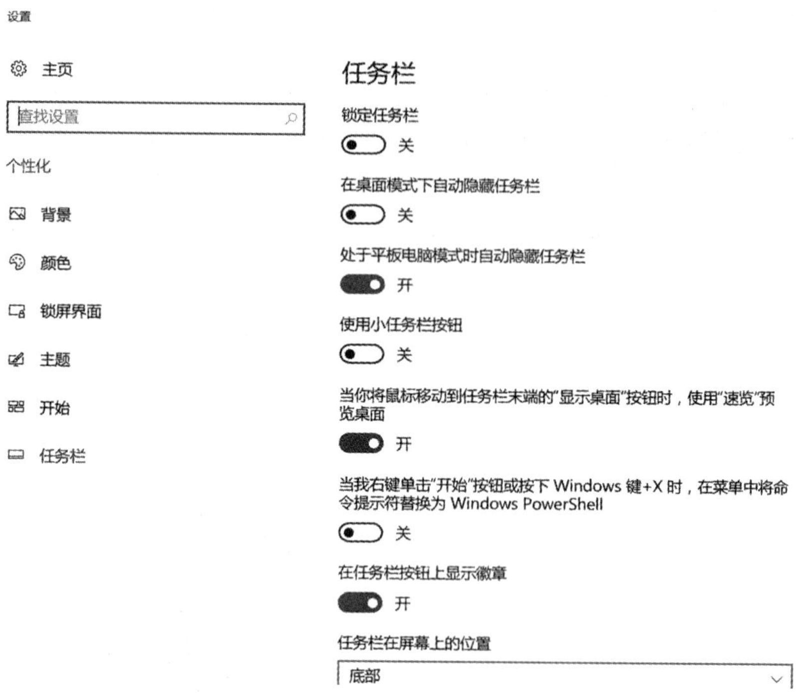

图 3-4　任务栏选项

5. 开始菜单的设置

Windows 10 操作系统的开始菜单综合了 Windows 7 和 Windows 8 的优点。

在任务栏空白处右击，选中最下方的“设置”按钮。在弹出的“设置”对话框（见图 3-5）中，选择左侧的“开始”选项，用户可以对开始菜单进行一些设置，如显示更多磁贴、显示最常用的应用、显示最常用的应用、显示最近添加的应用等。

“开始”菜单除了进行一些简单的设置，还可以在此基础上选择显示在开始菜单上的文件。在图 3-5 所示的对话框中，单击最下方的“选择哪些文件夹显示在‘开始’菜单上”，在弹出的对话框（见图 3-6）中，单击相应的开关即可将对应的文件夹显示在开始菜单上。

6. 改变桌面背景

用户可以将拍摄或下载的图片设置成桌面背景。首先，在任务栏空白处右击，选中最下方的“设置”按钮。然后在弹出的“设置”对话框中，选择左侧的“背景”选项，在选择图片选项中，选中自己喜欢的图片，如图 3-7 所示，系统默认的“选择契合度”为填充，用户也可以在弹出的下拉列表栏中，选择填充、适应、拉伸、平铺、居中、跨区六个选项中的任何一个。

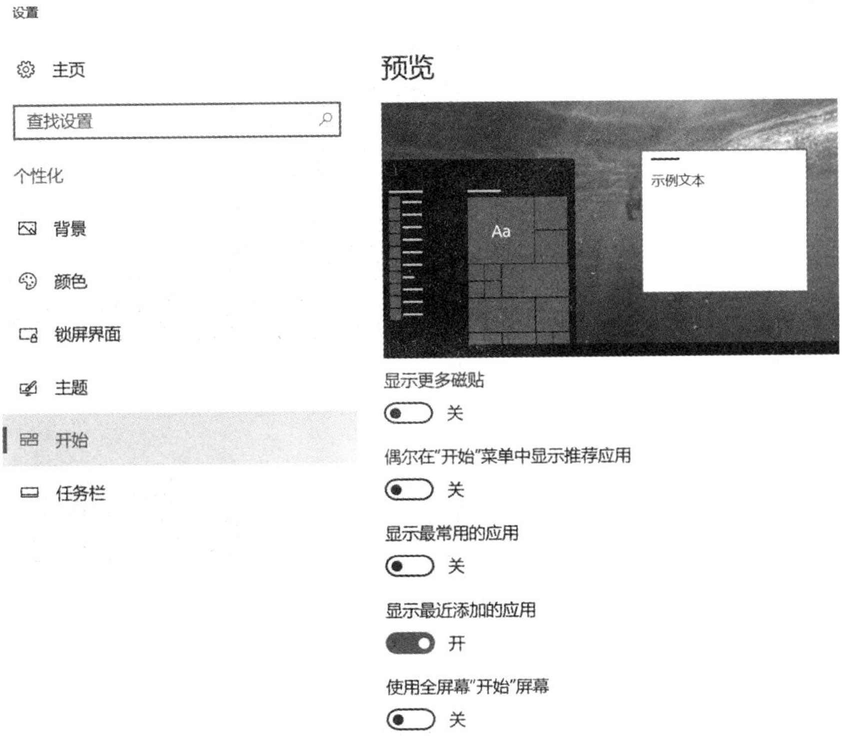

图 3-5　开始菜单基本设置

图 3-6　设置显示在开始菜单上的文件夹

图 3-7　桌面背景的设置

7. 更改账户类型

在 Windows 10 操作系统中，用户还可以更改账户类型，并设置相应的密码。具体步骤如下：

（1）右击桌面上的“此电脑”，选择“属性”。

（2）切换至系统界面，在该界面的左上角找到“控制面板主页”，单击后将会跳转到控制面板。

（3）在弹出的“控制面板”界面中，选择类别“用户账户”，如图 3-8 所示。

（4）选择用户账户下方的“更改账户类型”，然后再选择要更改的账户，如本地账户 Ad-ministrator。

（5）在弹出的“更改账户”对话框中，选择左侧的“创建密码”，用户可以输入新密码，一般为字母与数字的组合，也可以在对话框的下方输入密码提示，方便找回密码。

（6）新密码设置完毕后，单击创建密码选项即可。

8. 屏幕保护的设置

屏幕保护的作用是大幅度降低屏幕亮度，具有一定的省电作用。现在显示器分为两种：CRT 显示器（已基本淘汰）和 LCD 显示器，屏幕保护程序对两种显示器有不同影响。

图 3-8 控制面板界面

设置屏幕保护的步骤如下：

(1) 右击桌面上的“此电脑”，选择“属性”。

(2) 切换至系统界面，在该界面的左上角找到“控制面板主页”，单击后将会跳转到控制面板。

(3) 在弹出的“控制面板”界面中，选择类别“外观和个性化”。

(4) 选择外观和个性化下方的“更改主题”。

(5) 在“外观和个性化”对话框中，选中“更改屏幕保护程序”。

(6) 设置完毕后，单击“确定”按钮即可。

3.2.3 Windows 10 文件管理

1. 文件资源管理器

Windows 10 操作系统中的资源管理器是用户查看文件的重要窗口，在操作的过程中，用户不但需要打开文件资源管理器来读写文件，还需要将所有的窗口进行最小化操作，若能把文件资源管理器添加到开始菜单，将会为用户打开文件提供很大的便利。用户可以按照下述步骤将文件资源管理器添加到开始菜单。

(1) 在 Windows 10 桌面的空白位置右击，在弹出的菜单中选择“个性化”选项。

(2) 在打开的“设置”窗口中，单击左侧的“开始”菜单项，在右侧打开的开始窗口，单击“选择哪些文件夹显示在‘开始’菜单上”链接，如图 3-9 所示。

(3) 在新打开的窗口中，选中第一项——文件资源管理器，把下面的开关打开，如图 3-10 所示。

(4) 回到 Windows 10 开始菜单，可以看到已把文件资源管理器添加到开始菜单的左侧边栏。用户单击“开始”菜单，就可以快速打开文件资源管理器，十分方便。

图 3-9　设置对话框

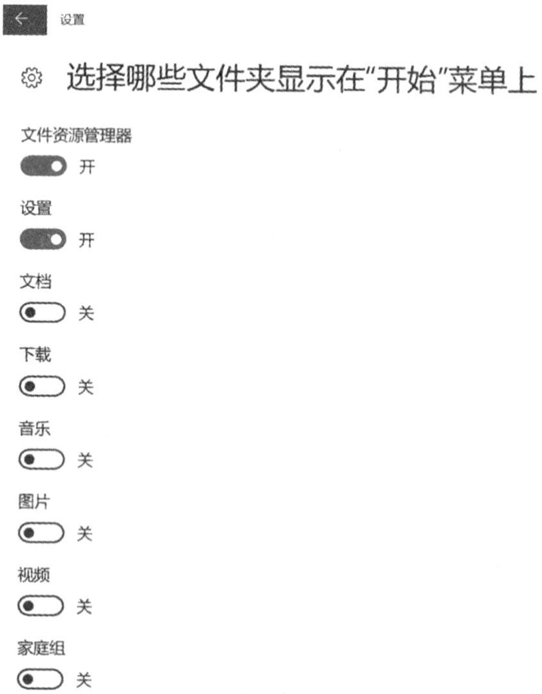

图 3-10　打开文件资源管理器

2. 文件和文件夹的基本操作

文件的名称由两部分组成：主文件名和后缀名（扩展名），两者之间用“.”符号分隔开来。如文件“计算机网络.txt”，其中“计算机网络”为主文件名，“txt”为文件的后缀名。文件的后缀名又称文件的类型，由创建文件的软件自动生成。文件名不区分大小写，一般包含字母、数字、下划线和汉字等，文件夹的命名规则和文件的命名规则相同。文件夹可以用来协助人们管理计算机里面的文件，每一个文件夹都有对应的磁盘空间，它提供了指向对应空间的地址。由于文件夹没有扩展名，不能用扩展名进行标识。

了解了文件和文件夹的基础知识后，需要用户掌握文件和文件夹操作的基础知识：新建、移动、复制、删除、重命名、隐藏、共享等。

（1）新建文件或文件夹。

只有完成文件或文件夹的创建，才能够进行其他操作。

可按如下两种方法新建文件：

方法一，打开应用程序，找到应用程序的“新建”命令，完成文件的创建；

方法二，打开创建的文件夹所存放的位置，右击空白处，在弹出的列表栏中，选择“新建”→“文件”即可。

可按如下两种方法新建文件夹：

方法一，打开要新建的文件夹所存放的位置，右击空白处，在弹出的列表栏中，选择“新建”→“文件夹”即可；

方法二，双击“此电脑”之后，进入存放文件夹的磁盘路径，如图 3-11 所示，在“主页”功能选项卡里，选择“新建文件夹”选项，就能完成文件夹的创建。

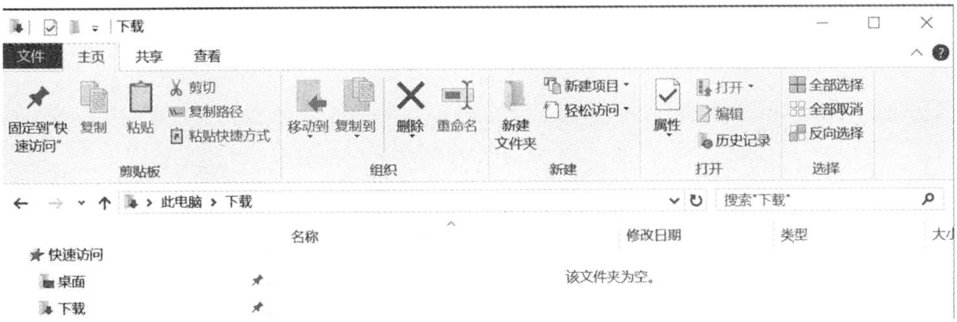

图 3-11　新建文件夹

（2）选取文件或文件夹。

如果要对文件或文件夹进行操作，首先要选取文件或文件夹，选取文件和选取文件夹的方法相同，用户可以按照下述方法进行操作。

不连续对象的选取：按住鼠标左键单击第一个要选择的文件或文件夹，按住 Ctrl 键不放，再单击其他要选取的文件或文件夹，松开 Ctrl 键并释放鼠标左键。

连续对象的选取：按住鼠标左键单击第一个要选择的文件或文件夹，按住 Shift 键不放，再单击最后一个要选择的文件或文件夹，松开 Shift 键并释放鼠标左键，这时候中间的对象也都会被选中。

（3）复制文件或文件夹。

复制文件或文件夹是指为该文件或文件夹创建一个副本，原文件或文件夹仍然在原位置存在。用户可以按照下述方法进行操作。

方法一，利用快捷菜单操作：选中需要复制的文件或文件夹，右击，在弹出的列表栏中，选择“复制”，打开目标位置后，再次右击，选择“粘贴”，原文件或文件夹就会在目标位置创建一个副本。

方法二，利用快捷键操作：选中需要复制的文件或文件夹后，按 Ctrl＋C 组合键，找到存放文件或文件夹的目标位置后，按 Ctrl＋V 组合键即能完成文件或文件夹的复制。

方法三，利用选择卡操作：双击“此电脑”之后，打开存放文件或文件夹的磁盘路径，在“主页”功能选项卡里，选择“复制到”选项，在子选项中，选择所需要复制的位置即可。

（4）移动文件或文件夹。

有时候需要将文件或文件夹移动到另外一个位置。用户可以按照下述方法操作。

在同一个驱动器内移动：用鼠标左键选中需要移动的文件或文件夹，一直按着鼠标不放，将文件或文件夹拖动到目标位置。移动文件或文件夹之后，原文件或文件夹将不存在。

在不同驱动器内移动：用鼠标左键选中需要移动的文件或文件夹，一直按着鼠标不放，将文件或文件夹拖动到目标位置后，目标位置将会出现该文件或文件夹，原位置的文件或文件夹依然存在。在不同驱动器内移动文件相当于为原文件和文件夹创建了一个副本。

（5）删除文件或文件夹。

用户可以将不需要的文件或文件夹进行删除。一般删除文件或文件夹的方法包括以下几种。

方法一，借助鼠标拖动。选中需要删除的文件或文件夹，按住鼠标左键不放，将其拖动到桌面的“回收站”图标上。

方法二，利用快捷键操作。选中需要删除的文件或文件夹，按键盘上的 Delete 键，这时候会弹出删除文件对话框，单击“是”，将其放入回收站内。

用户还可以对已删除的文件或文件夹进行还原。双击桌面上的“回收站”图标，可以看到所删除的文件或文件夹，鼠标右键单击要还原的文件或文件夹，选择还原选项将文件或文件夹恢复到原位置。

如果用户要永久删除文件或文件夹，可以在回收站内，选定该文件或文件夹，右击，在列表栏中选择“删除”，将会弹出对话框，如果用户确实要永久性地删除此文件，单击“是”按钮即可。

（6）重命名文件或文件夹。

文件或文件夹的名字是可以进行重命名的，重命名的方法包括以下几种。

方法一，借助快捷菜单。首先选中需要重命名的文件或文件夹，单击鼠标右键，在弹出的快捷菜单中，选中“重命名”命令，用户可以对文件或文件夹按照命名规则进行重命名。

方法二，快捷键的应用。选择需要重命名的文件或文件夹，按一下键盘上的 F2 键，对文件或文件夹重新命名即可。

方法三：功能选项卡的使用。选中需要重命名的文件或文件夹，打开文件功能选项卡，选择子选项卡里面的“重命名”命令即可。

（7）隐藏与查看隐藏的文件或文件夹。

隐藏属性：设置隐藏属性后的文件或文件夹，将不会被显示出来，但用户可以查看隐藏的文件或文件夹。

设置文件或文件夹隐藏的步骤如下：

① 选中需要设置隐藏的文件或文件夹。

② 右击，单击“属性”，在弹出的对话框的“常规”选项卡中，选中“隐藏”属性，如图 3-12 所示。

图 3-12 属性对话框

③ 设置完毕后，单击“确定”按钮即可。

查看隐藏的文件或文件夹的步骤如下：

① 双击“此电脑”，进入“文件”选项卡的页面，选中右上方的“选项”，如图 3-13 所示。

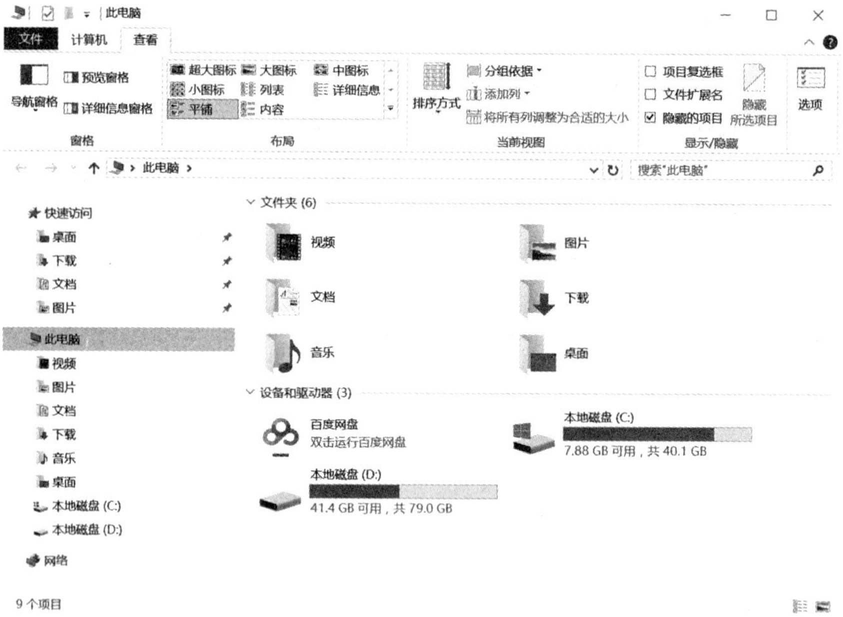

图 3-13　文件选项卡

② 在弹出的“文件夹选项”对话框中，选择“查看”选项卡，在“隐藏文件和文件夹”选项下方，选中“隐藏的文件、文件夹和驱动器”，如图 3-14 所示。

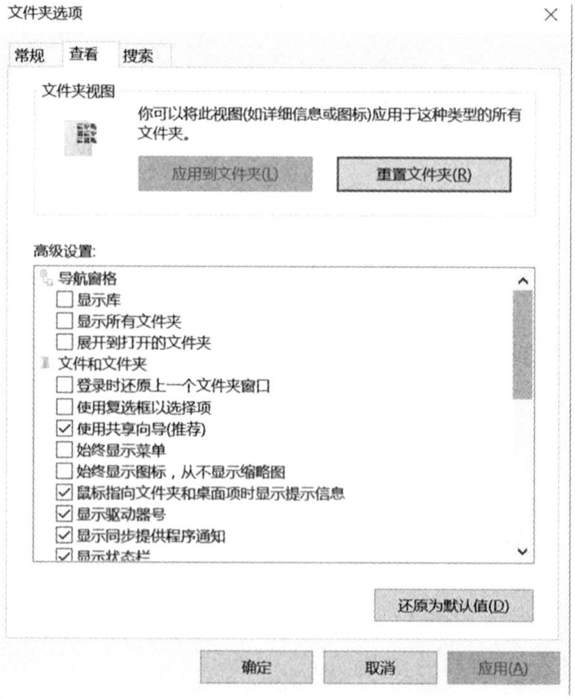

图 3-14　“文件夹选项”对话框

③ 单击“确定”按钮后，隐藏的文件或文件夹将会显示出来。

存档属性：存档的文件或文件夹是作为某些程序的备份。

(8) 排列文件或文件夹。

排列后的文件或文件夹看起来比较整齐，引人注目。要想排列文件或文件夹，可以按下述步骤进行操作：

① 双击“此电脑”，进入资源管理器，选中需要排列的文件或文件夹。

② 右击，在弹出的菜单选项卡中，选择其中一种排列方式。排列方式包括名称、修改日期、类型、大小等。也可以在弹出的菜单选项卡中，选择分组方式，也可以达到同样排列文件或文件夹的目的。

3.2.4 控制面板与任务管理器

1. 控制面板

Windows 10 操作系统与前期操作系统相比有了很大变化，有时候在操作过程中，会出现找不到 Windows 10 操作系统控制面板的情况。用户可以按照下述步骤显示 Windows 10 控制面板：

找到“此电脑”所在的位置，右击，选择“属性”，在弹出的系统窗口中，单击左侧的“控制面板主页”即可。

通过控制面板，可以完成很多操作，如设置鼠标、创建用户等。这里介绍常用的软件卸载。软件卸载可以卸载一些暂时不用的软件，尤其是一些恶意捆绑安装的软件。卸载软件的操作步骤如下。

(1) 在“此电脑”上右击，选择“属性”。

(2) 在弹出的系统窗口中，单击左侧的“控制面板主页”。

(3) 在弹出的“控制面板”界面，选择“程序”下方的“卸载程序”。

(4) 在弹出的“程序和功能”主页面中，选择所需要卸载的程序，然后右击选择“卸载/更改”命令，如图 3-15 所示。

2. 任务管理器

长时间使用计算机，有时会遇到系统没有反应或者软件卡死需要关闭但无法关闭的问题，这时候就要用到任务管理器，如图 3-16 所示。下面将介绍两种快速打开 Windows 10 操作系统任务管理器的方法。

方法一，快捷键操作。通过键盘上的 Ctrl＋Alt＋Delete 组合键来快速打开任务管理器，这种方法是最快速的方法，同时也可以避免计算机屏幕卡屏时使任务栏无法点击而打不开任务管理器的问题。

方法二，菜单操作。在任务栏上右击，在弹出的菜单选项中选择“任务管理器”，也可以打开任务管理器。

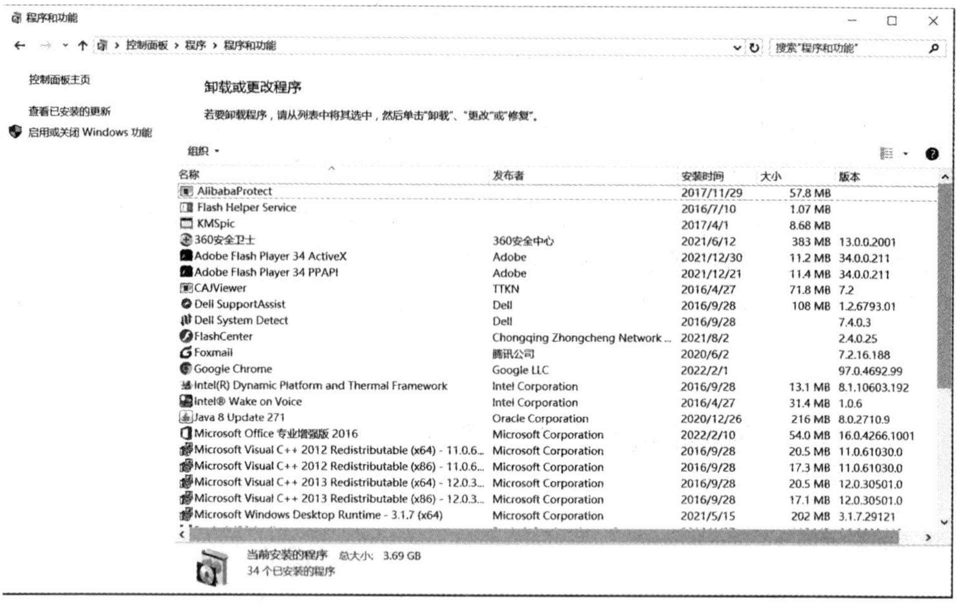

图 3-15　卸载程序窗口

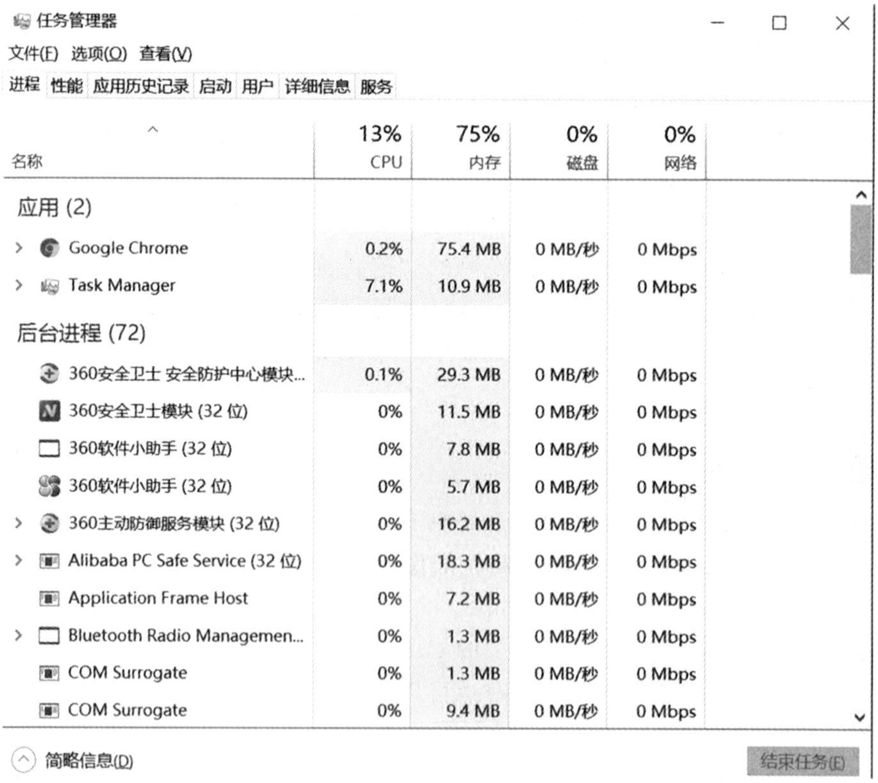

图 3-16　任务管理器窗口

模块小结

操作系统诞生距今已经有了几十年的时间，是计算机资源的管理者。最初，人们是没有操作系统来对计算机加以控制的，一直都采用人工管理方式对计算机进行操作和管理，人工手动的低速和计算机的高速处理形成尖锐的矛盾，资源利用率非常低，从而导致计算机的效率十分低下。为了解决人工干预和 CPU 速度不匹配的矛盾，提高计算机的使用效率，科学家研发了世界上第一个操作系统——脱机输入/输出系统。虽然脱机输入/输出系统提高了计算机的运行效率，但是在计算机工作过程中还是需要人工进行干预。后来就出现了批处理系统，由于该类系统的内存中只能保持一个作业运行，所以这类系统又称为单通道批处理系统。20 世纪 60 年代，科学家研发的多通道批处理系统能够做到计算机内存中的作业并发执行。后来出现的分时操作系统能够让多个用户共同使用一个操作系统，并可以让用户随时和计算机进行交互，而各个用户都感受不到其他用户的存在。随着计算机技术的发展，科学家又研发了实时操作系统，该系统能实时反馈用户的操作。如今操作系统已经成为计算机不可或缺的部分。

复习题

1. Windows 10 的开始菜单包括了哪些内容？
2. 如何在 Windows 10 中进行日期和时间设置？
3. 不同的鼠标指针状态代表了什么含义？

参考文献

[1] 李珊枝．大学计算机基础［M］．上海：上海交通大学出版社，2017.
[2] 王凯．信息技术［M］．长沙：湖南大学出版社，2021.

模块四

文档处理

4.1 WPS 文档的创建和编辑

导读

WPS Office 是由金山软件公司自主研发的一款办公软件套装，包含文档、表格和演示三个组件。WPS 文档是一款文字处理软件，可用于制作各种图文类办公文档。本章将详细介绍 WPS 文档的基础操作，通过本章的学习，读者可以制作出一些简单的文档。

要点

1. 创建与保存文档。
2. 输入文档内容。
3. 编辑文档内容。
4. 创建员工活动通知文档。

4.1.1 创建与保存文档

在 WPS Office 的各个组件中，新建、打开和保存文档的方法基本相同。本节以 WPS 文档为例，介绍如何新建、打开和保存 WPS 文档。WPS 表格和 WPS 演示的相关操作可参考本节内容。

1. 新建文档

新建 WPS 文档前首先需要启动 WPS 程序，用鼠标双击桌面上的“WPS Office”程序图标（见图 4-1）即可启动 WPS 程序。如果桌面上没有 WPS Office 的程序图标，可以在“开始”菜单中选择“所有程序”→“WPS Office”→“WPS Office”命令来启动。

软件启动完成后，在主界面中单击“新建”按钮进入“新建”页面，在窗口上方选择要新建的程序类型，如“文档”“表格”或“演示”等，选择后单击下方的“+”按钮即可，如图 4-2 所示。

除了用上述方法新建空白 WPS 文档外，还可以通过下面的方法创建文档。

图 4-1 WPS Office 图标

图 4-2 新建文档

◆ 在打开的 WPS 文档中单击窗口左上角的 WPS 程序图标进入程序主界面，然后选择“新建”命令。

◆ 在打开的 WPS 文档中单击标题选项卡右侧的按钮，可以打开新建文档界面。

◆ 在打开的 WPS 文档中按下“Ctrl+N”组合键，可直接创建一个空白的 WPS 文档。

◆ 在操作系统桌面或文件夹窗口中用鼠标右键单击空白处，在弹出的快捷菜单中选择“新建”→“DOCX 文档”命令，即可创建一个空白的 WPS 文档，用鼠标双击其图标即可将其打开。

2. 根据模板创建新文档

除了新建空白文档外，用户也可以使用模板创建新文档。模板是一种拥有固定格式和内容的文档，用户只需要根据模板提示填入相应的内容即可制作出专业的文档。WPS 模板分为免费模板和收费模板两种，下面以免费模板为例，操作方法如图 4-3 所示。

3. 保存文档

对于新建的文档，需要进行保存操作后才能将其以文件的形式存储在计算机中，以便日后使用或继续编辑。要保存文档，只需单击窗口左上方快捷工具栏中的“保存”按钮，在弹出的“另存为”对话框中设置保存路径、文件名和文件类型，然后单击“保存”按钮即可。

步骤一 查看模板

步骤二 选择模板

步骤三 下载模板

步骤四 编辑模板

图 4-3 使用模板创建文档

在文档编辑过程中，我们需要随时对文档进行保存，以防止因断电、死机或系统异常等情况而造成信息丢失。对已有文档再次进行保存时，不会再弹出“另存为”对话框，而是直接覆盖原文档。如果需要将文档进行另存，可单击左上角的“文件”按钮，然后在打开的菜单中选择“另存为”即可，如图 4-4 所示。

4. 打开文档

若要对计算机中已有的文档进行编辑，首先需要将其打开。一般来说，先进入该文档的存放路径，再用鼠标双击文档图标，即可将其打开。此外，还可以通过“打开”命令打开文档，具体操作有以下两种。

◆ 在 WPS 窗口中单击“文件”按钮，然后在弹出的菜单中选择“打开”命令，弹出“打开”对话框，找到并选中要打开的文档，单击“打开”按钮即可，如图 4-5 所示。

◆ 在 WPS 窗口中按下“Ctrl+O”组合键，可直接弹出“打开”对话框。

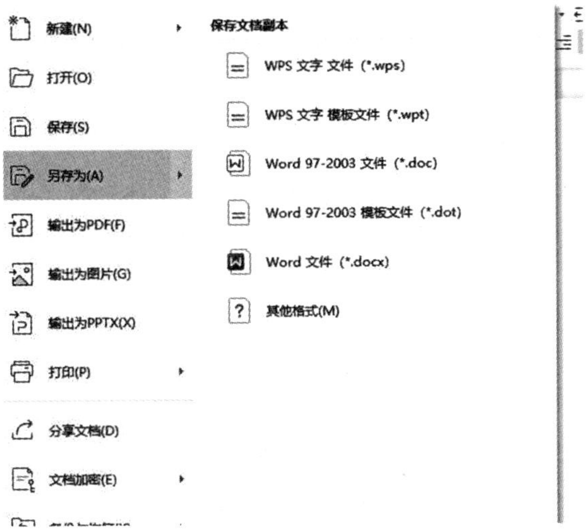

图 4-4 “另存为”命令

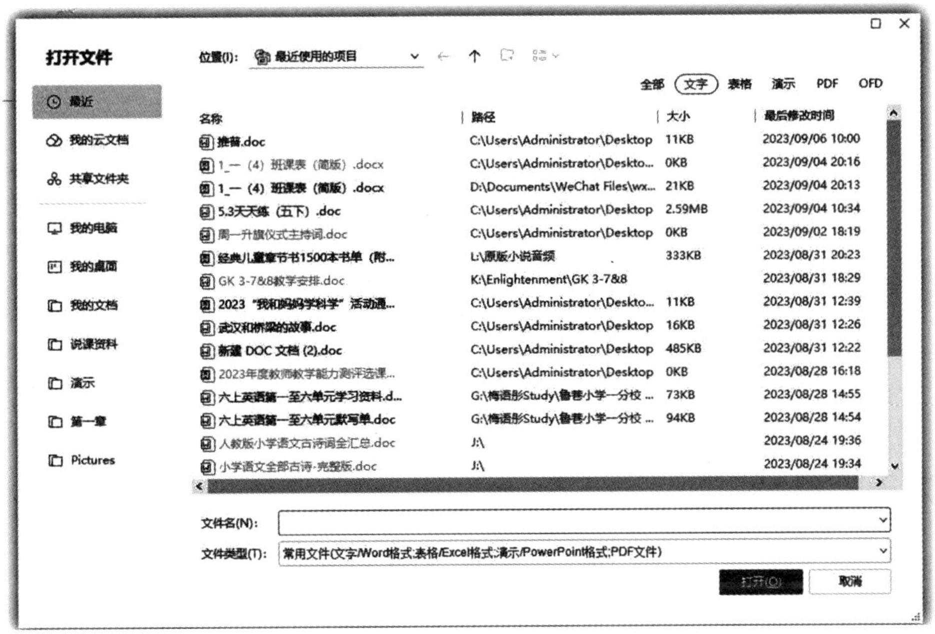

图 4-5 文件打开

4.1.2 输入文档内容

在新建了空白文档后，就可在其中输入文档内容了。输入和编辑文本内容是 WPS 文档最基本的功能，下面就从输入文本内容开始进行讲解。

1. 输入文本内容

在文档编辑区中有一根不断闪烁的竖线，称为光标插入点，光标插入点所在的位置即文本输入的位置。切换到自己惯用的输入法，然后输入相应的文本内容即可。在输入文本的过程中，光标插入点会自动向右移动。当一行的文本输入完毕后，光标插入点会自动转到下一行。在没有输入满一行文字的情况下，若需要开始新的段落，可按下“Enter”键进行换行。

在输入过程中，如果出现输入错误，可以按下“Backspace”键来删除光标前的字符，或在选中要删除的内容后按下“Delete”键来删除。

2. 在文档中插入特殊符号

除了输入普通的文字、数字外，还经常需要插入一些符号，对于常用的标点符号，如逗号“,”、句号“。”、问号“?”、冒号“:”等，可以通过键盘直接输入，而键盘上没有的特殊符号，如“☑”、“※”、“★”、“♝”、“⌘”等，则可以使用相关功能来插入，下面以输入符号“★”为例，操作方法如图 4-6 所示。

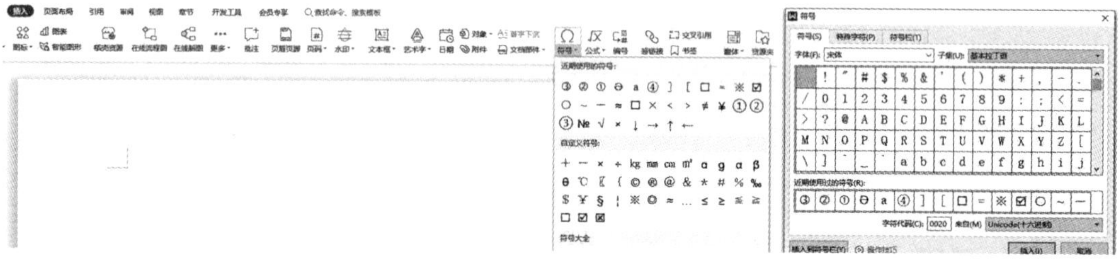

图 4-6　插入特殊符号

3. 快速输入当前日期

在通知、报告、申请等文档中，我们通常需要在文档结尾处输入当前日期，除了可以手动输入外，还可以使用文档自带的日期插入功能进行快速输入，操作方法如图 4-7 所示。

图 4-7　插入日期

4.1.3　编辑文档内容

在文档中输入相应的内容后，还可运用复制、粘贴、移动、删除、查找和替换等功能对这些内容进行相应的编辑，从而使文档更加完善。

1. 定位光标

在编辑文档的过程中，常常需要重新定位光标插入点，以便进行输入或修改。通常情况下，我们可以使用鼠标来定位光标插入点。将鼠标指针移动到文档编辑区中，光标将变为“I”形状，在需要插入光标的位置单击鼠标左键即可。

此外，我们还可以通过键盘来控制光标插入点的位置。

◆ 按下方向键（↑、↓、→或←），光标插入点将向相应的方向移动。

◆ 按下“End”键，光标插入点向右移动至当前行行末；按下“Home”键，光标插入点向左移动至当前行行首。

◆ 按下“Ctrl＋Home”组合键，光标插入点可移至文档开头；按下“Ctrl＋End”组合键，光标插入点可移至文档末尾。

◆ 按下“Page Up”键，光标插入点向上移动一页；按下“Page Down”键，光标插入点向下移动一页。

2. 选择文本

对文本进行复制、移动、删除或设置格式等操作时，要先将其选中，从而确定编辑的对象。根据选中文本内容的多少，可将选择文本分为以下几种情况。

◆ 选择连续文本：将光标插入点定位到需要选择的文本起始处，然后按住鼠标左键不放并拖动，直至需要选择的文本结尾处释放鼠标，即可选中文本，选中的文本将以灰色背景显示。

◆ 选择词组：双击要选择的词组。

◆ 选择一行：将鼠标指针指向某行左边的空白处，当指针呈“↖”形状时，单击鼠标左键即可选中该行全部文本。

◆ 选择多行：将鼠标指针指向左边的空白处，当指针呈“↖”形状时，按住鼠标左键不放，并向下或向上拖动鼠标即可。

◆ 选择一个段落：将鼠标指针指向某段落左边的空白处，当指针呈“↖”时，双击鼠标左键即可选中当前段落。

◆ 选择矩形区域：按住“Alt”键的同时按住鼠标左键并拖动，框选出的矩形区域内的文本将被选中。

◆ 选择整篇文档：将鼠标指针指向某段落左边的空白处，当指针呈“↖”时，连续单击鼠标左键3次，或按下“Ctrl＋A”组合键，可选中整篇文档。

3. 复制与移动文本

在编辑文档的过程中，经常会遇到需要重复输入部分内容，或者将某个词语或段落移动到其他位置的情况，此时通过复制或移动操作可以大大提高文档的编辑效率。

1）复制文本

对于文档中内容重复部分的输入，可通过复制、粘贴操作来完成，从而提高文档编辑效率。复制文本的方法主要有以下 3 种。

◆ 通过功能命令：选中要复制的文本内容，切换到“开始”选项卡，单击“复制”按钮，然后将光标插入点定位在要输入相同内容的位置，单击“粘贴”按钮即可。

◆ 通过快捷菜单：选中文本后，使用鼠标右键对其单击，在弹出的快捷菜单中选择“复制”命令，可执行复制操作。复制文本后，使用鼠标右键单击光标插入点所在位置，在弹出的快捷菜单中选择“粘贴”命令即可。

◆ 通过组合键：选中文本后按下“Ctrl＋C”组合键，可执行复制操作。复制文本后，按下“Ctrl＋V”组合键，可执行粘贴操作。

2）移动文本

◆ 通过功能命令：选中要移动的文本内容，切换到“开始”选项卡，单击“剪切”按钮，然后将光标插入点定位在要移动的位置，单击“粘贴”按钮即可。

◆ 通过快捷菜单：选中文本后，使用鼠标右键对其单击，在弹出的快捷菜单中选择“剪切”命令，可执行剪切操作。剪切文本后，使用鼠标右键单击光标插入点所在位置，在弹出的快捷菜单中选择“粘贴”命令即可。

◆ 通过组合键：选中文本后按下“Ctrl＋X”组合键，可执行剪切操作。剪切文本后，按下“Ctrl＋V”组合键，可执行粘贴操作。

3）无格式粘贴

对文本进行复制或剪切操作后，如果使用常规的粘贴方式，会将原文本的相关格式一同进行粘贴，包括字体、字号、颜色以及段落样式等，如果用户不需要连同这些格式一起进行粘贴，可使用无格式粘贴功能，方法有以下两种。

◆ 执行复制或剪切操作后，单击“粘贴”下拉按钮，在弹出的下拉列表中选择“只粘贴文本”命令。

◆ 执行复制或剪切操作后，在需要粘贴的位置单击鼠标右键，在弹出的快捷菜单中选择“只粘贴文本”命令即可，如图 4-8 所示。

使用无格式粘贴功能只会保留纯文本内容，如果复制的内容中包含图片和对象，则会被自动清除。

此外，对于从网页中复制的文本内容，也可以使用无格式粘贴功能进行粘贴，以清除多余的格式及超链接等。

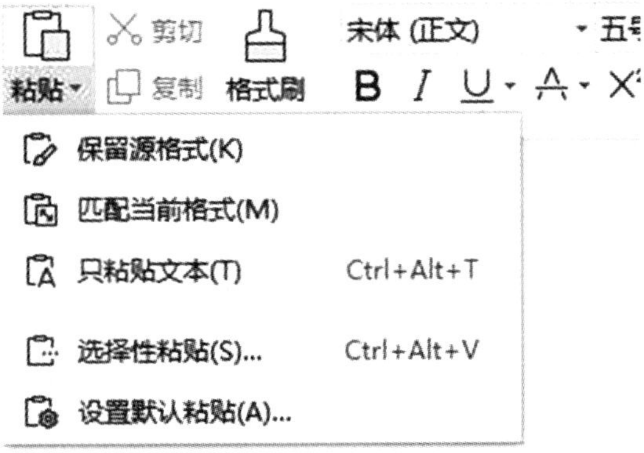

图 4-8　无格式粘贴

4. 查找与替换功能的使用

如果想知道某个词或某句话在文档中的位置，可以使用文档的查找功能进行查找。当发现某个字或词全部输入错了，可通过替换功能进行替换，以达到事半功倍的效果。

1）查找文本

若要查找某文本在文档中出现的位置，或要对某个特定的对象进行修改操作，可通过查找功能将其找到，操作方法如图 4-9 所示。

图 4-9　查找

2）替换文档内容

如果发现文档中有多处相同文本需要更改，可通过替换功能进行统一替换，操作方法如图 4-10 所示。

图 4-10　替换

5. 撤销与恢复操作

在编辑文档的过程中，程序会自动记录执行过的操作，当执行了错误操作时，可通过撤销功能来撤销前一操作，从而恢复到误操作之前的状态，其方法有以下几种。

◆ 单击快速访问工具栏中的“撤销”按钮，可撤销上一步操作，继续单击该按钮，可撤销多步操作。

◆ 按下“Ctrl＋Z”组合键，可撤销上一步操作，继续按下该组合键可撤销多步操作。

撤销某一操作后，可通过恢复功能取消之前的撤销操作，其方法有以下几种。

◆ 单击快速访问工具栏中的“恢复”按钮，可恢复被撤销的上一步操作，继续单击该按钮，可恢复被撤销的多步操作。

◆ 按下“Ctrl＋Y”组合键可恢复被撤销的上一步操作，继续按下该组合键可恢复被撤销的多步操作。

4.1.4 【综合训练】 创建员工活动通知文档

本案例主要练习如何新建文档、输入文本内容以及保存文档等相关知识，通过本案例的学习，可以巩固本章所学的相关知识。

1. 新建通知文档

在制作通知文档之前，首先要创建一个空白的 WPS 文档。

2. 输入通知内容

新建文档之后，就可以开始输入通知的内容了。一则通知通常包含标题、称呼、正文、落款和日期。

3. 保存通知文档

文档制作完成后需要进行保存，以便以后使用或进行后续编辑。

4.1.5 上机练习

练习一：制作会议通知文档

结合本章所学的新建文档、输入文本、保存文档等相关知识点，练习制作一篇“会议通知”文档。

操作思路：

（1）新建一个空白文档，并输入通知的相关内容。

（2）通过输入空格的方式，对需要调整位置的文本进行设置。

（3）将文档保存为“会议通知”。

练习二：使用模板快速制作个人简历

结合本章所学的使用模板新建文档的相关知识，练习制作一篇“个人简历”文档。

操作思路：

（1）启动 WPS 程序，在新建页面中选择免费文档专区。

（2）选择并下载个人简历模板。

（3）在模板中编写相应的内容。

（4）保存文档。

4.1.6　课后习题

一、选择题

1. 启动 WPS 程序后，新建的第一个空白文档的默认文件名为（　　）。

A. 1. docx　　　　B. 1. txt

C. 工作簿 1　　　　D. 文档 1

2. 在下列选项中，执行（　　）操作，可以快速选择一行文本。

A. 按住“Ctrl”键不放，同时单击要选择的行

B. 将光标定位到要选择的行中，然后双击要选择的行

C. 将鼠标指针指向段落左边的空白处，当指针呈“↗”形状时，单击鼠标左键

D. 将鼠标指针指向段落左边的空白处，当指针呈“↗”形状时，双击鼠标左键

3. 按下（　　）组合键，可以复制文本。

A. Ctrl+C　　　　B. Ctrl+A

C. Ctrl+X　　　　D. Ctrl+V

二、简答题

1. 新建 WPS 空白文档的方法有哪些？

2. 如何快速替换文档中的某个词语？

3. 无格式粘贴有什么作用，如何使用无格式粘贴？

4.2 文档排版与打印

导读

对于一篇文档来说，编排规范、结构清晰、设计良好的文字和段落，可以给人留下美好的印象，能让人更加轻松地阅读。反之，就会给人造成阅读障碍，影响阅读感受。因此，规范地编排和设计文档中的文字和段落十分重要。本章将详细介绍文档排版和打印的相关知识。

要点

1. 设置文本格式。
2. 设置段落格式。
3. 应用特殊版式。
4. 页面布局与打印。
5. 制作页眉和页脚。
6. 文档修订与批注。

4.2.1 设置文本格式

在 WPS 文档中输入文本后，为了能突出重点、美化文档，可对文本设置字体、字号、字体颜色、加粗、倾斜、下划线和字符间距等格式，从而让千篇一律的文字样式变得丰富多彩。

1. 设置字体、字号和字体颜色

在文档中输入文本后，默认显示的字体为“宋体”，字号为“五号”，字体颜色为“黑色”，根据文档需要，我们可以对文本格式进行设置。选中要设置的文本后，在“开始”选项卡中单击“字体”下拉按钮，在弹出的下拉列表中即可选择文本字体；单击“字号”下拉按钮，在弹出的下拉列表中即可选择文本字号；单击“字体颜色”下拉按钮，在弹出的下拉列表中即可选择文本颜色，如图 4-11 所示。

1）字体

通常情况下，系统自带的中文字体非常有限，尽管可以满足大部分普通文档的需要，但对于一些设计感较强的文档，如海报、传单、卡片、报纸、杂志等来说，就略显不足了。用户可以下载并安装一些特殊字体，以满足设计需要，如图 4-12 所示。

图 4-11 设置字体、字号、颜色

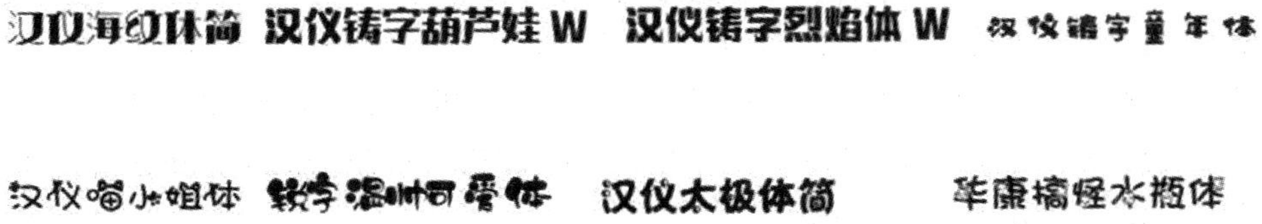

图 4-12 特殊字体

2）字号

对于字号的大小，有两种表达方式：一种是中文表达方式，如“五号”“小四”“三号”等，最大为“初号”；另一种是单位表示方式，以“磅”为单位时，只需直接输入或选择相应的阿拉伯数字即可，如“11”磅、“15”磅、“30”磅等，数字越大，字号越大。

我们经常使用的“五号”与“10.5”磅大小相等，而“初号”则等于“42”磅。当需要制作比“初号”更大的字体时，可以直接输入大于“42”磅的磅值，如“80”磅、“100”磅等，即可制作出超大字。

3）字体颜色

在“字体颜色”下拉列表中只显示了部分具有代表性的颜色，如果列表中没有自己需要的颜色，可以在下拉列表中选择“其他字体颜色”命令，然后在打开的“颜色”对话框中进行选择。此外，“字体颜色”按钮中A -的下划线表示当前选择的颜色，当使用了其他颜色时，该下划线的颜色也会随之改变，直接单击该按钮可以快速为文本应用该颜色。

2. 设置加粗和倾斜效果

在设置文本格式的过程中，有时还可对某些文本设置加粗或倾斜效果，以达到醒目和强调的作用。设置加粗、倾斜效果的方法为：选中要设置加粗效果的文本，单击“开始”选项卡中的“加粗”按钮**B**，即可设置加粗效果；选中要设置倾斜效果的文本，然后单击“倾斜”按钮*I*，即可设置倾斜效果，如图 4-13 所示。

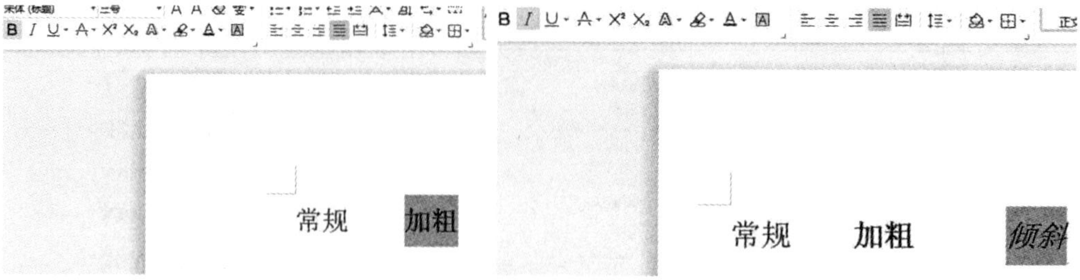

图 4-13　设置加粗、倾斜

3. 设置删除线和着重号效果

删除线表示该内容需要删除，以贯穿文字的横线表示；着重号表示强调，以文字下方的黑点表示。设置文本删除线和着重号的方法为：选中要设置删除线效果的文本，单击“开始”选项卡中的“删除线”按钮A▾，即可设置删除线。选中要设置着重号效果的文本，然后单击“删除线”旁的下拉按钮，在弹出的下拉列表中选择“着重号”命令即可，如图 4-14 所示。

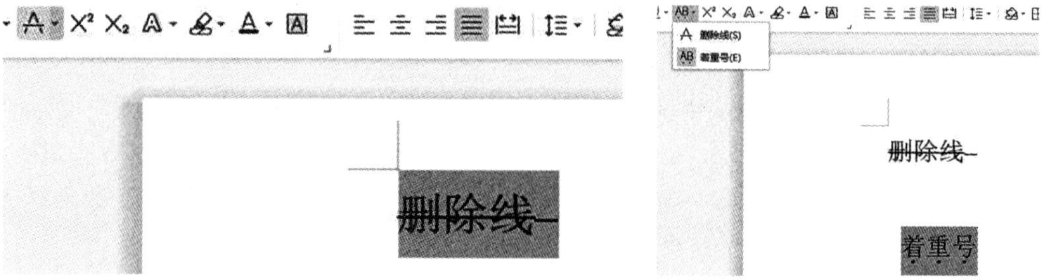

图 4-14　设置删除线、着重号

4. 设置上标和下标

在某些计量单位或数学公式中，会遇到需要设置上标或下标的情况，如 m^2、X_2 等，设置上标或下标的方法为：首先以常规方式输入要设置为上标或下标的字符，然后选中该字符，单击“开始”选项卡中的“上标”按钮 X^2 或“下标”按钮 X_2 即可，如图 4-15 所示。

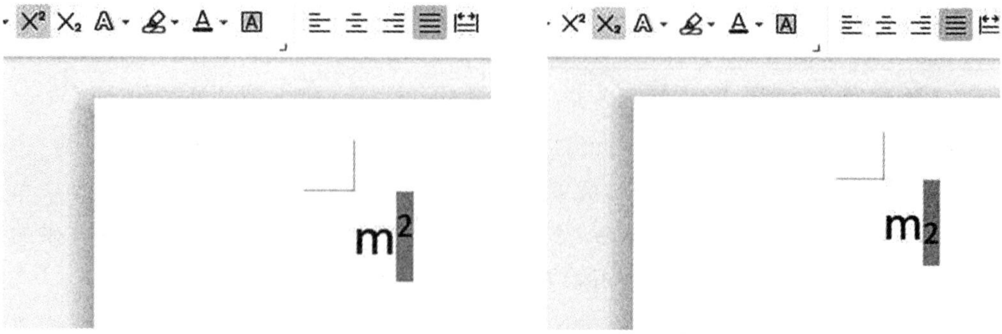

图 4-15　设置上标、下标

5. 为文本添加下划线

对于某些需要特别强调的段落或文字，可以为其添加下划线。添加下划线的方法为：选中要添加下划线的文本，在“开始”选项卡中单击“下划线”按钮 即可。

除了对已有文字设置下划线外，还可以利用下划线功能制作空白下划线，以作为预留的手动填写区域。制作空白下划线的方法为：在需要手动填写的文档处输入一定数量的空格键，然后选中这些空格文本，再单击“下划线”按钮即可。

6. 设置字符间距

为了让文档阅读更加轻松，有时还需要设置字符间的距离，通过调整字符间距可使文字排列得更紧凑或者更疏散。设置字符间距的方法如图 4-16 所示。

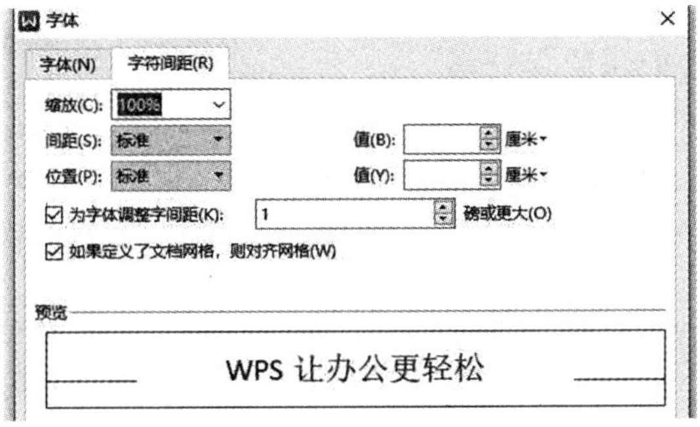

图 4-16　设置字符间距

4.2.2　设置段落格式

对文档进行排版时，通常会以段落为基本单位进行操作。段落的格式设置主要包括对齐方式、缩进、间距和行距等，合理设置这些格式后，可使文档结构清晰、层次分明。

1. 设置段落缩进

为了增强文档的层次感，提高可阅读性，可对段落设置合适的缩进。段落的缩进方式有左缩进、右缩进、首行缩进和悬挂缩进 4 种。

◆ 左缩进：指整个段落左边界距离页面左侧的缩进量。

◆ 右缩进：指整个段落右边界距离页面右侧的缩进量。

◆ 首行缩进：指段落首行第 1 个字符的起始位置距离页面左侧的缩进量。大多数文档都采用首行缩进方式，缩进量为两个字符。

◆ 悬挂缩进：指段落中除首行以外的其他行距离页面左侧的缩进量。悬挂缩进方式一般用于一些较特殊的场合，如杂志、报纸等。

若需要设置段落的缩进方式，可在“段落”对话框中实现，方法为：将光标定位到需要设置段落缩进的段落中，或选中要设置的段落，单击鼠标右键，在弹出的快捷菜单中选择“段落”命令，打开“段落”对话框，在“缩进和间距”选项卡的“缩进”选项组中即可进行设置，其中“文本之前”代表左缩进，“文本之后”代表右缩进；在“特殊格式”下拉列表中可以选择“首行缩进”或“悬挂缩进”命令，如图 4-17、图 4-18 所示。

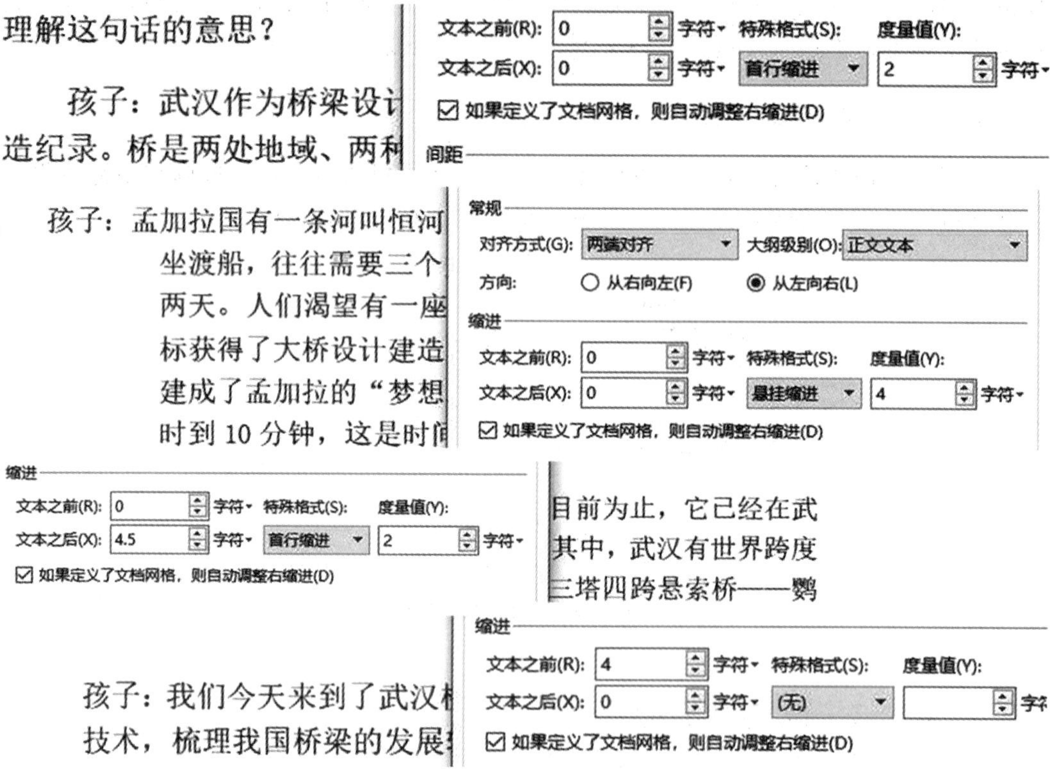

图 4-17 设置段落缩进

图 4-18 设置特殊缩进

2. 设置对齐方式

对齐方式是指段落在文档中的相对位置，段落的对齐方式有左对齐、居中对齐、右对齐、两端对齐和分散对齐 5 种，分别与“开始”选项卡中的 5 个对齐方式按钮相对应。

要设置段落对齐方式，只需将光标定位到需要设置的段落中，或选中要设置的段落，然后在“开始”菜单中单击相应的对齐按钮（≡ ≡ ≡ ≡ ≡）即可，如图 4-19 所示。

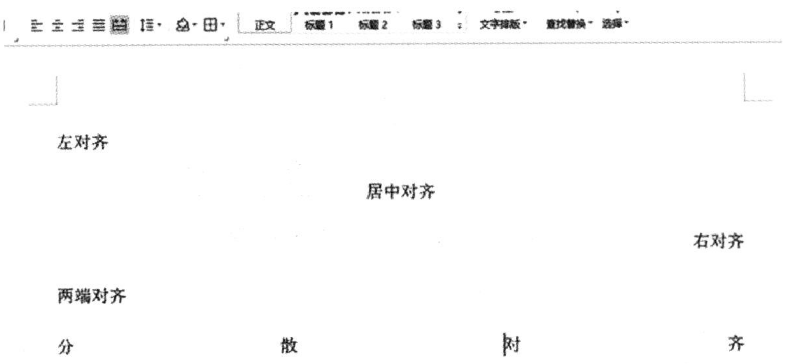

图 4-19　设置对齐方式

3. 调整段落的间距和行距

为了使整个文档看起来疏密有致，可以为段落设置合适的间距和行距。其中，间距是指相邻两个段落之间的距离，分为段前距和段后距；行距是指段落中行与行之间的距离。间距常用于设置标题段落与前后文本之间的距离，行距常用于设置正文中行与行之间的距离。

设置间距和行距的方法如下。

◆ 设置间距：将光标定位到要设置间距的段落中，或选中要设置的段落，单击鼠标右键，在弹出的快捷菜单中选择“段落”命令，打开“段落”对话框，在“缩进和间距”选项卡的“间距”栏中，通过“段前”数值框可设置段前距，通过“段后”数值框可设置段后距。

◆ 设置行距：将光标定位到要设置行距的段落中，或选中要设置的段落，打开“段落”对话框，在“缩进和间距”选项卡的“间距”栏中，通过“行距”下拉列表选择设置行距的方式，然后在“设置值”数值框中输入行距值即可，如图 4-20 所示。

4. 为段落设置边框和底纹效果

在制作文档时，为了能突出显示重点内容，或美化段落文本，可以对段落设置边框或底纹效果。下面练习对文档中的段落设置边框和底纹效果，操作方法如图 4-21 所示。

图 4-20　设置段落间距和行距

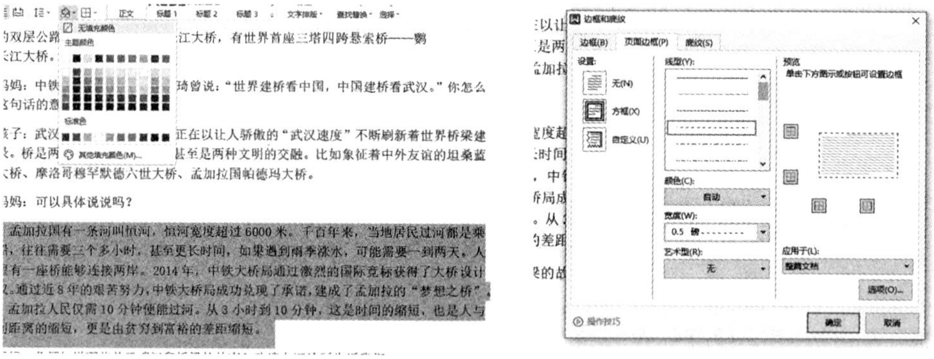

图 4-21　设置段落底纹和边框

4.2.3　应用特殊版式

对文档进行排版时，还可以对其设置一些特殊版式，以丰富文档版面。下面分别对这些版式的设置方法进行讲解。

1. 使用项目符号与编号

为了更加清晰地显示文本之间的结构与关系，用户可在文档中的各个要点前添加项目符号或编号，以增加文档的条理性。

1）使用项目符号

在编辑并列式的段落内容时，可以使用项目符号使文档段落结构更加清晰。为段落添加项目符号的方法为：选中需要添加项目符号的段落，然后单击“开始”选项卡中的“项目符号”按钮☰·即可。

默认的项目符号样式为实心圆点，如果希望使用其他样式的项目符号，可以单击“项目符号”按钮旁的下拉按钮，在弹出的下拉列表中进行选择，或选择“自定义项目符号”命令进行设置，如图 4-22 所示。

在含有项目符号的段落中，按下“Enter”键新建段落时，会在下一段自动添加相同样式的项目符号，此时若直接按下“Backspace”键或再次按下“Enter”键，可取消自动添加项目符号。

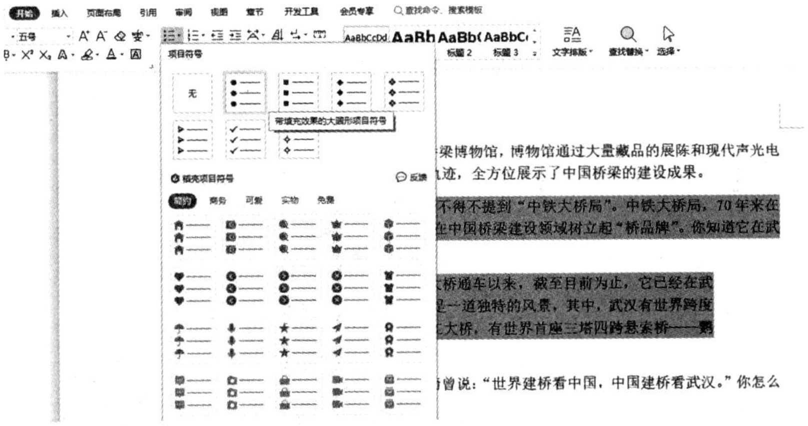

图 4-22　项目符号

2）使用编号

默认情况下，在以“1.”“一、”或“A.”等编号开始的段落中，按下“Enter”键新建段落时，会自动产生连续的编号。若要对已经输入好的段落添加编号，可通过“开始”选项卡中的“编号”按钮实现。方法为：选中需要添加编号的段落，在“开始”选项卡中单击“编号”按钮即可。

默认的段落编号样式为阿拉伯数字加小数点，如果需要使用其他编号样式，可以单击“编号”按钮旁的下拉按钮，在弹出的下拉列表中进行选择，如图 4-23 所示。

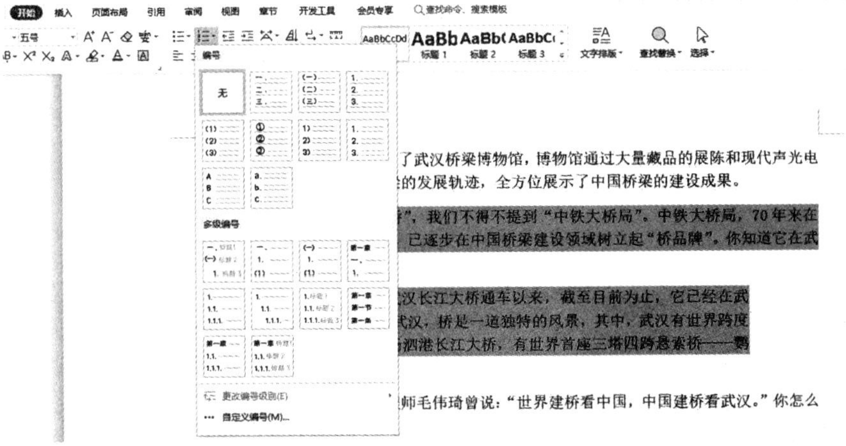

图 4-23　设置编号

2. 应用首字下沉

首字下沉是一种段落修饰，是将段落中的第一个字设置为不同的字号与字体，并进行下沉式处理，该类格式在报纸、杂志中比较常见。设置首字下沉的方法如图 4-24 所示。

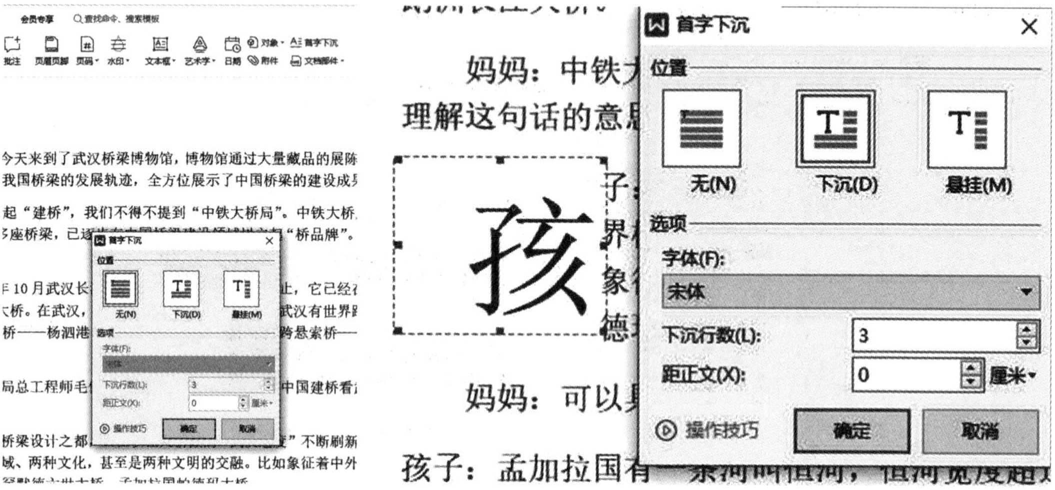

图 4-24　首字下沉

3. 对文档进行分栏排版

分栏排版是指将一篇文档的全部或部分内容分割为两栏或多栏进行排列，以增加文档的观赏性。对文档进行分栏排版的方法为：选中要设置为分栏排版的文本，切换到“页面布局”选项卡，单击“分栏”下拉按钮，在弹出的下拉列表中选择要分割的栏数即可。

在单击“分栏”下拉按钮后，除了直接选择两栏或三栏排版外，还可以选择“更多分栏”命令，在打开的“分栏”对话框中进行更详细的设置。其中，在“预设”选项组中可以选择更多的分栏方式；在“栏数”数值框中可以自定义分栏数；在“宽度和间距”选项组中可以设置各栏的宽度和分隔距离；勾选“分隔线”复选框可以在两栏之间设置分隔线，如图 4-25 所示。

4.2.4　页面布局与打印

页面设置是指对整个文档页面的一些参数设置，包括纸张大小、页边距和纸张方向等，通过这些设置可以对文档版面进行控制，以使其符合我们的需要。

1. 设置纸张大小

这里的纸张大小是指整个文档页面的大小，通常情况下，文档纸张大小的设置应

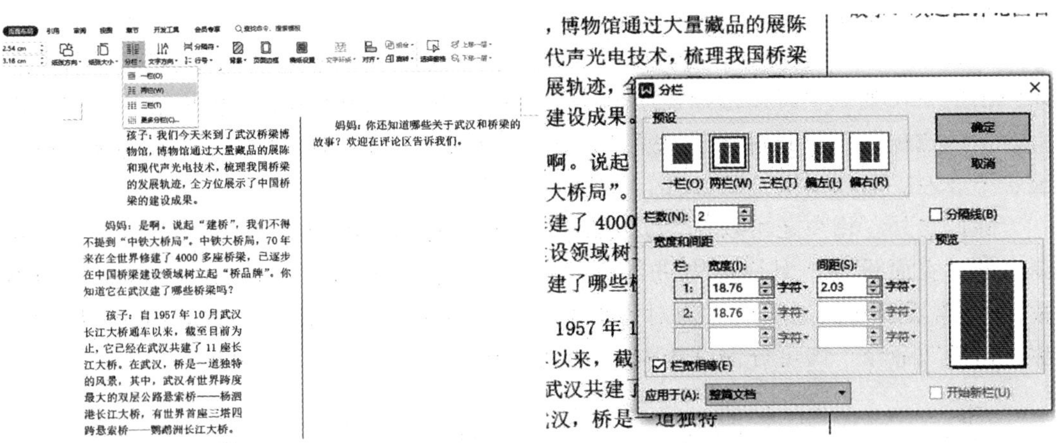

图 4-25 分栏排版

与实际使用的打印纸张大小相同，这样才能避免出现打印误差。对于普通文档来说，大多使用 A4 纸进行打印，而文档默认的纸张大小也是 A4，如果需要使用其他大小的纸张进行打印，可以修改文档纸张大小参数，使其与打印纸张相吻合，操作方法如下。

切换到“页面布局”选项卡，单击“纸张大小”下拉按钮，在弹出的下拉列表中可以直接选择一些常用的纸张类型，如果预设选项中没有符合要求的纸张大小，可以单击最下方的“其他页面大小”命令，在弹出的“页面设置”对话框的“纸张”选项卡中进行自定义设置。其中“宽度”数值框代表文档页面宽度，“高度”数值框代表文档页面高度，如图 4-26 所示。

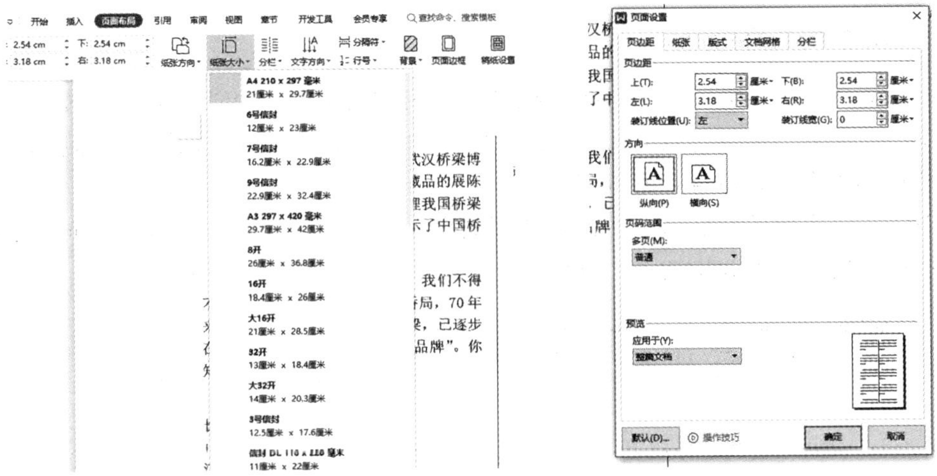

图 4-26 页面设置

2. 设置页边距

页边距是指文档内容与页面边沿之间的距离，该设置决定了文档版心的大小，页边距值越大，文档四周的空白区域就越宽。对于需要制作页眉、页脚和页码，以及需要装订的文档来说，该参数非常重要。

设置页边距的方法为：切换到“页面布局”选项卡，单击“页边距”下拉按钮，在弹出的下拉列表中可以选择程序预设的几种常用的页边距参数，如果下拉列表中没有合适的选项，还可以在“页边距”按钮旁边的 4 个数值框中进行手动设置，包括上、下、左、右 4 个页边距参数，如图 4-27 所示。

除此之外，用户还可以在“页边距”下拉列表中选择“自定义页边距”命令，在弹出的“页面设置”对话框中进行更详细的设置。对于对页形式的文档来说（如书籍），常常需要将页边距设置为对称形式，此时可以在“多页”下拉列表中选择“对称页边距”命令，即可分别设置内、外页边距。

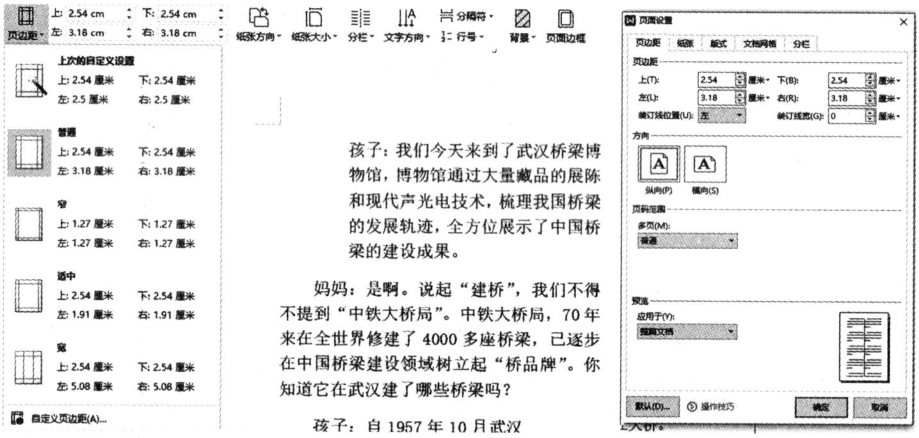

图 4-27　设置页边距

3. 设置纸张方向

纸张方向分为纵向和横向两种，纸张方向表现文档高度与宽度的相对关系。在默认情况下，纸张方向为“纵向”，当改变为“横向”时，文档高度值将与宽度值对调，而文档内容将会自动适应新的纸张大小。

改变纸张方向的方法为：切换到“页面布局”选项卡，单击“纸张方向”下拉按钮，在弹出的下拉列表中选择“纵向”或“横向”命令即可，如图 4-28 所示。

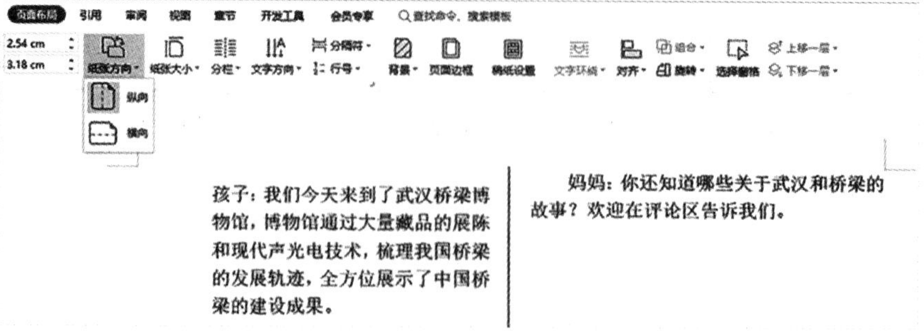

图 4-28　设置纸张方向

4. 设置页面边框

页面边框是指为整个文档内容设置一个边框，以起到美化文档的效果，设置页面边框的方法如图 4-29 所示。

图 4-29 设置页面边框

5. 设置页面背景色

在默认情况下，页面背景是一张“白纸”，我们可以为这张白纸添加颜色，从而使文档变为彩色背景。为文档添加背景色的方法很简单，切换到“页面布局”选项卡，单击“背景”下拉按钮，在弹出的下拉列表中选择需要的颜色即可，如图 4-30 所示。

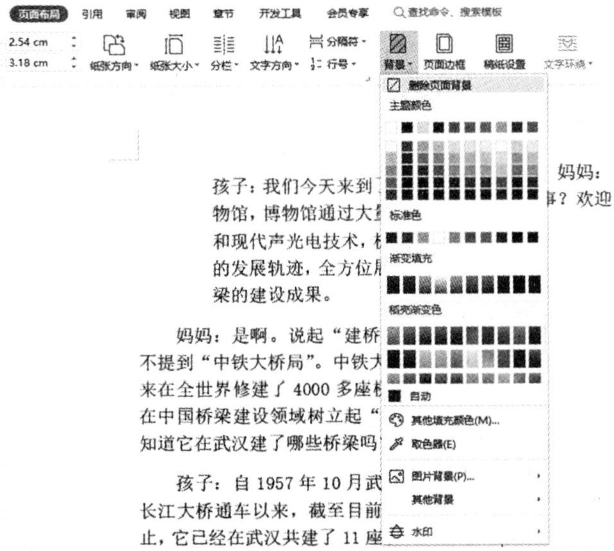

图 4-30 设置页面背景色

6. 打印文档

文档制作好以后，就可以进行打印了，通常在打印前可以先进行打印预览，以查看最终打印效果。

1）打印预览

由于实际打印效果和我们看到的文档效果可能存在一定的差别，因此在打印前可以先进行打印预览。打印预览是指程序通过虚拟打印的方式将最终打印效果显示出来，进行打印预览的方法如图 4-31 所示。

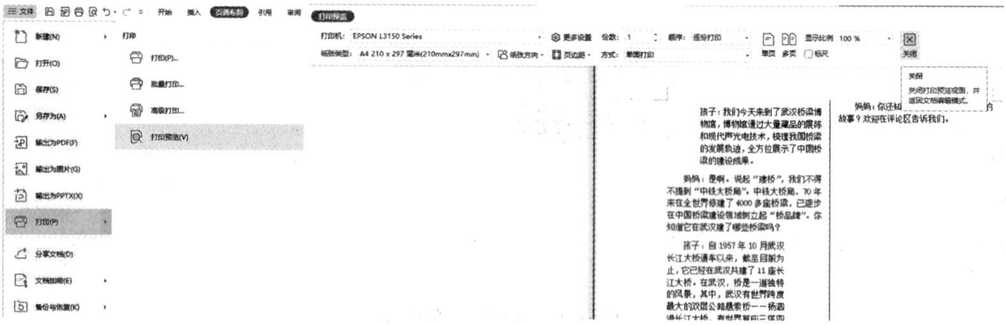

图 4-31　打印预览

2）打印文档

文档制作完成后即可进行打印，打印文档的方法如图 4-32 所示。

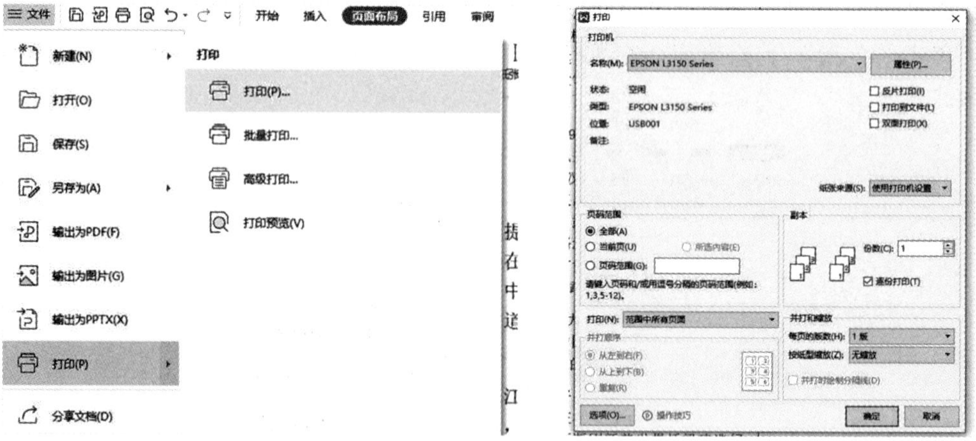

图 4-32　打印文档

4.2.5　制作页眉和页脚

页眉和页脚作为文档的辅助内容，在文档中的作用非常重要。页眉是指页边距的顶部区域，通常显示文档名、章节标题等信息。页脚是页边距的底部区域，通常用于显示文档页码。

1. 编辑页眉和页脚

要对页眉或页脚进行编辑，只需双击页眉或页脚区域，即可进入页眉和页脚编辑状态，此时光标将定位到页眉或页脚中。我们可以在页眉或页脚区域中输入需要的内容。页眉和页脚的编辑方法与正文一样，除了可以输入文字信息，还可以插入图片、文本框和形状等对象。页眉和页脚编辑完成后，可双击正文编辑区域或单击“页眉和页脚”选项卡中的“关闭”按钮退出页眉和页脚编辑状态。

对文档中的任意一页进行页眉或页脚的编辑后，页眉和页脚中的内容会自动出现在文档所有页面中。

进入页眉和页脚编辑状态后，会自动切换到“页眉和页脚”选项卡，在该选项卡中可以对页眉和页脚进行详细的设置。

◆ 页眉横线：单击该按钮，可以在打开的下拉列表中选择页眉横线样式。

◆ 页眉页脚选项：单击该按钮，将弹出“页眉/页脚设置”对话框，若勾选“首页不同”复选框，可以分别对文档的第 1 页和其他页设置不同的页眉和页脚；若勾选“奇偶页不同”复选框，可以分别对奇数页和偶数页设置不同的页眉和页脚。

“奇偶页不同”一般用于图书、杂志等需要对页装订的文档，此时可以分别对奇数页和偶数页设置不同的页眉和页脚。例如，奇数页页眉通常显示章节名，而偶数页页眉通常显示书名；奇数页页码通常位于文档右下角，而偶数页页码通常位于文档左下角。

◆ 日期和时间：单击该按钮，可以在页眉或页脚中插入当前日期和时间。

◆ 图片：单击该按钮，可以在页眉或页脚中插入图片。

◆ 页眉页脚切换：单击该按钮，可以在页眉和页脚之间切换。

◆ 页眉顶端距离：该数值框用于设置页眉光标所在位置距离页面顶端的距离。

◆ 页脚底端距离：该数值框用于设置页脚光标所在位置距离页面底端的距离。

2. 添加页码

如果一篇文档含有很多页，为了打印后便于整理和阅读，应对文档添加页码。添加文档页码的方法为：双击页眉或页脚编辑区域进入页眉或页脚编辑状态，在“页眉和页脚”选项卡中单击“页码”下拉按钮，在弹出的下拉列表中选择需要的页码位置即可。

在“插入”选项卡中单击“页码”下拉按钮同样可以插入页码，如图 4-33 所示。

插入页码后，会自动跳转到页码所在区域，可以看到页码已经插入文档中。默认的页码字号为“小五”，如果需要调整页码字号大小，可以选中任意一页中的页码文本，然后在“开始”菜单中设置需要的字号即可。

插入页码后，在页码上方将显示“重新编号”“页码设置”和“删除页码”3 个按钮。其中，单击“重新编号”按钮，可以重新设置该页的起始页码；单击“页码设置”按钮，在弹出的窗口中可以设置页码样式和位置；单击“删除页码”按钮，可以根据需要删除页码，如图 4-34 所示。

图4-33　添加页码

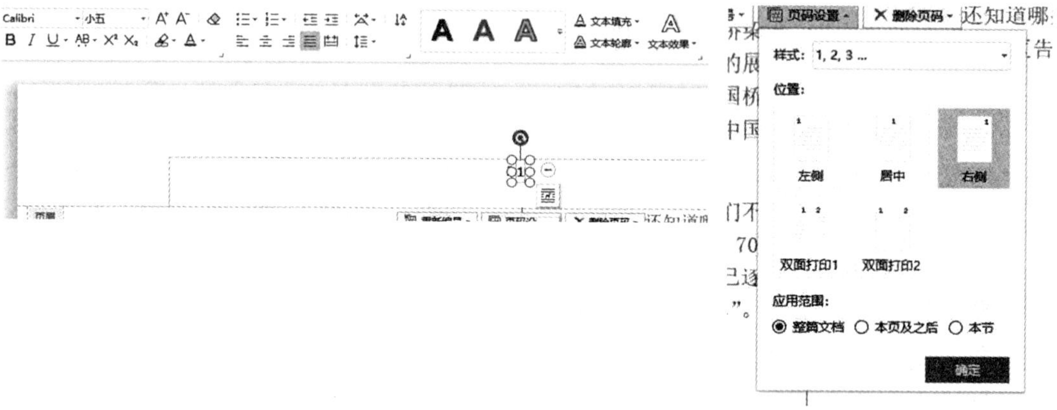

图4-34　设置页码样式

4.2.6　文档修订与批注

对于一些专业性较强或非常重要的文档，在由作者编辑完成后，一般还需要通过审阅者进行审阅。在审阅文档时，通过修订和批注功能，可对原文档中需要修改的地方进行标注和批示。

1. 修订文档

对文档进行修订前，需要先启用修订功能，方法为：切换到“审阅”选项卡，单击“修订”按钮，使其处于选中状态。开启修订功能后，对文档进行的所有修改都会被记录下来，并在文档中标明修改位置和修改内容。

对文档进行修订后，需要作者对修订内容进行确认，若接受修订，文档会保存为审阅者修改后的状态；若拒绝修订，则会恢复到修改前的状态。

若要接受修订，可通过下面两种操作方法实现。

◆ 逐一接受：单击要接受修订的项目，然后单击其后的“接受修订”按钮，或在“审阅”选项卡中单击“接受”按钮即可。

◆ 全部接受：在“审阅”选项卡中，单击“接受”下拉按钮，在弹出的下拉列表中选择“接受对文档所做的所有修订”命令即可。

若要拒绝修订，可通过下面两种操作方法实现。

◆ 逐一拒绝：单击要拒绝修订的项目，然后单击其后的“拒绝修订”按钮，或在“审阅”选项卡中单击“拒绝”按钮即可。

◆ 全部拒绝：在“审阅”选项卡中，单击“拒绝”下拉按钮，在弹出的下拉列表中选择“拒绝对文档所做的所有修订”命令即可。

2. 为文档添加批注

批注是文档审阅者与作者之间的沟通渠道，审阅者可将自己的见解以批注的形式插入文档中，供作者查看和参考。插入批注的方法为：将光标定位到需要插入批注的位置，或选中需要添加批注的文本，切换到“审阅”选项卡，单击“插入批注”按钮，此时在文档右侧将出现批注框，且使用连接线与文本链接，在批注框中输入批注内容即可，如图 4-35 所示。

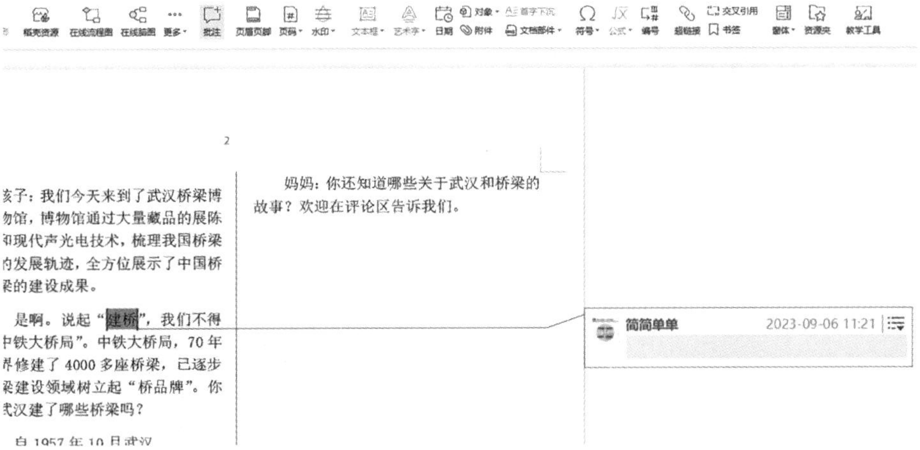

图 4-35　添加批注

作者在查看批注后，有三种方式对批注进行处理。单击批注框右侧的“编辑批注”按钮，在弹出的菜单中可以选择“答复”“解决”或“删除”命令。其中，选择“答复”命令可以在该批注下方进行回复；选择“解决”命令，可以将该批注标注为“已解决”状态；选择“删除”命令，可以删除该批注。

4.2.7　【综合训练】 完善通知文档格式

本案例将指导读者对前面制作的通知文档进行格式完善，通过本案例，读者可以巩固本章所学的相关知识。

1. 设置文本格式

在 WPS 文档中，默认的字体为“宋体”，字号为“五号”，颜色为“黑色”，用户可以根据需要更改文档字体格式，使文档更加清晰美观。

2. 设置段落对齐方式

段落对齐方式是指段落在文档中的排列位置，例如，标题需要居中对齐，落款需要靠右对齐等。

3. 设置段落首行缩进

对于中文段落，通常首行缩进 2 个字符，虽然采用在行首输入空格的方式也能实现首行缩进，但该方式既会增加工作量，也不规范。

4. 设置段落间距与行距

为了使文档疏密有致，通常都需要对段落的间距和行距进行适当调整，间距是指段落与段落之间的距离，行距是指单个段落中各行之间的距离。

4.2.8 上机练习

练习一：制作一封感谢信

任务描述：

结合本章所学的设置文本格式和设置段落格式的相关知识，练习制作一篇“感谢信”文档。

操作思路：

(1) 新建一个空白文档，并输入相应的内容。

(2) 分别设置标题和正文文本的字体格式。

(3) 分别设置标题段落和正文段落的对齐方式和段间距。

(4) 保存并打印文档。

练习二：制作员工行为规范

任务描述：

结合本章所学的相关知识，练习制作一篇“员工行为规范”文档。

操作思路：

(1) 新建一个空白文档，并输入相应的内容。

(2) 设置文档标题及正文的字体和段落格式。

（3）使用格式刷复制小节标题样式。
（4）为文档设置背景色。
（5）为文档设置边框效果

4.2.9 课后习题

一、选择题

1. 以下对齐方式中，不是段落对齐方式的是（　　）。

A. 左对齐　　B. 右对齐
C. 居中对齐　　D. 上下对齐

2. 要调整段落与段落之间的距离，需要在“段落”对话框中设置（　　）参数。

A. 缩进　　B. 间距
C. 行距　　D. 特殊格式

3. 项目符号的作用是（　　）。

A. 突出标题样式　　B. 快速生成表格
C. 快速对齐段落　　D. 突出并列段落

二、简答题

1. 如何实现文档段落首行缩进 2 字符？
2. 字符间距、段落间距和行距之间的区别是什么？
3. 如何为整个文档设置边框和背景色？

4.3 使用对象丰富文档

导读

在 WPS 文档中，不但可以输入和编排文本内容，还能插入各种对象，从而制作出更多类型的文档。这些对象包括图片、图形、艺术字和表格等，本章将介绍如何使用对象美化文档。

要点

1. 插入图形与艺术字。
2. 在文档中插入图片。

3. 在文档中插入表格。
4. 制作公司简介。

4.3.1 插入图形与艺术字

为了使文档内容更加丰富、美观，可在其中插入自选图形、艺术字等对象进行点缀，接下来就讲解这些对象的插入及相应的编辑方法。

1. 插入自选图形

通过 WPS 文档提供的图形绘制功能，可在文档中画出各种样式的形状，如线条、矩形、心形和旗帜等。在文档中绘制图形的方法为：切换到“插入”选项卡，单击“形状”下拉按钮，在弹出的下拉列表中选择要绘制的形状，然后在文档中按下鼠标左键并拖动，即可绘制出相应的形状。

图形绘制完成后，可通过拖动四周白色的圆点来调整图形的大小和比例，还可以通过上方的旋转控制点对图形进行旋转。此外，除线条外的所有形状均可输入文字，方法为：在图形上单击鼠标右键，在弹出的快捷菜单中选择“添加文字”命令，此时光标将定位到图形中，输入文字后单击图形外的任意区域即可。

2. 设置图形样式

绘制图形后，可以对图形的样式进行美化，图形样式主要包括边框、底纹和阴影等，用户既可以使用程序预设的图形样式，也可以进行手动设置，如图 4-36 所示。下面分别进行讲解。

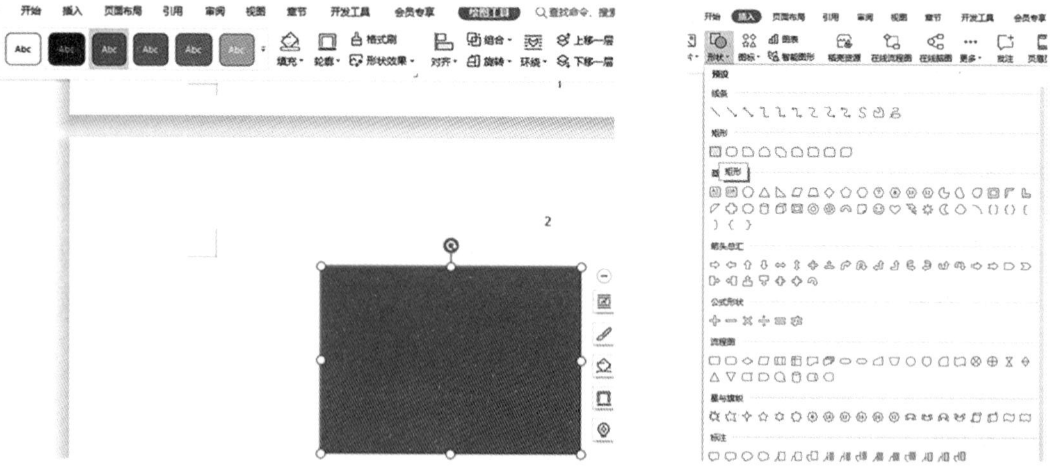

图 4-36　设置图形样式

1）使用预设图形样式

文档中内置了多种图形样式，用户可以直接使用。使用预设图形样式的方法为：

选中图形后，切换到“绘图工具”选项卡，在功能区中可以看到多个预设的图形样式缩略图，单击列表框右侧的下拉按钮，在弹出的下拉列表中可以看到所有的预设图形样式，单击要使用的样式图标即可。

此外，在选中图形后，单击图形右侧的“形状样式”按钮，在打开的列表框中也可以快速选择图形样式，如图 4-37 所示。

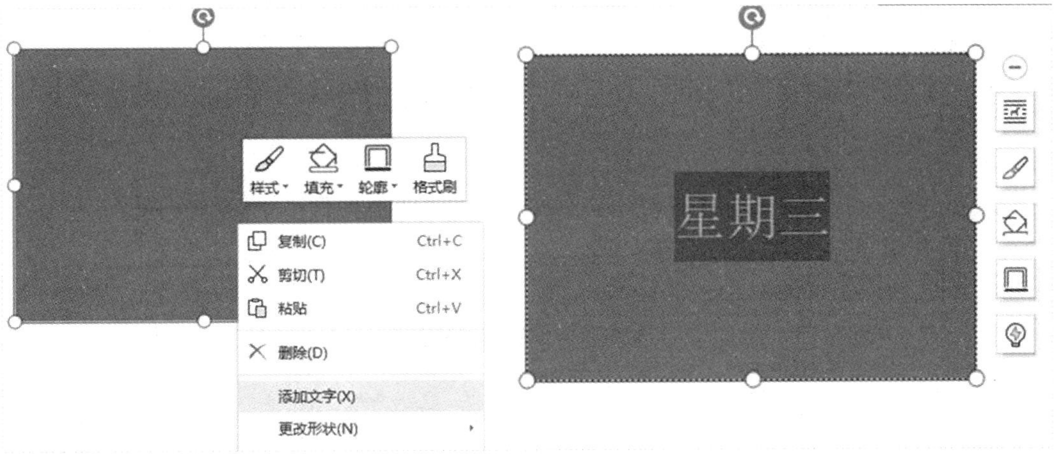

图 4-37　图形添加文字

2）手动设置图形样式

除了使用预设的图形样式外，用户也可以手动设置图形样式，包括图形填充颜色、边框颜色、阴影效果，以及倒影效果等。选中图形后，切换到“绘图工具”选项卡，单击“填充”下拉按钮，在弹出的下拉列表中可以选择图形填充颜色；单击“轮廓”按钮，可以设置图形边框颜色，如图 4-38、图 4-39 所示。

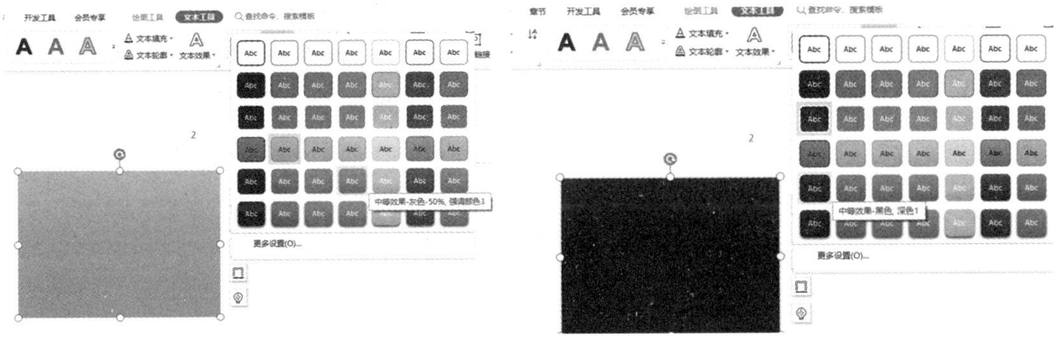

图 4-38　设置图形样式

单击“形状效果”下拉按钮，在弹出的下拉列表中选择“阴影”子列表，可以为图形设置阴影效果；选择“倒影”子列表，可以为图形设置倒影效果。此外，在“形状效果”下拉列表中还可以为图形设置发光、柔化边缘和三维旋转等效果（见图 4-40），用户可以逐一尝试，这里不再一一讲解。

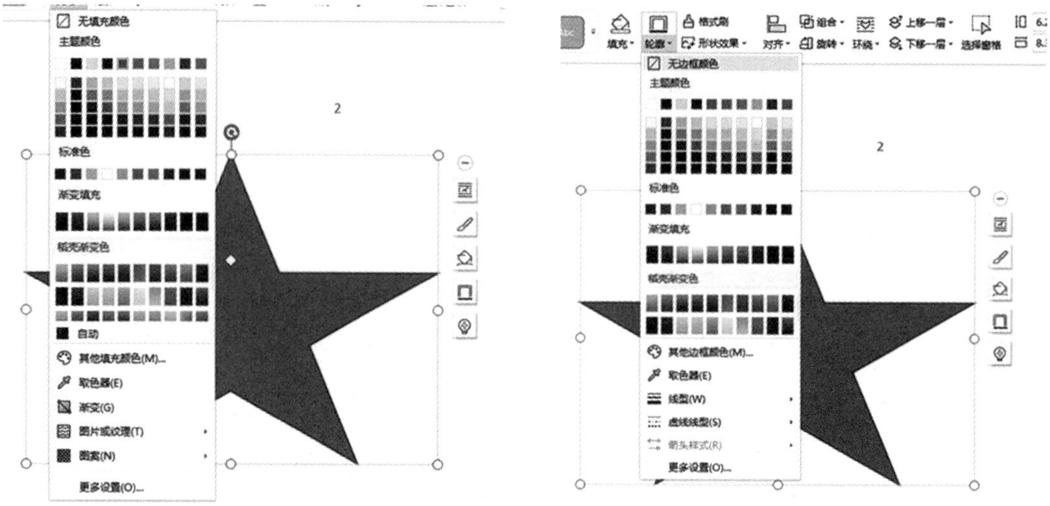

图 4-39　设置图形颜色

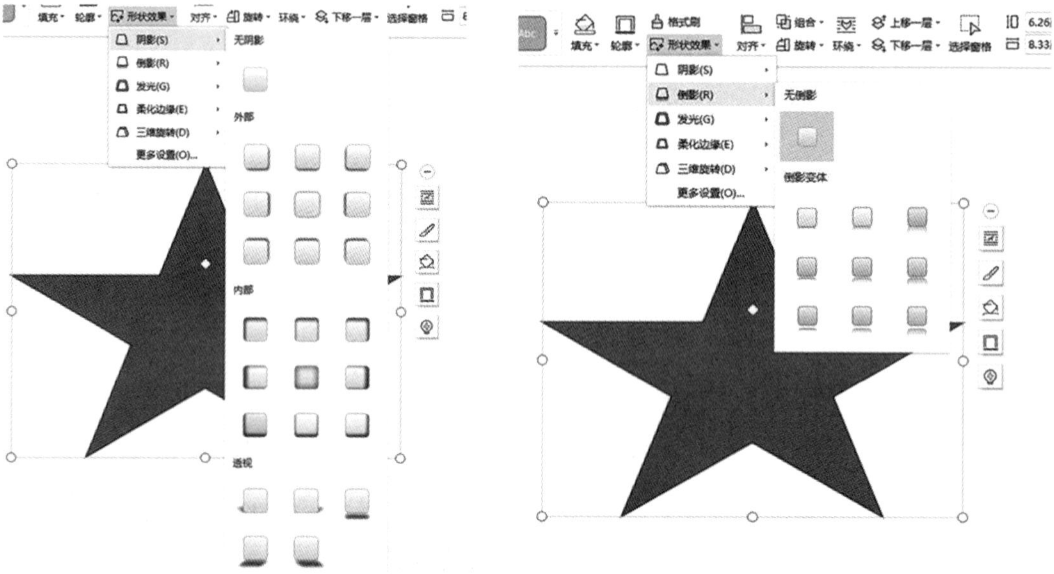

图 4-40　设置形状效果

3. 图形的排列与组合

当文档中有多个图形并且交错重叠时，可以手动设置各图形的图层顺序。此外，当由多个图形组合成一个对象时，可以将这些图形进行组合，下面分别进行讲解。

1）图形的排列

当多个图形交错重叠时，可以调整图形之间的图层顺序，方法为：用鼠标右键单击要调整的图形，在弹出的快捷菜单中选择“置于顶层”或“置于底层”命令，或在其子菜单中选择“上移一层”或“下移一层”命令，如图 4-41 所示。

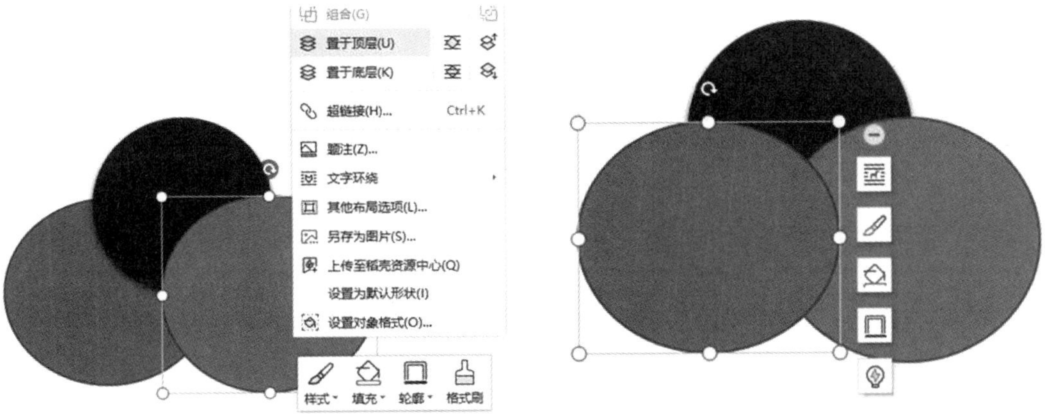

图 4-41　图形的排列

2）图形的组合

将多个图形组合成一个整体，可以方便图形的整体操作，如选择、移动或复制等，组合图形的操作方法如图 4-42 所示。

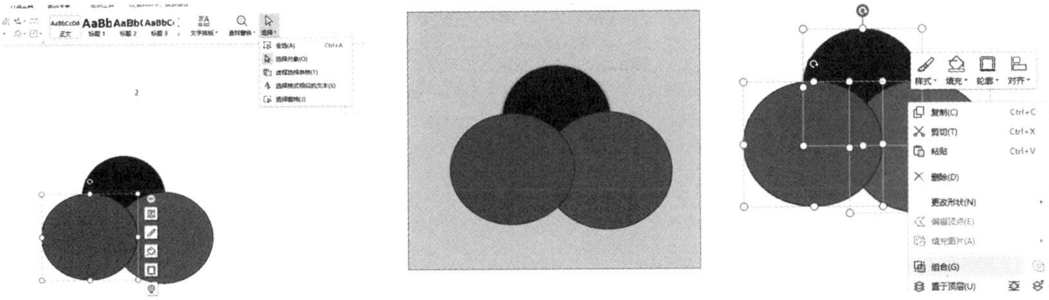

图 4-42　图形的组合

4. 插入文本框

在制作广告或传单时，常常需要在文档的任意位置输入文本，此时可以使用文本框来装载文本内容。插入文本框的方法为：切换到“插入”选项卡，单击“文本框”按钮，然后拖动鼠标在文档中绘制出合适大小的文本框即可。文本框绘制后，可以直接在其中输入文本，通过四周的控制点调整文本框大小，也可以将其拖放到任意位置。

文本框是一种特殊的图形，因此其相关操作与自选图形的操作方法完全一样，我们可以为其设置填充颜色、边框颜色以及阴影等外观效果。选中文本框后切换到“绘图工具”选项卡，即可完成相关的操作。

文本框分为横排文本框和竖排文本框两种，单击“文本框”下拉按钮，在弹出的下拉列表中选择“竖向”命令，即可绘制竖排文本框，竖排文本框中的文字将呈竖直排列。

文本框中不但可以输入文本内容，还可以插入图片和表格等对象，如图 4-43 所示。

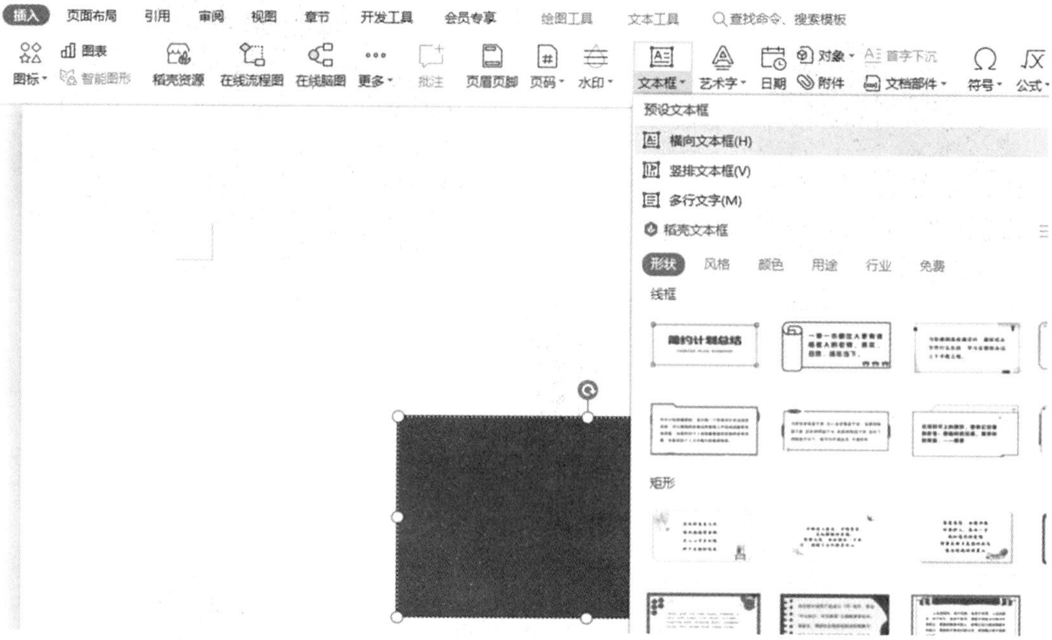

图 4-43 插入文本框

5. 插入艺术字

艺术字是具有特殊效果的文字，多用于广告、海报、传单和文档标题的美化，以达到强烈、醒目的外观效果。插入艺术字的方法如下。

切换到“插入”选项卡，单击“艺术字”下拉按钮，在弹出的下拉列表中单击要使用的艺术字样式，此时文档中将出现一个文本框，并显示“请在此放置您的文字”占位符，删除占位符文字，输入需要的文字即可，如图 4-44 所示。

6. 插入数学公式

在编写数学试卷或教案等文档时，常常需要输入一些复杂的公式，WPS 文档自带公式编辑功能，可以满足大部分公式编写需求，操作方法如图 4-45 所示。

如果要再次对该公式进行编辑，可以双击该公式，即可重新进入“公式编辑器”，如图 4-45 所示。

4.3.2 在文档中插入图片

在制作寻物启事、产品说明书及公司宣传册等之类的文档时，往往需要插图配合文字解说，这就需要使用文档的图片编辑功能。通过该功能，我们可以制作出图文并茂的文档，从而使文档内容更加丰富。

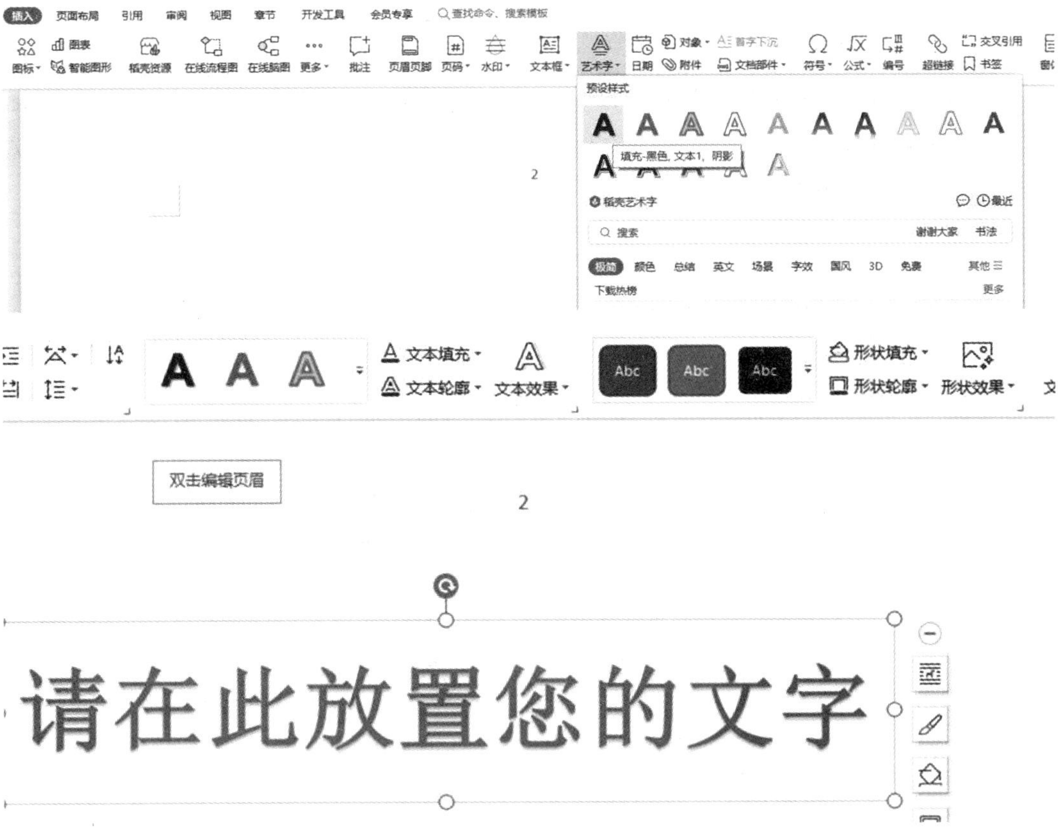

图 4-44　插入艺术字

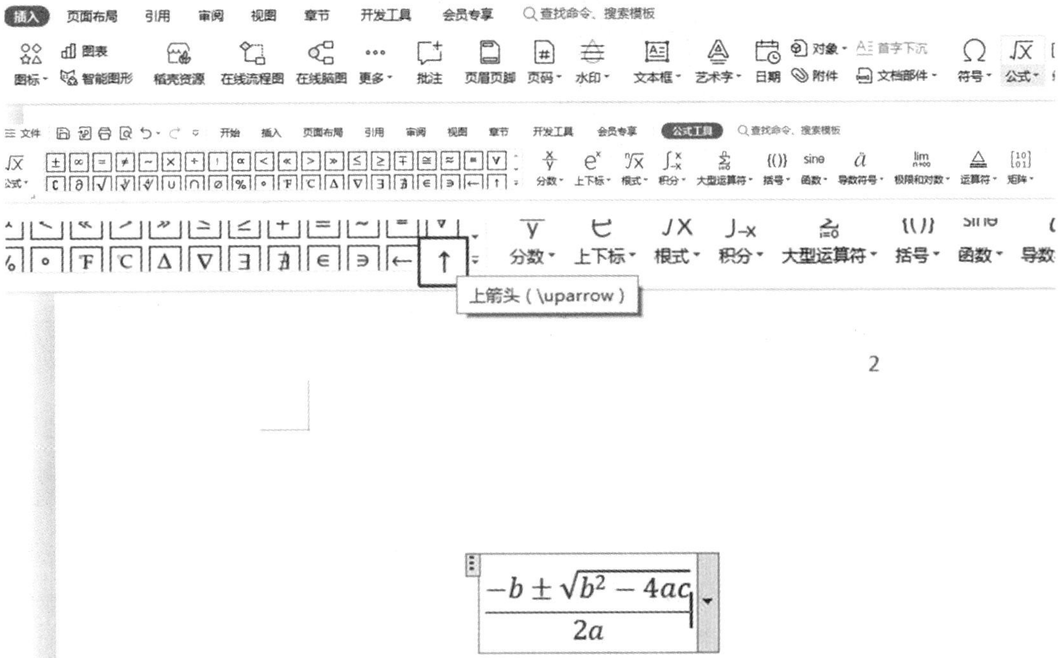

图 4-45　插入数学公式

1. 插入与编辑图片

在文档中插入图片的方法为：将光标定位到需要插入图片的位置，切换到“插入”选项卡，单击“图片”按钮，弹出“插入图片”对话框，选中要插入的图片，然后单击“打开”按钮即可，如图 4-46 所示。

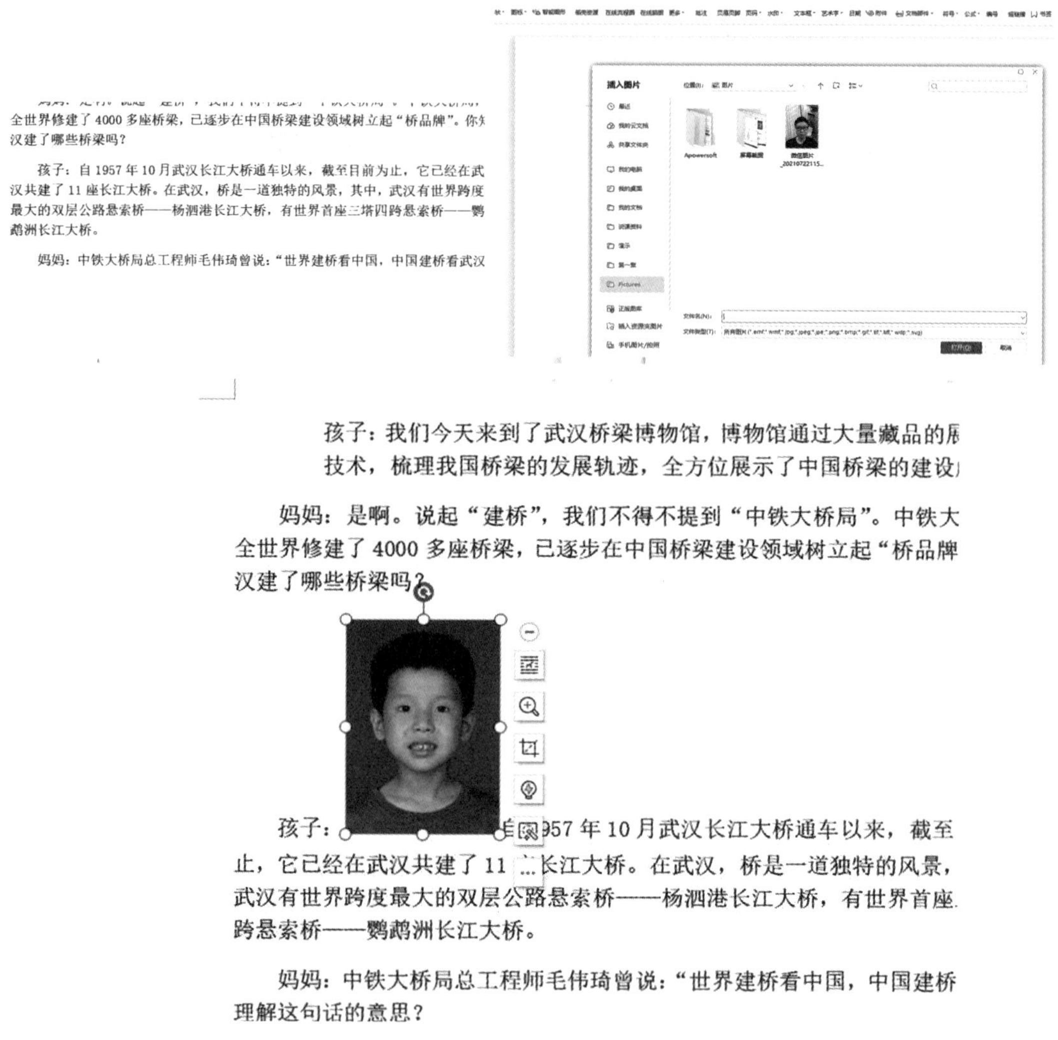

图 4-46　选择并插入图片

插入图片后，可以通过拖动图片四周的白色圆点来调整图片的大小，也可以在“图片工具”选项卡的“高度”和“宽度”数值框中直接输入需要的图片高度或宽度值，输入完成后按下“Enter”键即可。

如果对图片构图不满意，还可以对图片进行裁剪，方法为：选中图片后切换到“图片工具”选项卡，单击“裁剪”按钮，此时图片四周将出现黑色的控制点，拖动控制点到合适的位置后按下“Esc”键即可，如图 4-47 所示。

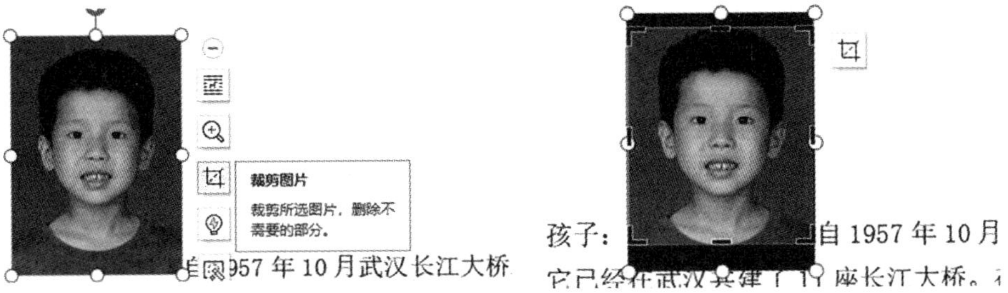

图 4-47　图片的裁剪

2. 设置图片效果

插入图片后，还可以为图片添加一些特殊效果，如去色、添加阴影效果、倒影效果以及柔化边缘等，操作方法如图 4-48 所示。

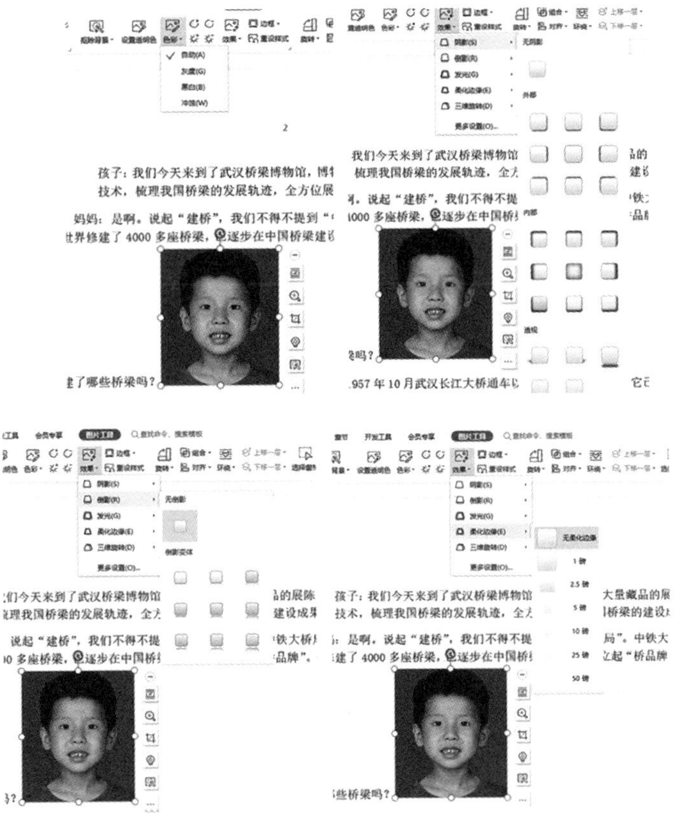

图 4-48　设置图片效果

3. 设置图文混排效果

要想实现真正的图文并茂，就必须了解图片在文本中的环绕方式。图片的环绕方式是指文字在图片周围的排列方式。我们常常在杂志或报纸上看到各种版式设计，在 WPS 文档中是否也能实现呢？

选中图片后，切换到“图片工具”选项卡，单击“环绕”下拉按钮，即可看到图片的各种环绕方式。此外，选中图片后，单击图片右侧的“布局选项”按钮，在弹出的菜单中也可以选择图片的环绕方式，如图 4-49 所示。

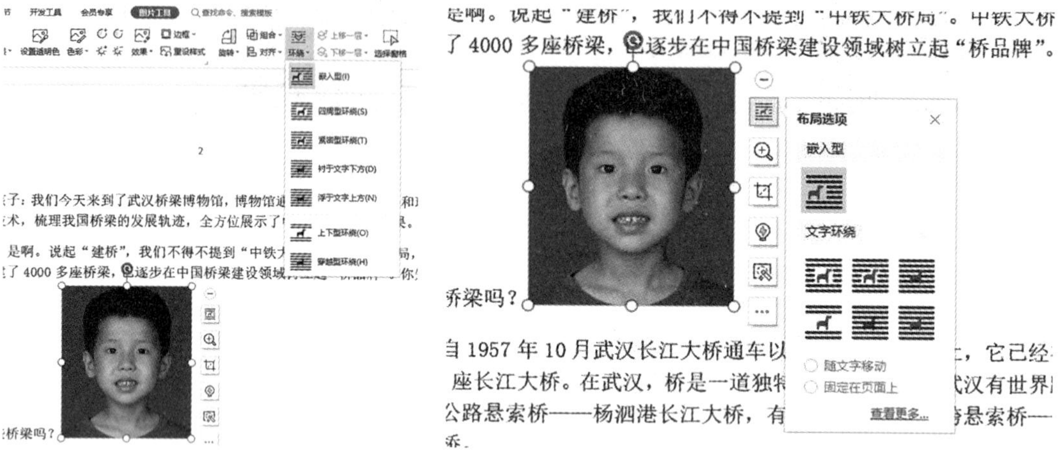

图 4-49　图文混排

图片的环绕方式包括“嵌入型”“四周型环绕”“紧密型环绕”“衬于文字下方”和“浮于文字上方”等 7 种，下面介绍其中几种常用的环绕方式，其他方式读者可逐个试验。

◆ 嵌入型：嵌入型是默认的图片插入方式。嵌入型图片相当于一个字符插入文本中，图片和文字同处一行。嵌入型图片不能随意拖动，只能通过剪切操作来移动。

◆ 四周型环绕：顾名思义，四周型方式即文字紧密地排列在图片四周，图片可以随意拖动。随着图片的拖动，周边的文字将自动排列以适应图片。

◆ 衬于文字下方：使用该方式，图片将置于文字下方，图片可以任意移动，且不会影响文字的排列。

◆ 浮于文字上方：使用该方式，图片将置于文字上方，图片可以任意移动，且不会影响文字的排列。

4.3.3　在文档中插入表格

当需要制作表单或展现一些简单的数据信息时，可以在文档中通过插入表格的方式来完成。WPS 文档中可以创建各种样式的表格，使用表格可以极大地丰富文档内容。

1. 创建表格

WPS 文档中可以通过多种方法创建表格。将光标定位在要插入表格的位置，切换到“插入”选项卡，单击“表格”下拉按钮，在弹出的下拉列表中，根据需要选择一种创建表格的方式，即可在文档中插入表格。以下是两种最常用的表格创建方式。

◆ 快速插入表格：打开“表格”下拉列表，在其中有一个 8 行 17 列的虚拟表格，此时移动鼠标可选择表格的行列值，选好后单击鼠标左键，即可在文档中插入需要的表格。

◆ 通过对话框插入：打开“表格”下拉列表，选择“插入表格”命令，在弹出的“插入表格”对话框中通过微调框设置表格的行数和列数，在“列宽选择”栏中根据需要进行设置，然后单击“确定”按钮即可，如图 4-50 所示。

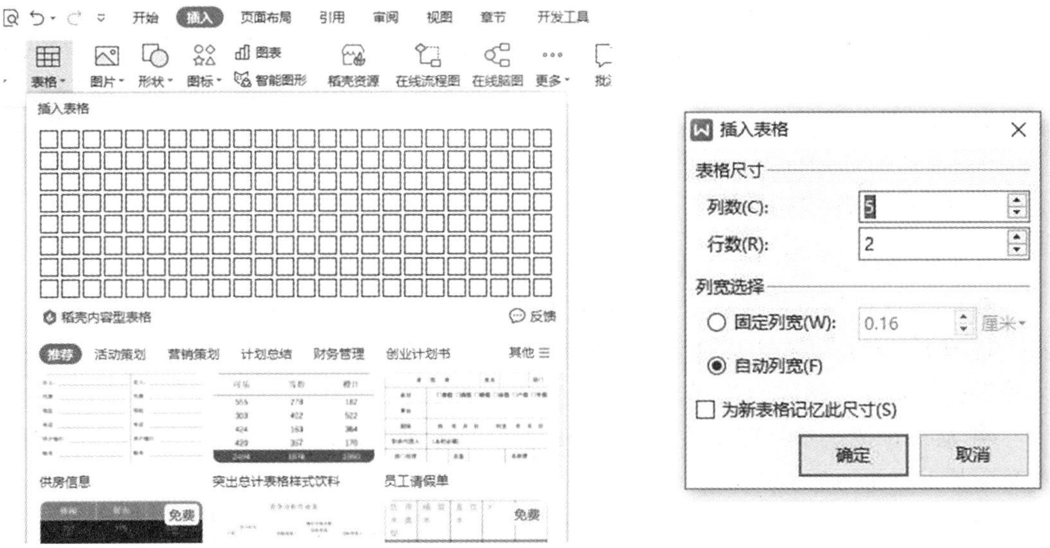

图 4-50　插入表格

2. 选择表格区域

对表格进行编辑时，常常需要先选择要编辑的表格区域。根据选择的对象不同，可分为以下选择方法。

◆ 选择单个单元格：将鼠标指针指向某单元格的左侧，待指针呈黑色箭头时，单击鼠标左键可选中该单元格。

◆ 选择连续的单元格：将鼠标指针指向某个单元格的左侧，当指针呈黑色箭头时按住鼠标左键并拖动，拖动的起始位置到终止位置之间的单元格将被选中。

◆ 选择分散的单元格：选中第一个要选择的单元格后按住“Ctrl”键不放，然后依次选择其他分散的单元格即可。

◆ 选择行：将鼠标指针指向某行的左侧，待指针呈白色箭头时，单击鼠标左键可选中该行。

◆ 选择列：将鼠标指针指向某列的上边，待指针呈黑色箭头时，单击鼠标左键可选中该列。

◆ 选择整个表格：将鼠标指针指向表格时，表格的左上角会出现标志⊞，单击该标志，即可选中整个表格。

3. 调整行高与列宽

创建表格后，可通过下面的方法来调整行高与列宽。

◆ 调整行高：将鼠标指针指向行与行之间，待指针呈黑色十字状时，按下鼠标左键并拖动，表格中将出现虚线，待虚线到达合适位置时释放鼠标左键即可。

◆ 调整列宽：将鼠标指针指向列与列之间，待指针呈黑色十字状时，按下鼠标左键并拖动，当出现的虚线到达合适位置时释放鼠标左键即可。

选中整个表格，切换到“表格工具”选项卡，单击“自动调整”按钮，在弹出的下拉列表中选择“平均分布各行”或“平均分布各列”命令，可将表格中所有行或列的行高或列宽进行平均分布。

4. 插入与删除行或列

在编辑表格的过程中，常常需要增加行或列，插入行和列的方法如下。

◆ 通过功能区：将光标定位到需要增加行或列的相邻单元格中，切换到“表格工具”选项卡，单击“在上方插入行”“在下方插入行”“在左侧插入列”或“在右侧插入列”按钮，即可插入行或列。

◆ 通过快捷菜单：在要插入行或列的相邻单元格中单击鼠标右键，在弹出的快捷菜单中展开“插入”子菜单，在其中选择相应的命令即可。

有时为了需要，要将多余的行或列删除，删除行或列的方法如下。

◆ 通过功能区：将光标定位到需要删除的行或列中，切换到“表格工具”选项卡，单击“删除”下拉按钮，在弹出的下拉列表中选择相应的命令，即可删除行或列。

◆ 通过快捷菜单：在要删除的行或列中单击鼠标右键，在弹出的快捷菜单中选择“删除单元格”命令，然后在弹出的“删除单元格”对话框中选择相应的选项即可。

5. 合并与拆分单元格

合并单元格是指将多个单元格合并为一个单元格，拆分单元格是指将合并后的单元格进行恢复。在“表格工具”选项卡中，通过单击“合并单元格”和“拆分单元格”按钮，可对单元格进行合并或拆分操作。

◆ 合并单元格：选中需要合并的多个单元格，然后单击“合并单元格”按钮即可。

◆ 拆分单元格：选中需要拆分的单元格，单击“拆分单元格”按钮，在弹出的“拆分单元格”对话框中设置拆分的行列数，然后单击“确定”按钮即可。

选中要合并的单元格区域后，单击鼠标右键，在弹出的快捷菜单中选择“合并单元格”命令，也可以合并单元格，如图 4-51 所示。

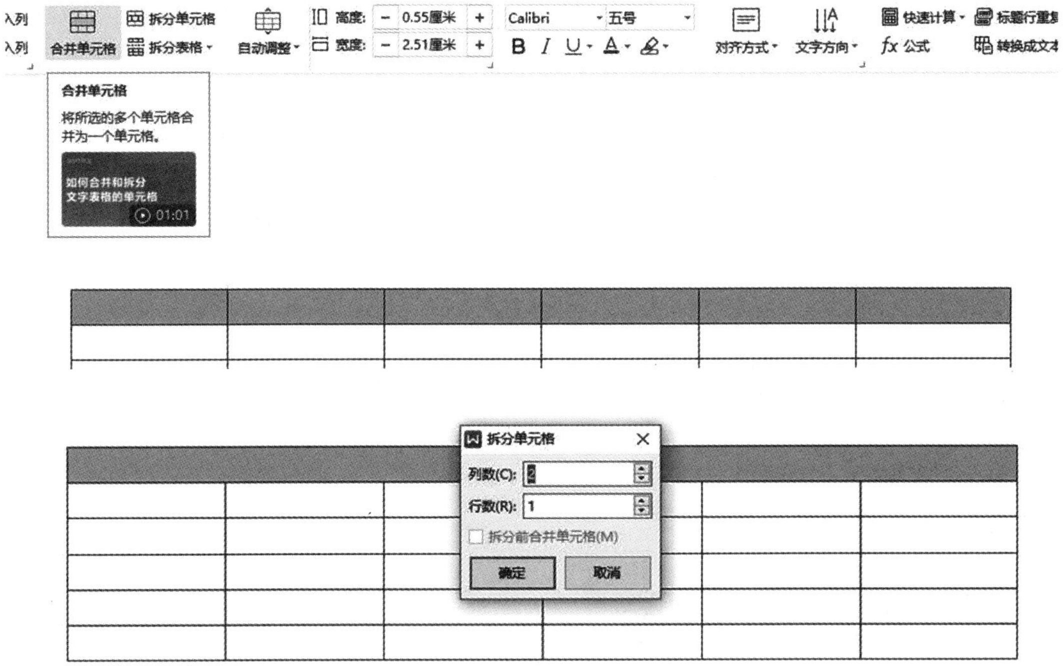

图 4-51　单元格拆分和合并

6. 设置单元格对齐方式

单元格对齐方式是指单元格中段落的对齐方式，包括“靠上两端对齐”“靠上居中对齐”“靠上右对齐”以及“中部两端对齐”等 9 种，分别对应单元格中的 9 个方位。

默认情况下，单元格的对齐方式为“靠上两端对齐”，设置单元格对齐方式的方法有以下两种。

◆ 通过功能区：选中需要设置文本对齐方式的单元格，切换到“表格工具”选项卡，单击“对齐方式”下拉按钮，在弹出的下拉列表中进行选择即可。

◆ 通过快捷菜单：用鼠标右键单击要设置对齐方式的单元格，在弹出的快捷菜单中展开“单元格对齐方式”子菜单，在其中选择相应的命令即可。

7. 美化表格

为了使表格更加美观，我们可以为表格设置边框和底纹效果，WPS 文档中预设了多种表格样式，可以直接使用，从而快速美化表格，操作方法如下。

将光标定位到表格中，切换到“表格样式”选项卡，在左侧的选项组中勾选需要的表格样式特征，如“首行填充”“隔行填充”等，设置完成后展开表格样式列表，在其中选择需要的样式即可。

除了使用预设样式外，用户也可以手动为表格设置边框和底纹效果。选中要设置底纹的单元格，切换到“表格样式”选项卡，单击“底纹”下拉按钮，在弹出的下拉列表中选择需要的填充颜色即可。

为单元格设置了背景色后，通常还需要调整单元格中的字体颜色，以使其美观和协调，通常深色背景搭配浅色文字，浅色背景则搭配深色文字。

如果要设置单元格边框样式，则选中要设置的单元格，然后切换到“表格样式”选项卡，单击“边框”下拉按钮，在弹出的下拉列表中选择“边框和底纹”命令，打开“边框和底纹”对话框，在“边框”选项卡中即可对单元格边框进行设置，如图 4-52 所示。

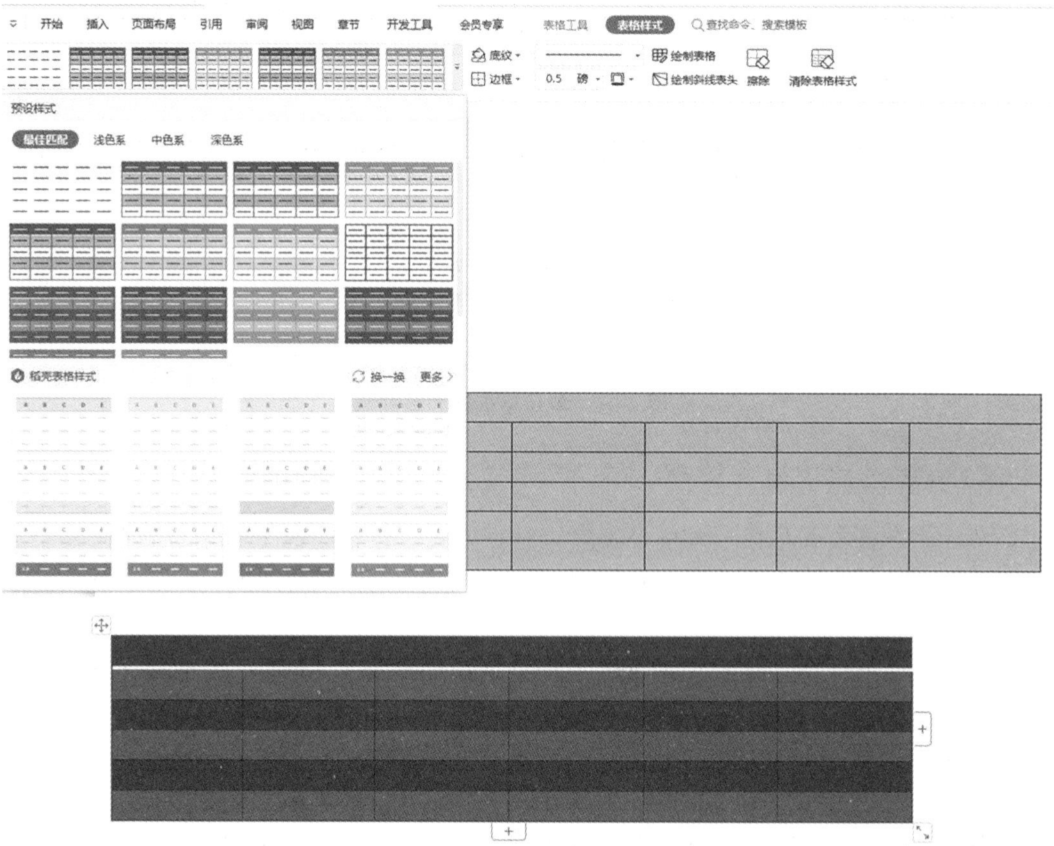

图 4-52　表格美化

8. 删除整个表格

如果要将整个表格删除，只需将光标定位到表格中，然后用鼠标右键单击表格左上角的⊕标志，在弹出的快捷菜单中选择“删除表格”命令即可；或者单击⊕标志将整个表格选中，然后按下“BackSpace”键进行删除。

此外，如果只想清空表格中的内容，而不删除表格的话，可以在选中整个表格后按下“Delete”键即可。

4.3.4　【综合训练】 制作旅行社景点宣传单

本例将使用 WPS 文字软件制作一份旅行社景点宣传单，该文档包含文本、艺术字、图片和形状等对象。通过该文档的制作，读者可以更加熟练地掌握对象的使用及图文混排的方法。

1. 页面设置

在编辑宣传单内容前，需要先对页面进行一些设置，包括页边距、页面背景等。

2. 制作宣传单页头

宣传单页头应简单明了，并能明确体现出本次宣传的主题。页头制作的好坏，会直接影响到宣传效果。

1）插入页头背景图片

宣传单页头背景图片插入。

2）插入艺术字标题

通过插入艺术字可以快速制作漂亮的文档标题。

3. 编排正文内容

通常一张漂亮的宣传单都是由文本内容和图片内容组合而成，下面我们介绍如何编排正文内容。

1）输入正文内容

使用“Enter”键将光标调整到页头下方，打开“景点宣传单-素材”素材文件，按下“Ctrl＋A”组合键全选，将文本内容复制到当前编辑的文档中。

2）插入图片

在文本内容编辑完成后，就可以插入图片了。

3）设置图文混排

图片插入后，还需要设置其环绕方式，以便进行图文混排。

4.3.5　上机练习

练习一：制作公司简介文档

任务描述：

结合本章所学的在文档中插入图片、形状和表格的相关知识，练习制作一篇“公司简介”文档。

操作思路：

（1）打开“公司简介-素材”素材文件。

（2）在第一小节中插入“公司照片.jpg”图片素材，将其设置为四周型环绕，并拖放至合适的位置。

（3）使用图形绘制公司结构图，将其放置到第二小节中。

（4）在第三小节末尾插入表格，并输入相应内容。

练习二：制作招聘启事文档

任务描述：

结合本章所学的插入形状和文本框的相关知识，练习制作一篇“招聘启事”文档。

操作思路：

（1）新建空白文档，为页面填充渐变色背景。

（2）插入一个圆形形状，并为其设置渐变填充和白色边框。

（3）插入文本框，输入“招聘”文本，分别设置字体和字号，调整文本框位置，并适当旋转文本框。

（4）输入招聘信息内容，完成后保存文档。

4.3.6 课后习题

一、选择题

1. 绘制五角星形状时，按住（　　）键可以绘制出正五角星。

A. Ctrl　　B. Alt

C. Shift　　D. Tab

2. 以下选项中，不属于图片环绕方式的是（　　）。

A. 左右型环绕　　B. 四周型环绕

C. 嵌入型　　D. 衬于文字下方

3. 表格中，单元格的对齐方式有（　　）种。

A. 4　　B. 5

C. 8　　D. 9

二、简答题

1. 如何为图片添加边框？

2. 如何实现文字环绕图片四周的排版效果？

3. 在文档中插入表格的方法有哪些？

参考文献

[1] 李佼辉，马峰柏．WPS Office 办公应用案例教材［M］．北京：航空工业出版社，2020.

[2] 张婷婷．WPS Office 商务办公从新手到高手［M］．北京：人民邮电出版社，2018.

[3] 谭有彬，倪彬．WPS Office 2019 高效办公［M］．北京：电子工业出版社，2019.

模块五

电子表格

学习目标

1. 了解 WPS 电子表格的窗口界面。
2. 熟练掌握 WPS 电子表格的启动和退出。
3. 熟练应用 WPS 电子表格中的公式及函数。
4. 掌握 WPS 电子表格中的数据管理功能，能够熟练地进行数据的分析及统计。
5. 能够应用图表分析数据。

学习重点

1. WPS 电子表格的基本操作。
2. WPS 电子表格中的公式及函数的应用。
3. WPS 电子表格中的数据排序、筛选、分类汇总等数据管理功能。

学习难点

1. WPS 电子表格中的公式及函数的应用。
2. WPS 电子表格中的数据排序、筛选、分类汇总等数据管理功能。

WPS Office 是由金山软件股份有限公司自主研发的一款办公软件套装，可以实现办公软件最常用的文字、表格、演示等多种功能。WPS Office 提供更个性、更高效的办公理念，让工作更轻松。

WPS 电子表格是 WPS Office 的三个组件之一，类似于微软的 Excel，是应用众多的电子表格类处理软件之一，用于创建和维护电子表格，处理、分析数据。用户只需将数据输入单元格中，便可以依据数据所在的单元格的位置，利用电子表格提供的公式、函数来分析统计各单元格中数据的信息。还可以利用图表直观地展示给用户查看。使用 WPS 电子表格可以方便、高效地处理、分析数据。

本章以 WPS Office 电子表格为例，向读者介绍 WPS 电子表格的窗口组成、表单的基本操作、数据分析的相应公式和函数，以及统计分析的方法。

5.1　WPS 电子表格基本操作

5.1.1　WPS Office 电子表格启动、退出

启动电子表格有多种方法，我们介绍以下三种方式。

（1）通过双击打开一个已有的电子表格文件，即可以启动 WPS 电子表格文件。

（2）在计算机桌面找到 WPS 图标，如图 5-1 所示，并双击，打开 WPS 应用软件。

在图 5-2 中单击界面中“WPS 文字”按钮后，显示界面如图 5-3 所示。

图 5-1　WPS Office 电子表格启动

图 5-2　WPS 文字按钮

图 5-3　从模板中新建

单击“从模板中新建”按钮，即进入图 5-4 所示的界面。单击“表格”按钮，再单击“新建”按钮就可以打开电子表格文件。

图 5-4　新建电子表格文件

（3）通过开始菜单启动 WPS 电子表格。

单击“开始”菜单，右上方出现图 5-5 所示的界面，在菜单中找到“WPS 表格”选项，单击就可以进入图 5-3 所示的界面。单击“新建”按钮就可以新建一个电子表格文档。

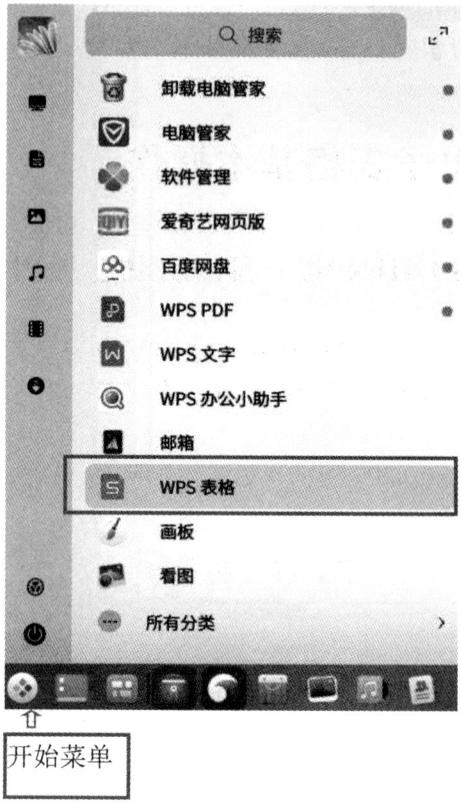

图 5-5　WPS 表格程序

电子表格的常用退出方式有以下几种：

（1）在 WPS 电子表格操作界面中选择“文件”→“退出”命令。

（2）单击 WPS 电子表格操作界面中标题栏右侧的“关闭”按钮。

（3）按下 Alt+F4 键。

5.1.2　WPS Office 电子表格界面

WPS Office 电子表格界面如图 5-6 所示。

名称框：显示当前选中的单元格的名称。单元格名称由列号和行号组成。列号由 26 个英文字母表示。行号由数字表示。当在名称框中输入单元格的名称，可以让光标快速定位到该单元格。

编辑栏：显示当前选中的单元格中的数据和公式。可以在编辑栏中直接输入数据、公式和函数。

工作表标签：表示当前数据所在的表的名称，默认的标签名是 Sheet 加数字表示，如 Sheet1、Sheet2 等。用户可以根据需要重新命名。用鼠标单击工作表名称可以快速进行工作表之间的切换。

视图按钮：单击“视图”按钮可以在不同视图之间进行切换。

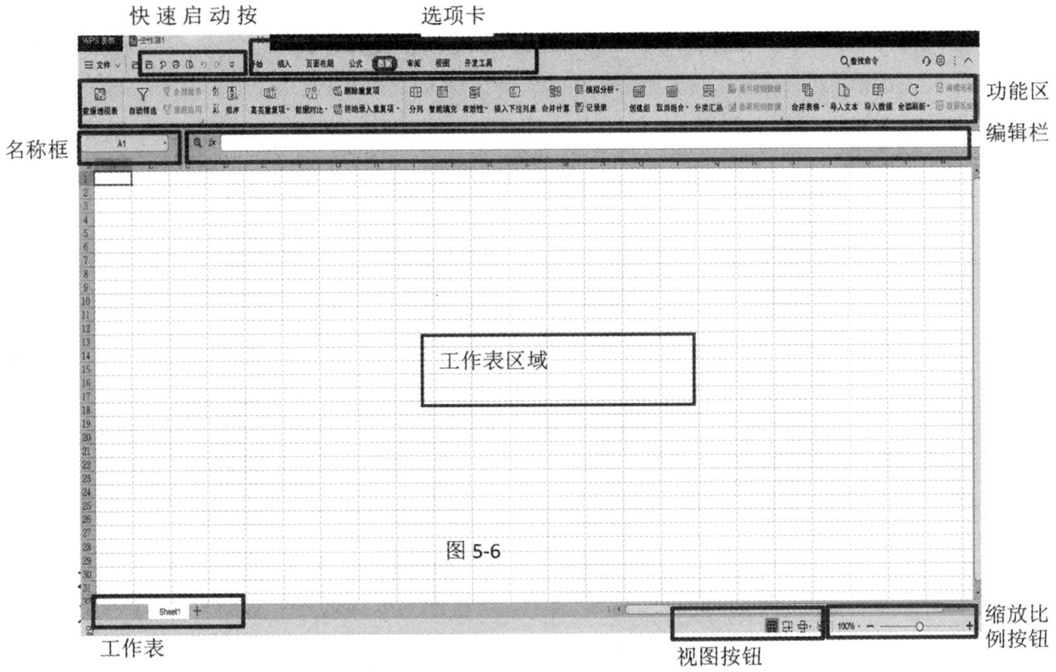

图 5-6 WPS Office 电子表格界面

选项卡：WPS 电子表格的所有操作功能，按选项卡进行分类存放。每一个选项卡对应的功能，都显示在功能区。

功能区：当选中某个选项卡时，该选项卡对应的所有操作功能显示在该区域。

快速启动按钮：常用的功能按钮在此处显示，也可以由用户自己设定常用的按钮显示在此处。

缩放比例按钮：拖动滚动条，可以改变显示的比例的大小。

工作表区域：中间由单元格组成的区域是工作表区域，占据窗体的大部分，用来记录和显示数据。

单元格：工作表区域的每一个格子称为一个单元格，单元格是保存数据的最小单位。

5.1.3 WPS Office 工作簿的基本操作

WPS Office 电子表格中单元格、工作表、工作簿三者之间是包含的关系。启动一个工作簿可以包含 1 个或多个工作表，而每个工作表又由若干个单元格组成。

所谓的工作簿是 WPS 电子表格中用来储存并处理数据的文件。一个 WPS 电子表格文档就是一个工作簿。工作簿和工作表的关系就像书和页的关系。启动 WPS 电子表格后，系统自动建立一个名为 Book1 的工作簿文件，同时自动生成为一个名为 Sheet1 的工作表。

1. 工作簿的创建

工作簿的创建就是创建电子表格文档。启动 WPS Office 电子表格，在程序窗口中单击空白表格即可创建新的工作簿，如图 5-7 所示。

图 5-7　创建新的工作簿

2. 打开一个已有工作簿

（1）双击打开桌面上的 WPS Office 软件，如图 5-8 所示。

单击窗口左边“打开”按钮，如图 5-9 所示。

图 5-8　打开桌面上的 WPS Office 软件

图 5-9　“打开”按钮

在弹出的对话框中找到文档打开，或直接双击需要打开的文档。

（2）在启动 WPS 电子表格后单击快速启动工具栏中的“打开”图标，在弹出的对话框中打开文档，如图 5-10 所示。

（3）单击文件菜单中“打开”命令。

（4）使用快捷打开，按 Ctrl＋O，弹出对话框找到文档打开。

（5）还可以通过双击计算机，在相应的存储位置找到已有的文档双击打开。

图 5-10 快速启动工具栏

3. 工作簿的保存

当编辑完文档内容后，首次保存时，可以单击文件菜单中的“另存为”命令。在左侧选择文档保存的位置。在文件名框中输入文档的名称，单击“保存”按钮即可，如图 5-11 所示。修改文档非首次保存时，可以直接单击快捷按钮中的“保存”按钮。

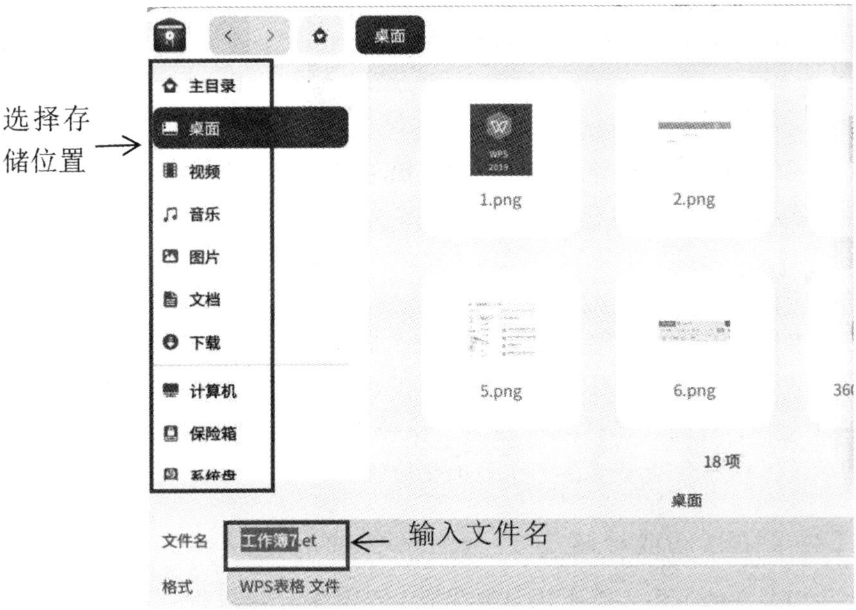

图 5-11 工作簿的保存

5.1.4 WPS Office 工作表的基本操作

默认情况下，WPS Office 电子表格新建的工作簿中只有一张工作表，名称是 Sheet1。用户可以根据需要进行添加、删除、重命名工作表的操作。

1. 工作表的添加

方法一：用户直接单击工作表标签后面的加号进行添加。

方法二：选中工作表标签，右击，在弹出的快捷菜单中选择“插入”命令，在弹出的图 5-12 所示的对话框中输入插入表单的数目，就可以添加相应的表单。

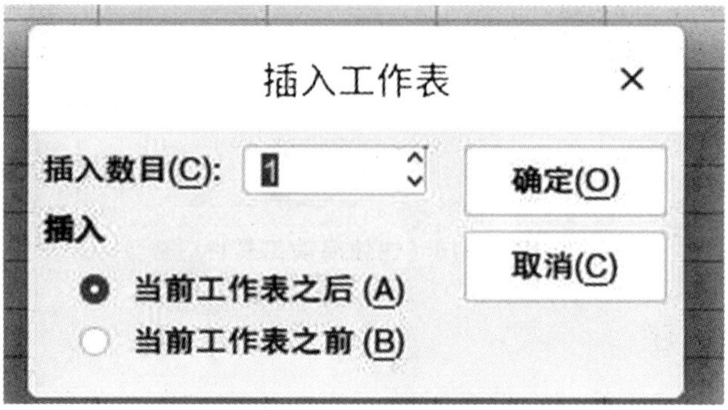

图 5-12 工作表的添加

2. 工作表的删除

在工作表标签上单击右键，在弹出的快捷菜单中选择删除工作表，即可删除。

3. 工作表的重命名

在工作表标签上单击右键，在弹出的快捷菜单中选择重命名，工作表标签中有光标显示即可修改名称。

4. 工作表的隐藏

当工作表较多时，可以隐藏部分工作表。操作方法：在工作表标签上单击右键，在弹出的快捷菜单中选择隐藏，那么选中的工作表将不再显示。如果想取消隐藏，则可在工作表区单击右键，选择取消隐藏，在弹出的对话框中选择要取消隐藏的工作表，确认后该工作表又会显示在工作表标签位置。

5. 工作表的移动或复制

有时工作簿中的工作表需要移动到其他工作簿中，或在同一个工作簿中需调整一下工作表的顺序，这时就需要用到工作表的移动或复制。具体步骤如下：

（1）单击需要复制或移动的工作表标签，单击右键，在弹出的快捷菜单中选择“移动或复制工作表”命令，弹出的对话框如图 5-13 所示。

（2）单击对话框中“工作簿”文本框右侧的向下箭头（见图 5-13），选择用来接收当前工作表的目标工作簿。如果选择新的工作簿，则可以将当前工作表移动或复制到新工作簿中。注意新的工作簿要处于打开的状态。

（3）在“下列选定工作表之前”列表框中选择一个工作表，如图 5-14 所示，这样就会把当前的工作表移动或复制到该工作表前面。如果选择“（移至最后）”选项，则当前工作表会移动到工作簿的最后。

（4）如果只复制工作表，则勾选下面“建立副本”复选框。如果是在同一个工作簿中复制工作表，可以在按下 Ctrl 键时，选中要复制的工作表标签，按住鼠标左键不放拖动到新的位置。就可以完成工作表的复制。在同一个工作簿中移动工作表，只需

图 5-13　移动或复制工作表

图 5-14　在列表中选择一个工作表

选中要移动的工作表的标签，按住鼠标左键不放拖动到新的位置，就可以完成工作表的移动。

（5）单击“确认”按钮完成操作。

6. 工作表窗口的拆分和冻结

当工作表做得很大时，由于屏幕显示范围有限，往往只能看到工作表部分数据的情况，这时可以借助工作表拆分和冻结的功能来解决这个问题。

（1）拆分工作表。

拆分工作表就是把当前工作表拆分成四个部分，每个部分都可以通过滚动条的移动来查看工作表的内容。

拆分方法：选中某一个单元格，如图 5-15 所示，选中 E6 单元格再单击选项卡中的“视图”选项。选择功能区中的拆分窗口，形成如图 5-16 所示的四个窗口。

要撤销已建立的窗口拆分，只需单击“视图”选项下功能区中“取消拆分”即可。

（2）冻结窗口：为了在工作表滚动时保持行、列的标题不动，可以冻结工作表窗口的顶部和左侧区域。那么在移动滚动条时，被冻结的部分不会随其他数据一起移动，始终保持可见。

操作方法：选择需冻结的行列交叉处的单元格。例如，冻结工作表中的第一行和前两列，则选择 C2 单元格，再单击选项卡中的“视图”选项。选择功能区中的“冻结窗格”中的冻结窗格选项，如图 5-17 所示。

这样当水平滚动或垂直滚动时，第一行的标题和学号、姓名两列始终保持不动。

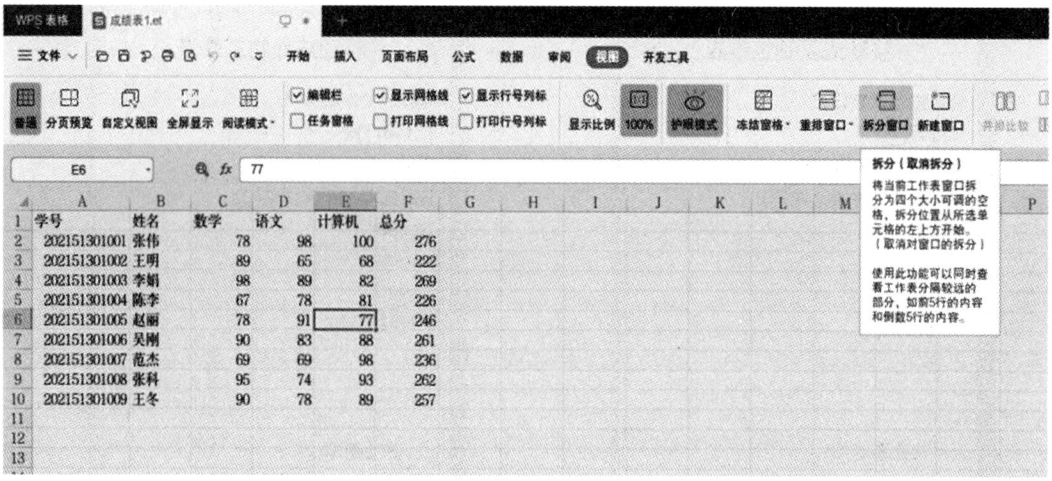

图 5-15　选中某个单元格，拆分工作表

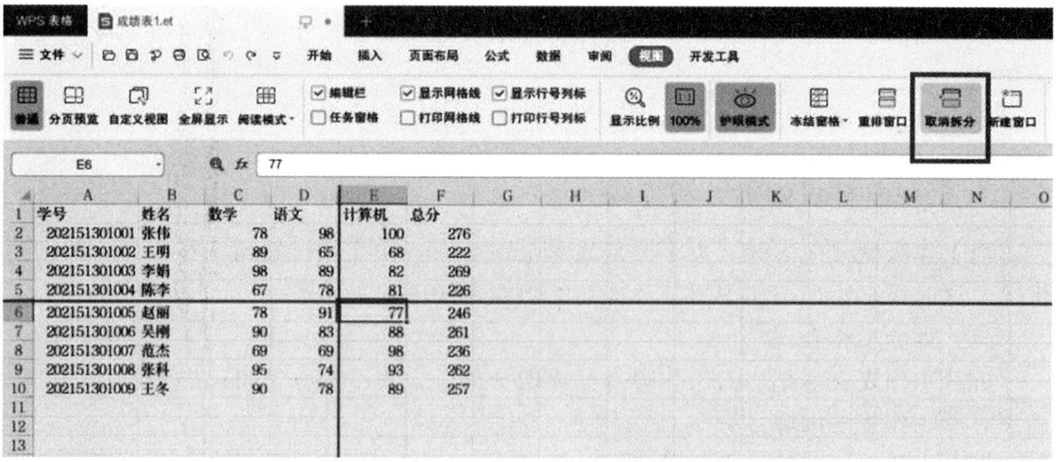

图 5-16　选择功能区中的拆分窗口

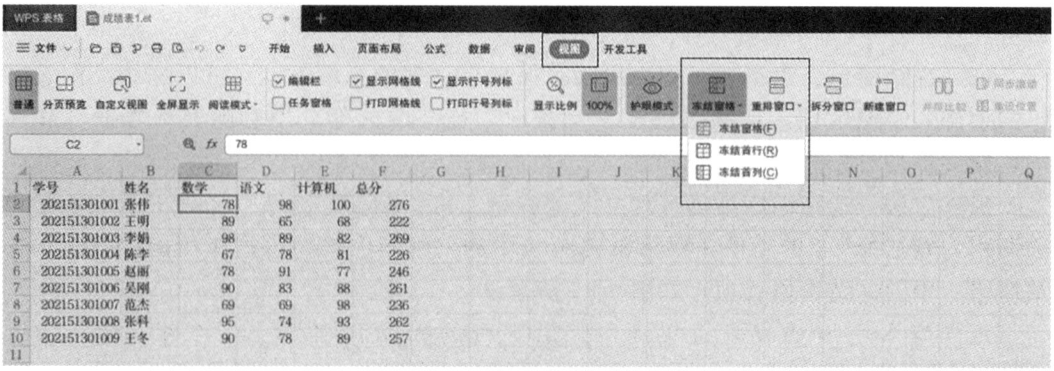

图 5-17　冻结窗格选项

5.1.5　WPS Office 单元格的操作

在 WPS Office 的单元格中可以输入数值、日期、时间、百分比、货币、科学记数等形式的数据。选中单元格，使之成为活动单元格，键盘输入的数据会成为默认的类型。

1. 单元格数据的类型

单元格中保存的数据类型有四种类型：文本、数值、逻辑值、出错值。

1）文本型数据

文本型数据主要包括文字、英文单词和编号等。单元格中输入的数据，默认为常规类型，需设置单元格属性为文本，则输入的数据为文本类型。文本类型数据的默认对齐方式为左对齐。

文本型数据不能参与数值计算，但可作为函数参数使用。

单元格中输入大于 11 位数的数字时，程序会默认将其识别为文本型数据，此时单元格左上角会有一个绿色的三角形标志。

若想把数字以字符形式输入，则应在输入的数字前面加西文单引号“'”，输入的数字为文本类型。

2）数值型数据

数值是代表数量的数字形式。数值可以是正数，也可以是负数，但共同的特点是都可以用于数值计算，如加、减、求和、求平均值等。除了数字之外，还有一些特殊的符号也被理解为数值，如百分号（%）、货币符号（$）、科学计数符号（E）等。数值型数据默认的对齐方式为右对齐。

3）货币类型

使用电子表格制作表格时，经常需要输入关于货币的数据，如个人开支记录、员工工资数据等，为了将货币数据与其他数字数据区分开来，可以在货币数据前加上货币符号。选中需要设置货币符号的单元格，然后单击“开始”菜单，选择数据格式框，单击右侧向下的箭头（见图 5-18），在出现的菜单中选择货币或会计专用，输入数据，这时输入的数据前就会加上默认人民币货币符号。如需其他国家货币符号，单击数据格式框右侧向下的箭头，弹出的对话框中有货币选项，可以进行设置。

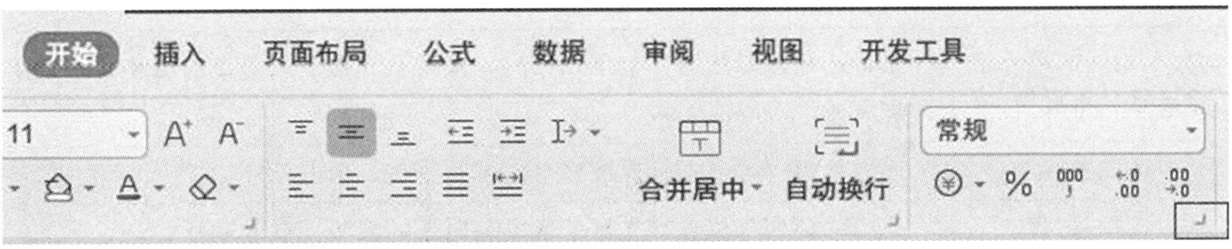

图 5-18　货币类型选择

4）特殊类型

邮政编码等前置“0”号码的处理可以用特殊格式解决，单击数据格式框右侧向下的箭头，在出现的对话框中选择“特殊”，在左边选择“邮政编码”，这样输入00340时，会自动显示成六位000340。特殊格式中还可以将数值转换成大写或小写中文数字。

5）自定义

自定义格式就是用户自行定义的数值显示形式。

例如，当我们要输入学号时，一长串12位的编号202151301001～202151301050，每次输入这个学号很麻烦，我们可以通过自定义来设置202151301000这个格式，这样在单元格中只需输入2，就可以显示为202151301002。这样可以大大减少输入的工作量。

2. 单元格中数据输入

单元格数据输入的方法有多种，可以在各个单元格中逐一输入，也可以利用WPS电子表格功能在单元格中自动填充数据或在多张工作表中输入相同数据。在相关单元格或区域之间建立公式或引用函数。

单元格中输入数据时，使单元格成为活动单元格后进行输入，输入完毕后，可以使用方向键或回车键或Tab键使相邻的单元格成为活动单元格。

1）单元格及单元格区域的选定

输入数据之前先要选定单元格，选定的单元叫活动单元格。当一个单元格为活动单元格时，它的边框会变为变色，在窗口的名称框中会显示该单元格的名称。选择单元格及单元格区域的操作如表5-1所示。

表5-1　选择单元格及单元格区域的操作

选择内容	操作
选择单个单元格	单击单个单元格，或用方向键移动到相应的单元格
选择连续单元格区域	单击选定区域的第一个单元格，然后拖动鼠标直到选定的最后一个单元格。或单击选定区域的第一个单元格后，按住Shift键然后再单击选定区域的最后一个单元格
选择工作表中所有单元格	Ctrl＋A键。也就是先按住Ctrl键不放然后按A键
选择不相邻的单元格或单元格区域	单击选定区域的第一个单元格后，按住Ctrl键后再单击其他单元格或单元格区域
选择整行	光标移到行首，光标变成黑色向右的箭头，单击行号
选择整列	光标移到列号位置，光标变成黑色向下的箭头，单击列号
选择相邻的行或列	沿行号或列号拖动鼠标，或者先选定选择区域的第一行或列，然后按住Shift键再单击选择区域的最后一行或列

续表

选择内容	操作
选择不相邻的行或列	先选定选择区域的第一行或列，然后按住 Ctrl 键再单击选择区域的其他不相邻的行或列
取消选定的单元格	在工作表中其他任意一个单元格中单击鼠标，就可以取消选定的单元格

2）数据的输入

使用 WPS 电子表格软件向单元格输入的数据有两种：一种为常量；另一种为公式。

常量包括数字、文本、日期、时间等。公式是以等号“＝”开头的式子，单元格中输入公式按回车键后，单元格中显示公式计算后的结果。

数据输入时需注意的事项如下：

（1）当输入汉字时，单元格中文字需分段换行时，按 Alt＋Enter 键实现。如果只按 Enter 键，则光标会跳到同列下一行。

（2）输入日期时可以用斜杠“/”或连字符“-”作为分隔符，如 9/1、9-1 均表示 9 月 1 号

（3）输入时间：使用冒号“：”作分隔符。在 WPS 电子表格中，时间默认是 24 小时时钟制，如 18：30。如果想使用 12 小时制，则可以在时间后面加 am 表示上午，pm 表示下午，也可以在时间后加一个空格再写一个字母 a 或 p，回车结束输入后，系统自动加上 AM 或 PM 字样。

（4）输入百分数：可以先把单元格的数据类型设为百分比，再输入数字。

（5）输入分数：选中需要录入分数的单元格，输入法切换到英文状态下。在单元格中先输入数字“0”，然后输入空格，再输入分数“1/2”。分数输入完成后按下回车键，分数就输入单元格中了。也可以在单元格提前设置为分数类型，那么就能直接输入分数，而无需在前面加 0。

（6）有规律的数据的输入。

当在某行或列输入的是有规律的数据时，可以使用自动填充功能完成。

如 1，2，3，…，或星期一，星期二，…这样有规律的数据，可以使用 WPS 电子表格中提供的自动填充功能完成，减少录入的工作量。

自动填充的操作方法如下：

首先把要输入的有规律的数据的前两项输入到连续的两个单元格中，然后选中这两个单元格，把鼠标移到选中的这两个单元格的右下角，当光标变为黑色丨字箭头时，按下鼠标向下或向右拖动，这样就可以在同一列或同一行自动填充上有规律的序列。此处需注意，一定要当光标移到右下角变为黑色箭头时，再按下鼠标来拖动。如果最开始的两个单元格中输入的是相同的数据，那么以上操作就完成在同一行或列中的复制功能。

3. 编辑单元格

1）单元格的复制

选定要复制的单元格区域，把光标移到选定区域的外框上，当光标变为十字箭头后，按住 Ctrl 键再拖动鼠标，把选定区域单元格拖到指定区域单元格的左上角后放开，完成单元格的复制。

2）单元格的移动

选定要移动的单元格区域，把光标移到选定区域的外框上，当光标变为十字箭头后，按下鼠标然后拖动，把选定区域拖到指定单元格区域的左上角后放开，完成单元格的移动。

3）单元格的删除和清除

选中要删除的单元格区域，单击鼠标右键，在弹出的快捷菜单中选择删除选项即可。按删除选项要求，右侧单元格左移或下方单元格上移，或整行、整列被删除。

单元格内容的清除，只需选中要删除内容的区域，按键盘上 Delete 键或单击右键在出现的菜单中选择清除内容，就可以把选中区域的内容清除，单元格仍保存。

4）插入单元格、行或列

选中要插入单元格或行列的位置，单击鼠标右键，在弹出的快捷菜单中选择插入选项即可。按插入选项要求，当前活动单元格右移或下移，或插入整行、整列。

5）对单元格的内容进行修改

当要修改单元格中的内容时，首先选中单元格，使其成为活动单元格，如果是重新输入内容，则直接输入即可。如果只是修改部分内容，则按 F2 功能键或用鼠标双击单元格使光标在单元格中闪烁，即可对单元格内容进行修改，按 Enter 键或 Tab 键结束修改。

4. 单元格格式设置

工作表建立好后，可以根据需要进行单元格的行高、列宽的调整，以及相应的表格美化。

1）设置单元格的行高和列宽

（1）手动调整。选中需调整的单元格，把光标放在单元格的行号或列号框线上，当光标变为黑色十字箭头时按下鼠标，在列号上可以向左右拖动以改变单元格的列宽。在行号上可以上下拖动以改变单元格的行高。

（2）精确调整：也可以选中需要调整行高或列宽的数据区域，单击“开始”选项中的“行和列”，在快捷菜单中选择“行高”或“列宽”，在弹出的对话框中填写精确的数值，就可以精确调整行高或列宽，如图 5-19 所示。

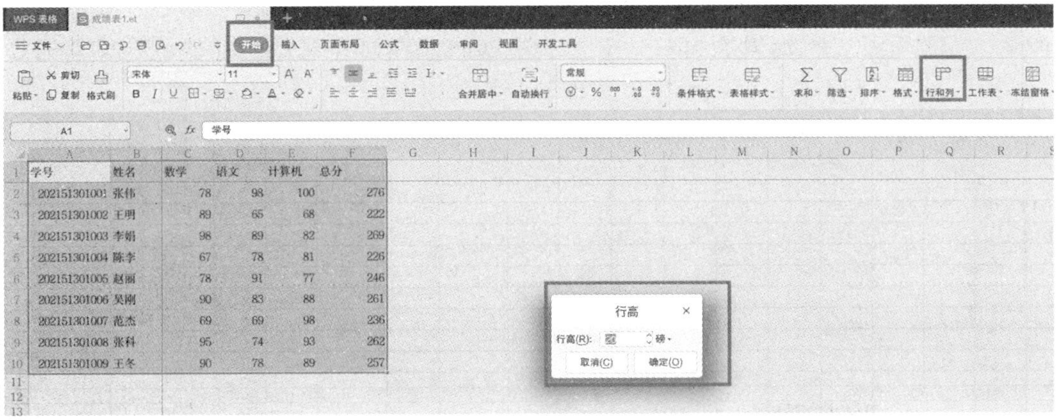

图 5-19　设置单元格的行高和列宽

2）单元格的格式设置

单元格的格式设置包括“数字”“对齐”“字体”“边框”“图案”“保护”六个选项。设置单元格的方法：其一：单击“开始”选项卡，单击功能区中的“格式”，在弹出的快捷菜单中单击最后一项“单元格”，即可弹出如图 5-20 所示的对话框；其二：选中需要调整格式的单元格区域，然后单击右键，在弹出的快捷菜单中单击“设置单元格格式”即可打开图 5-20 所示的对话框。

（1）“数字”选项中，可以对选中区域数据进行数据类型的设置。

（2）“对齐”选项中，用户可以设置“文本对齐方式”：水平对齐、垂直对齐；“文本控制”：自动换行、缩小字体填充、合并单元格，以及设置“文字方向”，如图 5-21 所示。

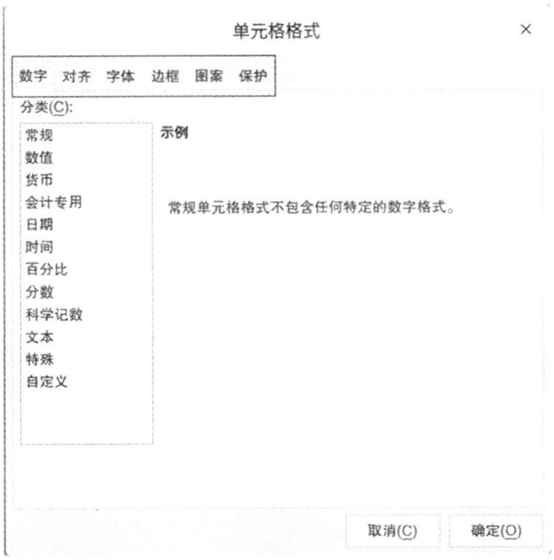

图 5-20　设置单元格格式——数字

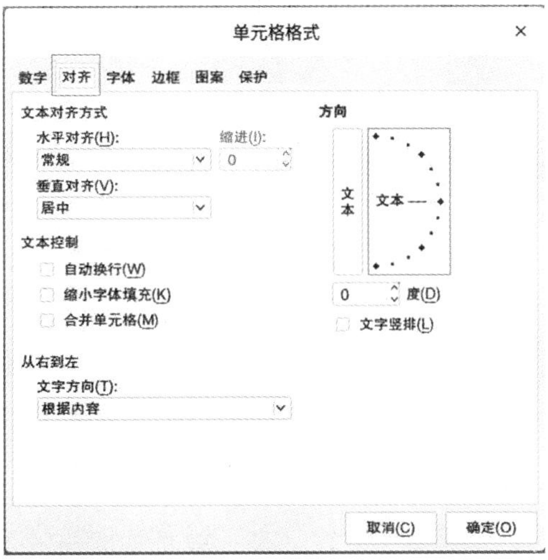

图 5-21　设置单元格格式——对齐

（3）“字体”选项中，用户可以设置选中单元格区域的数据的字体、字形、字号、颜色、下划线、特殊效果等内容，如图 5-22 所示。

（4）“边框”选项中，用户可以设置单元格框线的样式、框线的颜色，如图 5-23 所示。在用电子表格编辑数据时，电子表格的框线在打印时是不显示的，只有通过“边框”选项进行相应的框线设置，工作表中的数据区域才会有相应的框线。

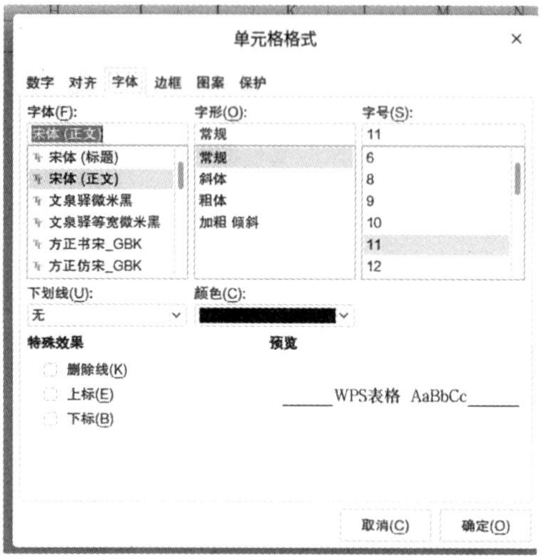

图 5-22　设置单元格格式——字体

图 5-23　设置单元格格式——边框

（5）“图案”选项中，用户可以设置选中的单元格底纹和图案的样式。

（6）“保护”选项中，用户可以通过勾选“锁定”“隐藏”复选框前的按钮来设置工作表是否被锁定或隐藏。

5.2　公式和函数

电子表格中已输入的数据可以通过在单元格中输入公式和函数来处理。公式和函数是 WPS 电子表格的核心内容。函数是特殊的公式，可以直接引用，也可以在公式或函数中套用。

在单元格中输入正确的公式和函数按回车键后，会在单元格中立即显示计算的结果。如果公式或函数相关的单元格数据发生改变，那么公式或函数所在单元格的数据也会发生改变。

5.2.1　单元格的地址

所谓单元格的地址，就是单元格的名称表示。

随着公式的位置变化，所引用单元格位置也变化的就是相对引用，公式中使用相对地址；而随着公式位置的变化，所引用单元格位置不变化的就是绝对引用，公式中使用绝对地址；而随着公式位置的变化所引用单元格行号不变化，列号发生变化，或列号不变，行号随位置改变而发生变化，那么就使用混合地址。

·相对地址，就是单元格在工作表中的位置，即由列和行号组成。如 A1，表示第 A 列第 1 行这个单元格的地址。

·绝对地址：在相对地址行号、列号前面加＄符号，表示绝对地址，如＄A＄1。

·混合地址：在不随位置发生改变的行或列前面加＄符号，如 A＄1、＄A1。

由于一个工作簿中可以有多个工作表，工作表之间可以互相引用数据。当引用不同工作表单元格中数据时，可以在地址中加入表的名称。如 Sheet1！A1，表示 Sheet1 工作表中的第 A 列第 1 行这个单元格。

5.2.2　公式和函数

在 WPS 电子表格中，公式由数字、字符、运算符、单元格引用以及相关函数组成，输入公式时必须以"＝"号开头。单元格中只保存公式的计算结果。

注意：在输入公式时要切换到英文状态。

1. 公式

1）几种常用的运算符的介绍

（1）算术运算符：＋　－　＊　／　％　^（幂）。

（2）字符运算符：& 将两个文本值连接起来产生一个连续的文本值。

（3）比较运算符：＝、＜、＞、＜＝、＞＝、＜＞，用于对两个值的比较，产生的结果为 TRUE 或 FALSE。

（4）引用运算符：冒号、逗号、空格，用于将单元格区域合并运算。

其中"："为区域运算符。例如，A1：C4 表示从第 A 列第 1 行到第 C 列第 4 行之间的所有单元格。如 SUM（A1：C2）表示对第 A 列第 1 行到第 C 列第 2 行之间的所有单元格的数据求和。

逗号运算符，可以将多个引用合并为一个引用。如 SUM（A1：C2，D4：E5）表示对 A1 到 C2 及 D4 到 E5 之间的所有单元格的数据求和。

空格运算符为交集运算符，表示两个引用区域的交集区域的引用。

如 SUM（A1：C2　D4：E5）表示对 A1 到 C2 及 D4 到 E5 之间的交集区域的单元格的数据求和。因两区域没有交集，故结果为 0。

2）运算符的优先级

引用运算符	│	高
算术运算符	│	
字符运算符	│	
比较运算符	↓	低

3）公式的使用

电子表格中使用公式的规则，必须以“＝”开始，在单元格中输入公式的步骤如下：

（1）首先选择输入公式的单元格，也就是公式计算结果需显示在哪一个单元格中，就选中哪一个单元格；

（2）在单元格中或者编辑栏中输入“＝”；

（3）输入公式，按回车键确认输入结束。

这时在单元格中不显示公式，只会显示公式计算的结果。

例如，在图 5-24 中利用公式求出每个学生的总分。

首先选中 F2 单元格，在单元格中输入公式“＝C2＋D2＋E2”，则公式自动会在编辑栏显示，公式输入完后，按回车键确认，F2 单元格中只显示计算的结果 276。公式则在编辑栏中显示。选中单元格后在编辑栏中输入公式，效果一样。注意要先选中存放结果的单元格，再在编辑栏中输入公式。其他几位同学总分，可以通过把光标放到 F2 单元格的右下角，出现黑色十字箭头后，按下鼠标拖动到 F10 单元格，就可以把公式复制到 F3 单元格至 F10 单元格中。

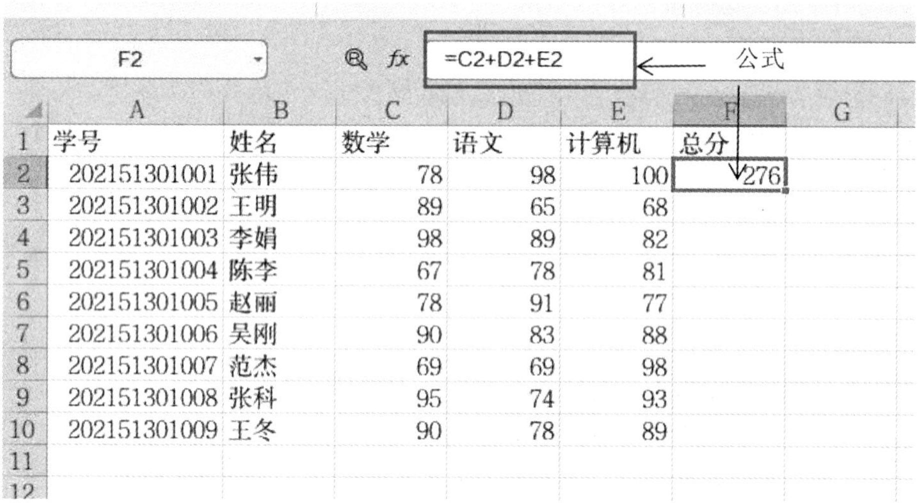

	A	B	C	D	E	F	G
1	学号	姓名	数学	语文	计算机	总分	
2	202151301001	张伟	78	98	100	276	
3	202151301002	王明	89	65	68		
4	202151301003	李娟	98	89	82		
5	202151301004	陈李	67	78	81		
6	202151301005	赵丽	78	91	77		
7	202151301006	吴刚	90	83	88		
8	202151301007	范杰	69	69	98		
9	202151301008	张科	95	74	93		
10	202151301009	王冬	90	78	89		
11							
12							

图 5-24　公式的使用

2. 函数

WPS 电子表格中，函数就是特殊的公式，它是由 WPS 电子表格预先定义好的内置的公式。用户可以直接引用函数。函数利用参数并按特定的顺序进行计算，最后把结果显示在单元格中。

WPS 电子表格中有大量的函数，可以帮助用户快查录入数据及分析查找数据。

函数的调用方法如下：

（1）选取要插入函数的单元格。

（2）单击编辑栏左侧的“fx”图标，调出“插入函数”对话框，如图 5-25 所示；或单击公式选项，单击功能区最左侧的“插入函数”，调出“插入函数”对话框。

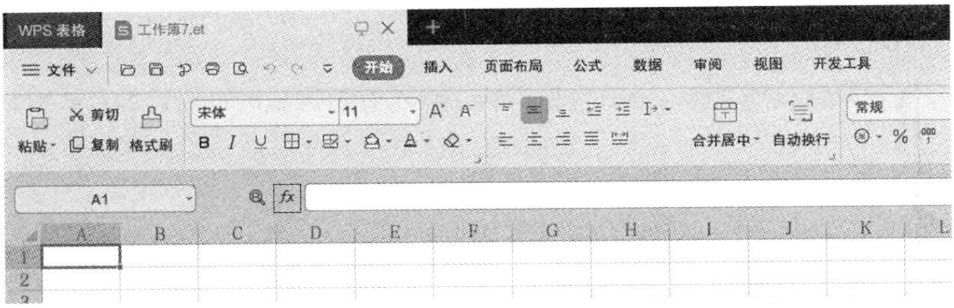

图 5-25　函数的调用

通过“插入函数”对话框可以选择函数类别，再选择函数。由于函数名都是采用字母的缩写，很多人可能不明白函数的具体含义，所以下方还有函数的功能介绍，如图 5-26 所示。

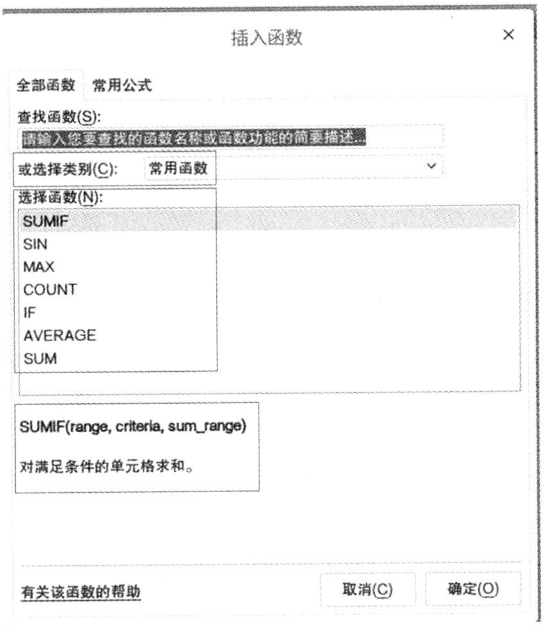

图 5-26　插入函数

3. 常用函数

1）求和函数 SUM（）

功能：对函数中参数选定的区域求和。

格式：SUM（number1，number2，…）

参数说明：number1，number2，…，number 255，有 255 个待求和的数值。单元格中的逻辑值和文本将被忽略掉。但当作为参数键入时，逻辑值和文本有效。各参数间必须用逗号分隔。

例如，=SUM（A2：A50），即对 A2 到 A50 这一区域进行求和，在输入函数的单元格内显示求和的结果。

=SUM（A2，C4，D5）对 A2、C4、D5 这三个单元格区域进行求和，在输入函数的单元格内显示求和的结果。

SUM 函数也可对不同表中的数据求和。输入数据区域时可以借助公式对话框来进行操作。

单击数值对话框右侧的按钮，如图 5-27 所示。

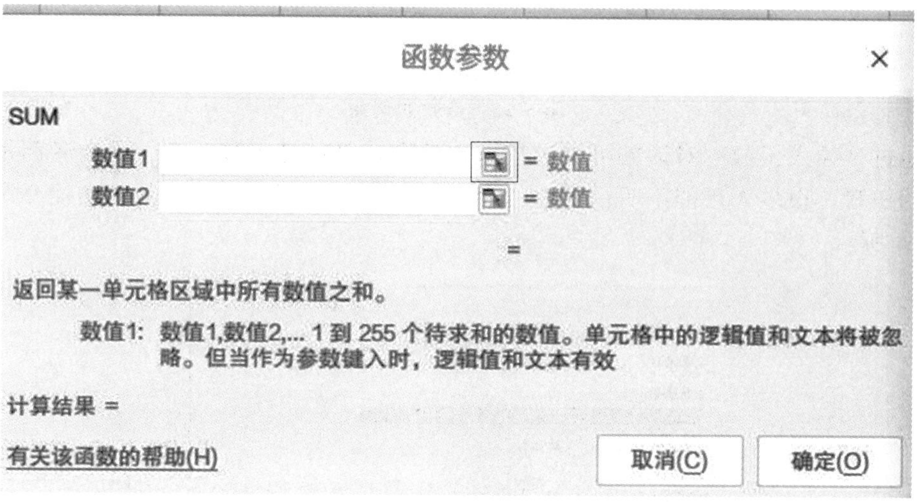

图 5-27　函数参数

显示图 5-28 所示的“函数参数”对话框，此时可以用鼠标拖动的方式去选取表中需求和的单元格区域。选好后单击参数对话框右侧的按钮，再单击“确认”按钮即可。

图 5-28　拖动鼠标设置函数参数

例如，=SUM（C2：E2，Sheet2！B2）表示求当前表的 C2 到 E2 区域的数据及名为 Sheet2 表单中 B2 单元格的数据和。

2）平均数函数 AVERAGE（）

功能：返回函数中所有参数的平均值。

格式：AVERAGE（number1，number2，…）

参数说明：参数可以是数据区域，也可以是单个单元格的地址。

例如，=AVERAGE（A2：A56），即对 A2 到 A56 这一区域求平均数。

3）求区域内最高分函数 MAX（）

格式：MAX（number1，number2，…）

功能：返回一组数据中最大的数据。

参数说明：需要找出最大值的区域或单元格地址表示。

例如，=MAX（A2：A56），即求 A2 到 A56 区域（55 名学生）的最高分。

4）求区域内最低分函数 MIN（）

格式：MIN（number1，number2，…）

功能：返回一组数据中最小的数据。

参数说明：需要找出最小值的区域或单元格地址表示。

例如，=MIN（A2：A56），即求 A2 到 A56 区域（55 名学生）的最低分。

5）条件判断函数 IF（）

格式：IF（logical_test，value_if_true，value_if_false）

功能：判断第一个参数的条件是否满足，如果满足，则返回第二个参数的值，如果不满足，则返回第三个参数的值。

例如，=IF（A2>=90，“优”，“合格”），即表示当 A2 单元格中数据大于或等于 90 时，函数返回的值是优，否则返回的是合格。

IF（）函数可以嵌套。

例如，求等级使用函数=IF（A2>=90，“优”，IF（A2>=80，“良”，IF（A2>=60，“及格”，“不及格”））），公式中 IF 语句是逐次计算的，如果条件 A2≥90 成立，则函数所在的单元格中结果显示优。如果不成立，则执行第二个 IF 语句，也就是第三个参数，判断条件 A2≥80 是否成立。如果成立，则函数所在的单元格中结果显示良，如果不成立，则执行嵌套 IF 语句的第三个参数，也就是第三个 IF 语句，判断条件 A2≥60 是否成立。如果成立，则函数所在的单元格中结果显示及格，如果不成立，则显示不及格。

注意函数中的符号（双引号、逗号、关系运算符等）均应在英文输入法状态下输入。

6）计数函数 COUNT（）

格式：COUNT（value1，value2，…）

功能：查找单元格区域中包含数字的单元格的个数。

例如，COUNT（D2：D21）。

单击“公式”菜单，选择“插入函数”，在“插入函数”对话框中选择 COUNT 函数，在“值 1”中选择单元格区域 D2：D21，单击“确定”按钮，就可以计算出从 D2 到 D21 中有多少个包含数字的单元格。

7）条件计数函数 COUNTIF（）

格式：COUNTIF（range，criteria）

功能：查找单元格区域中符合条件的单元格的个数。

例如，男生人数统计：=COUNTIF（D1：D15," 男" ）。

单击“公式”菜单，选择“插入函数”，在“插入函数”对话框中选择 COUNTIF 函数，在“区域”中选择单元格区域，在“条件”中输入查找条件（输入符号时要在英文状态下输入），单击“确定”按钮，就可以计算出从 D1 到 D15 单元格中有多少个数据是“男”的个数。

8）多条件计数函数 COUNTIFS（）

功能：将条件应用于跨多个区域的单元格，并计算符合所有条件的次数。

格式：COUNTIFS（criteria _ range1，criteria1，［criteria _ range2，criteria2］…）

criteria _ range1 在其中计算关联条件的第一个区域。

criteria1 条件的形式为数字、表达式、单元格引用或文本，可用来定义将对哪些单元格进行计数。

criteria _ range2，criteria2，…附加的区域及其关联条件，最多允许 127 个区域/条件对。

说明：每个区域的条件一次应用于一个单元格。若条件参数是对空单元格的引用，则 COUNTIFS 会将该单元格的值视为 0（零）。

示例 1 如表 5-2、表 5-3 所示。

表 5-2　示例 1 数据

	A	B
1	数据	数据
2	2	2021-3-7
3	4	2021-3-6
4	6	2021-3-5
5	8	2021-3-4
6	10	2021-3-3
7	12	2021-3-2

表 5-3　示例 1 结果

公式	说明（结果）
=COUNTIFS（A2：A7，"＜10"，A2：A7，"＞2"）	计算 2 到 10 之间（不包括 2 和 10）有几个数包含在单元格 A2 到 A7 中，结果是 3
=COUNTIFS（A2：A7，"＜12"，B2：B7，"＞2021-3-4"）	计算单元格 A2 到 A7 中包含小于 12 的数，同时在单元格 B2 到 B7 中包含晚于 2021-3-4 的日期的行数，结果是 3

9）条件求和函数 SUMIF（）。

功能：对满足条件的单元格数据求和。

格式：SUMIF（range，criteria，sum _ range）

参数说明：range 为用于条件判断的单元格区域。

criteria 为确定哪些单元格将被相加求和的条件，其形式可以为数字、表达式或文本。例如，条件可以表示为 32、" 32"、" >32" 或" apples"。

Sum _ range 是需要求和的实际单元格。

例如，A1：A30 单元格中存放着 30 个学生的成绩，若要计算及格学生的平均分，可以使用公式：＝SUMIF（A1：A30，" >＝60"，A1：A30）/COUNTIF（A1：A30，" >＝60" ）。公式中的 SUMIF（A1：A30，" >＝60"，A1：A30）是计算及格学生的总分。式中第一个参数“A1：A30”为提供逻辑判断的数据区域。第二个参数是条件" >＝60"，不符合条件的数不可以求和。第三个参数“A1：A30”则是逻辑判断求和的对象。公式：COUNTIF（A1：A30，“>＝60”）是用来统计及格学生人数的。

10）排名函数 RANK（）。

功能：返回一个数字在数字列表中的排位。数字的排位是其大小与列表中其他值的比值（如果列表已排过序，则数字的排位就是它当前的位置）。

格式：RANK（number，ref，order）

参数说明：number 为需要找到排位的数字。

ref 为数字列表数组或对数字列表的引用。ref 中的非数值型参数将被忽略。

order 为一数字，指明排位的方式。

如果 order 为 0（零）或省略，WPS 表格对数字的排位是基于 ref 按照降序排列的列表。

如果 order 不为零，WPS 表格对数字的排位是基于 ref 按照升序排列的列表。

说明：函数 RANK 对重复数的排位相同，但重复数的存在将影响后续数值的排位。例如，在一列整数里，如果整数 10 出现两次，其排位为 5，则 11 的排位为 7（没有排位为 6 的数值）。

示例 2 如表 5-4、表 5-5 所示。

表 5-4 示例 2 数据

	A
1	数据
2	7
3	3.5
4	3.5
5	1
6	2

表 5-5　示例结果

公式	说明（结果）
=RANK（A3，A2：A6，1）	3.5 在上表中的排位 3
=RANK（A2，A2：A6，1）	7 在上表中的排位 5

注意：如果使用复制公式的方式求其他数据在区域内的排名，那么第二个参数中的地址引用要用绝对地址表示，如图 5-29 所示。

图 5-29　排名函数 RANK（）

以上是 WPS 电子表格中常用的几个函数，在 WPS 电子表格中还有很多函数，这里就不一一介绍了。

5.3　WPS 电子表格中数据统计与分析

WPS 电子表格在数据管理和分析方面提供了强大的功能。用户可以使用其排序、筛选、分类汇总来统计分析工作报表中的数据。

5.3.1　电子表格中的数据排序

排序功能是对数据区域的数据按某行（列）的值的大小，递增或递减，重新排列数据区域的行（列）。

操作步骤如下：

（1）选中数据区域的任意一个单元格，然后单击“数据”选项，在功能区找到“排序”按钮并单击，弹出“排序”对话框，如图 5-30 所示。

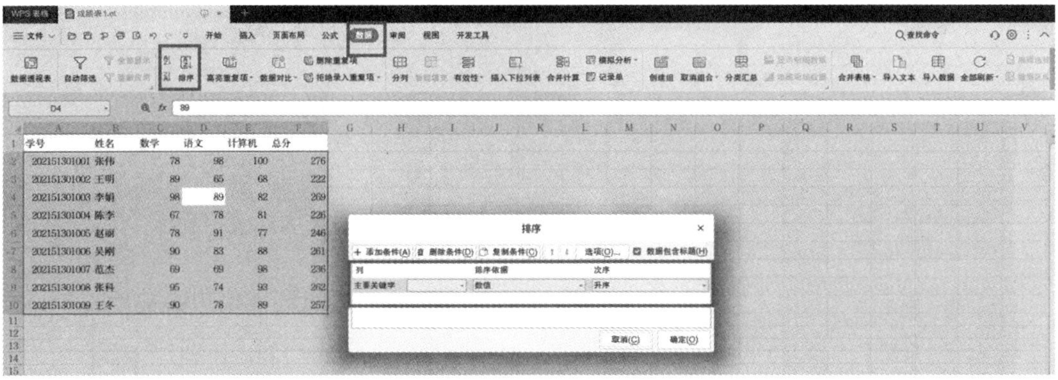

图 5-30　数据排序

在排序对话框中选择主要关键字。例如，如果图 5-30 中按总分排序，那么在主要关键字下拉列表中选择“总分”选项，或“F 列”选项，设置升序或降序，单击“确定”按钮，完成数据的排序。

（2）还可以添加条件，如在主关键字排序基础上，出现并列的情况，按次关键字完成排序。

5.3.2　电子表格中的数据筛选

对工作表中的数据进行数据筛选操作，就是把工作表中满足指定条件的数据记录显示在工作表中，其他数据记录隐藏。

数据的筛选分为两种：自动筛选和高级筛选。

1. 自动筛选

使用自动筛选一次只能针对一个条件进行筛选。

在数据区域单击鼠标，使活动单元格处于要进行筛选的数据区域内。然后单击“数据”选项，在功能区单击“自动筛选”按钮，在数据的标题行出现黑色的三角标记，如图 5-31 所示。

以图 5-31 为例，单击总分右侧的黑色三角，弹出对话框。

在弹出的对话框中进行“内容筛选”“颜色筛选”或“数字筛选”，如图 5-32 所示。选择好筛选的条件后，单击“确认”按钮，可以发现工作表中只显示出符合条件的数据。注意不符合条件的数字只是没有显示，并没有删除。单击“自动筛选”按钮旁的“全部显示”，就可以再次显示出全部数据内容。

图 5-31　自动筛选

图 5-32　筛选的条件

2. 高级筛选

如果筛选的条件较多或条件比较复杂，自动筛选不能完成任务，那么可以使用高级筛选。

例如，找出有不及格课目的学生名单。

（1）在用高级筛选之前，需要先把筛选的条件写在工作表中。如图 5-33 中红线区域内的内容为条件。注意条件的标题项目和原工作表中的标题项目名称必须一致。再选中筛选的数据区域。

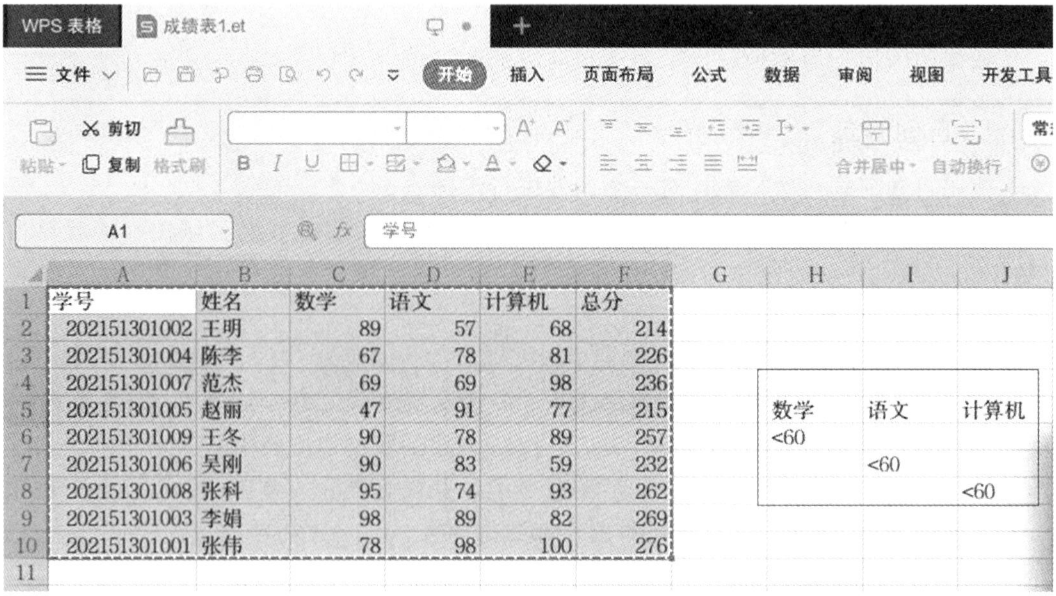

图 5-33　设置高级筛选条件

（2）单击“开始”选项，注意自动筛选是在“数据”选项中，此处是选择“开始”，在其功能区找到“筛选”按钮，单击按钮右侧的三角箭头，在快捷菜单中单击“高级筛选”按钮，如图 5-34 所示。

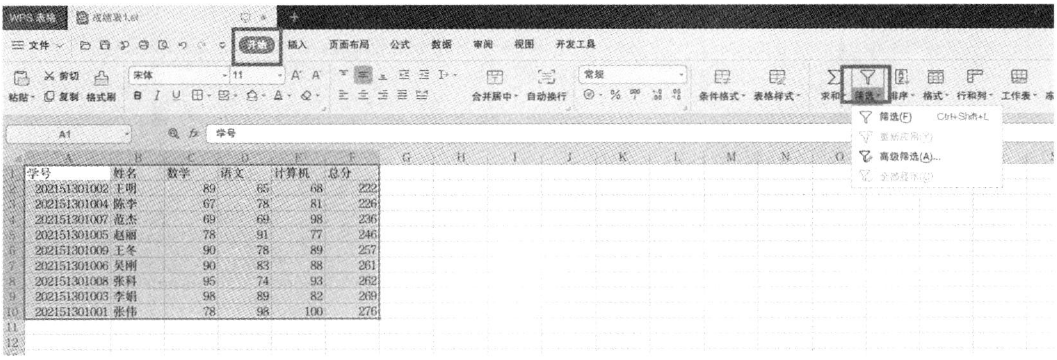

图 5-34　选择高级筛选

（3）弹出如图 5-36 所示的对话框。因前面已把数据区域选中了，所以在“高级筛选”对话框中的“列表区域”文本框中会自动显示筛选的数据区域的地址。此时只需单击“条件区域”文本框右侧的按钮，然后用鼠标拖动的方法，把条件区域的数据选中，注意条件区域的数据包括条件中的标题和条件。也可以手动在文本框中输入条件区域的地址。注意地址为绝对地址。

（4）单击“确定”按钮，工作表中只显示符合要求的数据内容。可以把数据复制到一张新的工作表中。当单击“筛选”下拉菜单中的“全部显示”按钮，则数据全部显示出来。

注意，当条件是或者关系时，那么条件式子应错行书写，如图 5-33 如示。

如果条件是并列关系，则条件式子写在同一行。如每科成绩均 80 分以上的学生为优秀，那么需满足条件：数学、语文、计算机同时大于 80 分，则条件区域如图 5-35 所示。

高级筛选条件如图 5-36 所示。

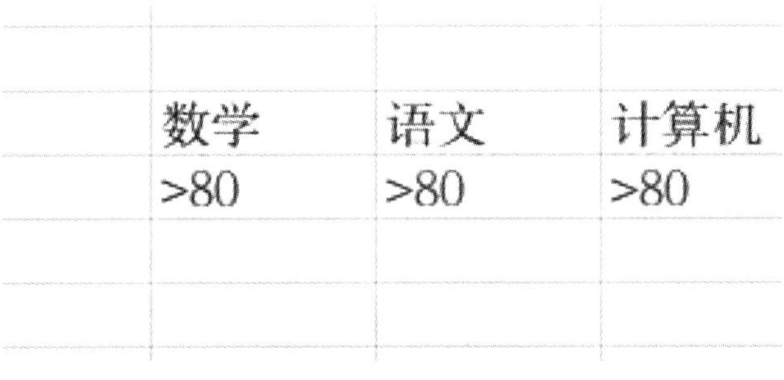

图 5-35　筛选的条件区域

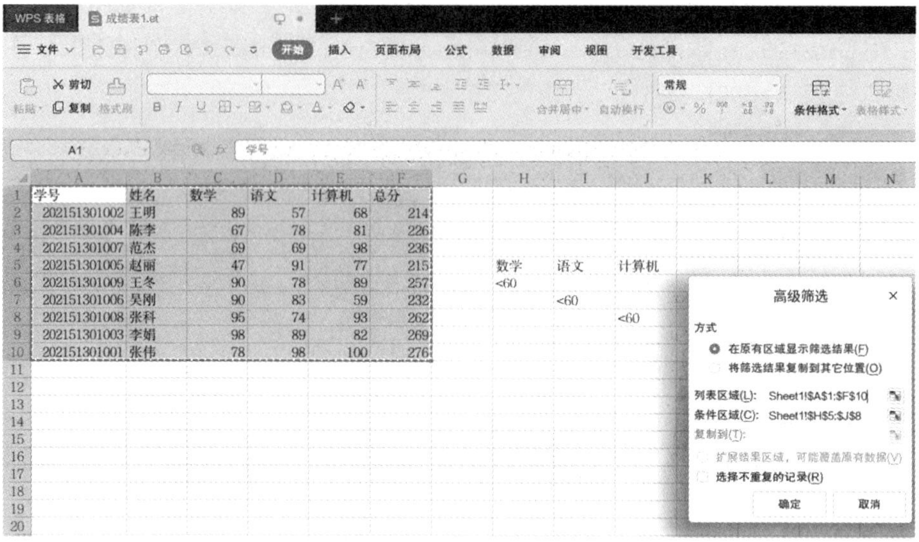

图 5-36　高级筛选条件

5.3.3　数据的分类汇总

数据的分类汇总，可以帮助用户对数据进行有效的分析。

例如，分析某班的成绩表，求男生和女生的各科平均分。

这就是一个分类汇总的情况。首先题目指出是对男生、女生分别进行求平均分，那么用户首先要对工作表的数据按性别进行分类，也就是性别相同的数据放在一起。通过排序可以完成分类，具体操作步骤如下。

第一步，对数据区域以“性别”为关键字进行排序，如图 5-37 所示。

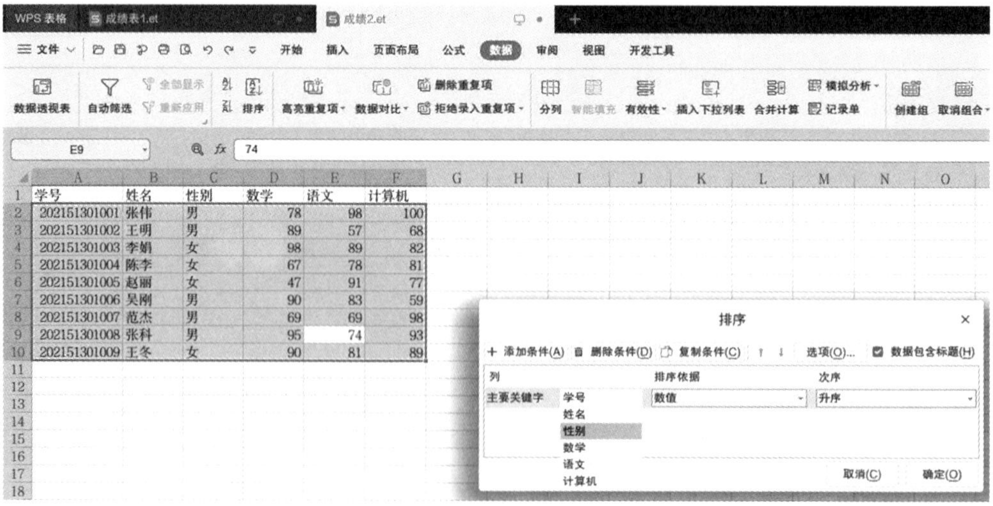

图 5-37　以“性别”为关键字进行排序

第二步，单击“数据”选项中的“分类汇总”，弹出的对话框如图 5-38 所示。在“分类字段”中选择性别，“汇总方式”中选择平均值，在“选定汇总项”中勾选数学、语文、计算机，单击“确认”按钮。

图 5-38　选择“分类汇总”

分类汇总后的结果如图 5-39 所示。单击左侧的数字 1，则表中只显示标题和总平均分。单击左侧的数字 2，则显示标题和男生、女生平均分。单击数字 3，则显示如图 5-39 所示的结果。

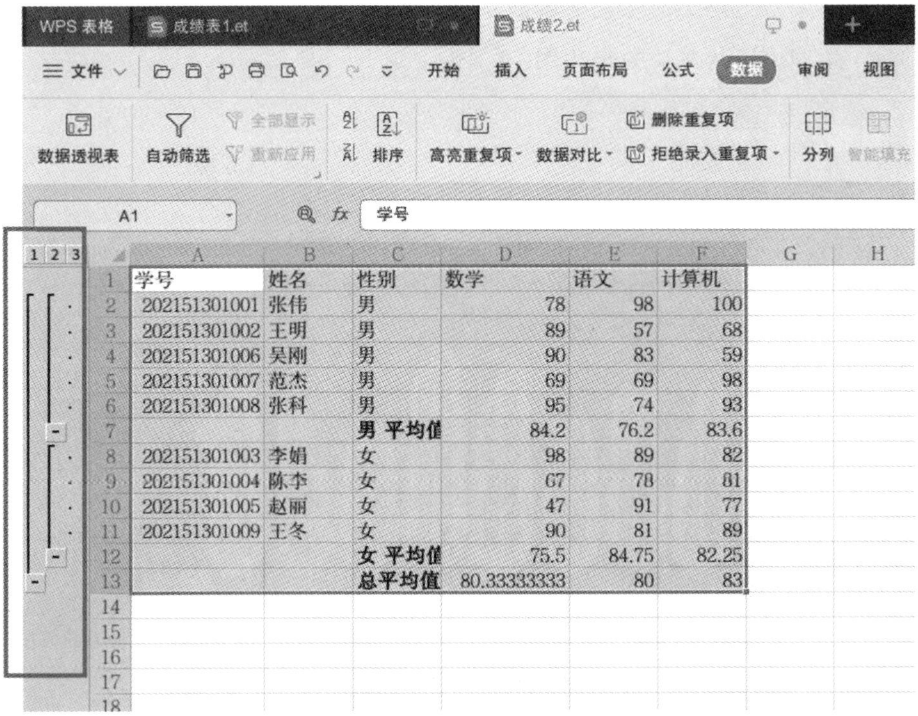

图 5-39　分类汇总显示结果

对于已经进行分类汇总的工作表，如果需要查看原数据，可以打开“分类汇总”对话框，单击底部的“全部删除”按钮，那么工作表数据全部还原。

5.4 WPS 图表介绍

在 WPS 电子表格中提供了多种图表形式，插入图表可以使用户更直观地了解数据情况。

1. 常见图表介绍

（1）柱状图是常见的图表样式之一，通常用于对较小的数据集进行分析。用户可以直观地看到数据的差异。

（2）折线图可以显示随时间变化而变化的连续数据，因此非常适用于显示在相等时间间隔下数据的趋势。

（3）组合图可以将不同的图表组合在一起。

（4）饼形图侧重于描述在整个数据中，每个个体所占的权重。

（5）条形图，可以用宽度相同的条形，通过条形的高度或长短来表示数据多少。

（6）面积图可以展示数据随时间变化而改变的范围，强调数据与时间的关系，可以引起人们对总值趋势的发展情况进行关注。

（7）散点图可以直观地观察数据点在坐标系平面上的分布。

（8）股价图可以显示股价的波动趋势。

（9）雷达图可以将多个数据用网络图的样式表现出来。

2. 图表的组成

下面以柱状图为例，介绍图表的组成，如图 5-40 所示。

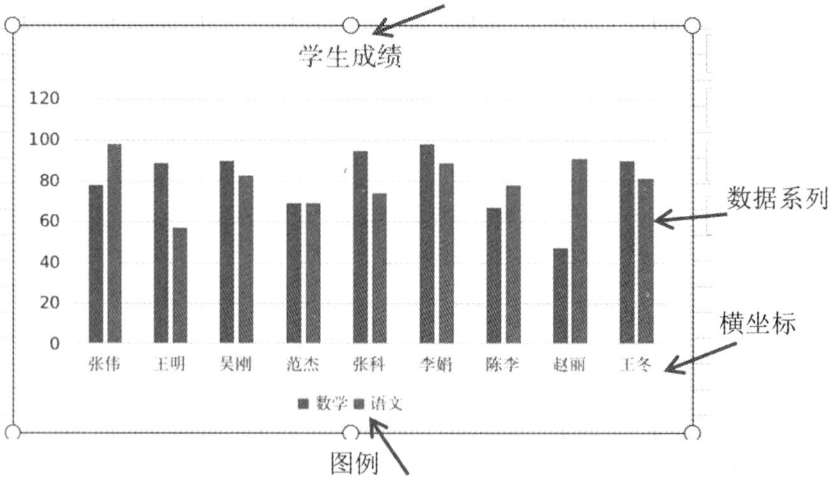

图 5-40　柱状图

3. 创建图表

（1）选中要创建图表的数据区域，如果数据区域不是连续的区域，可以通过按住 Ctrl 键来进行选择。图 5-40 所示的是对学生姓名和数学、语文的成绩创建一张柱状图。选中这三列的数据区域。

（2）单击“插入”选项卡功能区的“图表”，弹出对话框。

（3）单击“确认”按钮，完成图表的创建。

4. 图表的修改

（1）修改图表的标题。双击图表标题进入图表修改状态，可以进行图表标题的修改。

（2）单击“图表工具”选项卡，在功能区左侧单击“添加元素”，在出现的快捷菜单中单击相应菜单选项可以进行坐标轴、图表标题、数据表、网格线、图例等项目的修改，如图 5-41 所示。

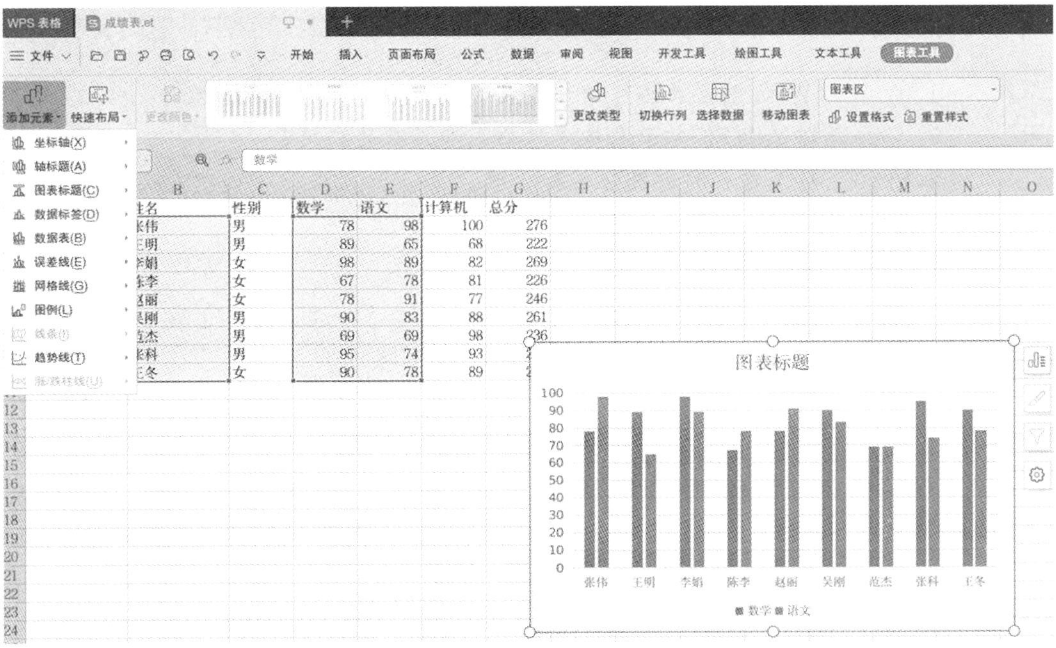

图 5-41　创建图表

5. 图表的输出

创建好的图表可以直接输出。操作方法：选中输出的图表，在“文件”选项卡中，选择“输出为图片”。这样创建的图表可以方便地导入其他文档中使用，如图 5-42 所示。

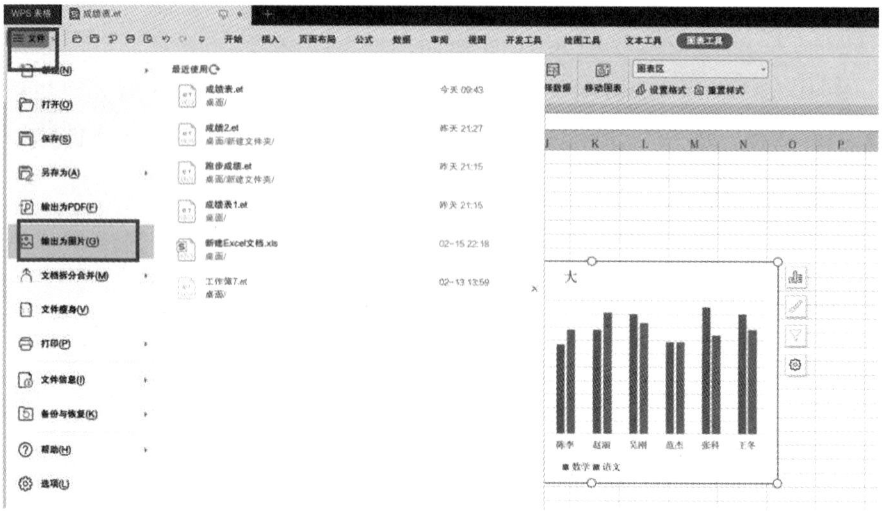

图 5-42　图表的输出

模块小结

1. 介绍了 WPS 电子表格窗口组成及工作簿和工作表的基本操作。
2. 详细介绍了 WPS 电子表格中的公式和函数的应用。
3. 介绍了对工作表的数据分析和管理。
4. 介绍了工作表中图表的应用。

复习题

一、单项选择题

1. 在 A2 和 B2 单元格中分别输入了 4 和 6，再选定 A2 和 B2 单元格，将鼠标指针放在该区域右下角填充句柄上，拖动至 E2 单元格，则 E2 单元格中的值为（　　）。

A. 7　　B. 8

C. 9　　D. 12

2. 在工作表中输入分数 1/2 时，正确的输入格式是（　　）。

A. 01/2　　B. 0 1/2

C. 1/2 0　　D. 1/2

3. 在电子表格中，单元格中引用随公式所在单元格位置的变化而变化，则称该单元格中引用的是（　　）。

A. 相对引用　　B. 高级引用

C. 绝对引用　　D. 混合引用

4. 在 WPS 电子表格中，公式 SUM（A1：D1）引用的单元格是（　　）。

A. 从 A1 到 D1 的所有单元格　　B. A1 与 D1 单元格

C. A1 单元格　　D. D1 单元格

5. 在 WPS 电子表格中，产生图表的数据发生变化了，那么图表（　　）。

A. 也会发生相应的变化　　B. 也会发生变化，但与数据无关

C. 不会发生变化　　D. 必须进行编辑后才发生变化

二、操作题

1. 新建一个电子表格文件，按下列要求操作。

（1）在工作表中输入学生成绩，要求输入 10 名学生数据。工作表中包括：学号、姓名、性别、数学、英语、语文、计算机七列，10 名学生的这七项数据自己编写。

（2）修改工作表的名称为“成绩单”。

（3）在工作表中求出每名学生的总分，放在数据区域的最后一列。

（4）将工作表的 A12：B12 合并，并输入“平均分”三个字。

（5）求出每名学生的各科成绩的平均分。

2. 打开学生成绩工作表。

（1）将工作表的 A13：B13 合并，并输入“不及格人数”五个字。统计各科不及格的人数。结果放在第 13 行。

（2）根据“计算机”成绩给出学生学业等级。90 以上的为优秀，80 分以上的为良好，70 分以上的为中等，60 分以上的为及格，其他为不及格。

（3）在工作表中根据学生的“姓名”和“计算机”成绩建立一个长柱形图。要求标题为“学生计算机成绩分析”。以“计算机”为图例，图例位于左侧。

参考文献

[1] 朱军．中文版 Excel 2016 电子表格实用教程［M］．北京：清华大学出版社，2017.

[2] 朱维，付营，邹明宇．Excel 2016 从入门到精通［M］．北京：电子工业出版社，2016.

[3] 孙晓南．Office 2016 从入门到精通［M］．北京：电子工业出版社，2016.

[4] 杰诚文化．Word/Excel/PPT 从新手到高手［M］．北京：机械工业出版社，2016.

[5] 德胜书坊．Word・Excel・PPT 现代商务办公从新手到高手［M］．北京：中国青年出版社，2015.

[6] 叶苗群．办公软件高级应用与多媒体案例教程［M］．北京：清华大学出版社，2015.

[7] 卞诚君．完全掌握 Office 2016 高效办公［M］．北京：机械工业出版社，2016.

模块六

演示文稿

PowerPoint 简称 PPT，主要用于设计和制作丰富多彩的幻灯片集合，特别是各种类型的演示文稿。它是 WPS 办公套装软件中的重要组成部分。通过前面的学习，可以了解到 WPS Office Word 文字处理软件和 WPS Office Excel 数据处理软件有着非常强大的文档编辑功能和数据处理功能，本章即将学习的 WPS Office PowerPoint 演示文稿制作软件，将会带来不同的功能展示和全新的感观效果。

PowerPoint 功能强大，可以用于编辑各种生动形象的演示幻灯片，用于展示或说明各种主题。充分了解和利用 PPT 软件的媒体引用、动态效果以及画面编辑功能，可以设计出精彩纷呈的电子演示文件。

一个优秀的演示文稿除具有基本的文字、图片、图表外，还应具有动画、声音、影片、放映等多媒体内容，这样更加能增加演示文稿的吸引力。如今，演示文稿正在成为人们工作和生活的重要组成部分，并广泛应用于演讲、教学和产品展示等方面。本章通过学习工作汇报演示文稿制作、自我简介演示文稿制作及校庆宣传演示文稿制作三个案例的设计，将 PPT 制作与学生生活、学习紧密关联，贴近学生生活，使得学生有表达和展示欲望。同时，学生也能通过展示丰富多彩的学习生活，展现出良好的当代学子风采！

学习目标

1. 知识目标

（1）能熟悉 WPS PowerPoint 的工作界面及主要功能。

（2）能理解 WPS PowerPoint 图文编辑等综合应用。

（3）能了解 WPS PowerPoint 幻灯片母版操作与应用。

（4）能完成 WPS PowerPoint 音视频及动画特效设计。

2. 能力目标

（1）掌握 WPS PowerPoint 的图文混排。

（2）掌握 WPS PowerPoint 幻灯片母版操作与应用。

（3）掌握 WPS PowerPoint 幻灯片版式设计。

(4) 掌握 WPS PowerPoint 动画及特效设计。

(5) 掌握 WPS PowerPoint 音频视频综合设计。

3. 思政目标

本章主要讲解 WPS PowerPoint 演示文稿的综合制作，通过演示文稿的选材、资料收集、图文设计等制作过程，着重培养和践行社会主义核心价值观。以“富强、民主、文明、和谐、自由、平等、公正、法治、爱国、敬业、诚信、友善”这些与社会主义核心价值观相关的文字、图片、音频、视频和艺术字等作为素材，进行演示文稿的设计制作，加深学生对社会主义核心价值观的本质和内涵的理解。

6.1 PPT 演示文稿基本操作之学习工作汇报演示文稿设计

6.1.1 教学导航

学习目标

1. 熟悉 WPS PowerPoint 的工作界面。
2. 掌握 WPS PowerPoint 的基本操作与技巧。
3. 掌握 WPS PowerPoint 设置超链接。
4. 掌握 WPS PowerPoint 图形的设计。
5. 掌握 WPS PowerPoint 中的图文混排。
6. 掌握 WPS PowerPoint 中的幻灯片母版操作与技巧。

学习重点

1. WPS PowerPoint 的基本界面操作。
2. WPS PowerPoint 设置超链接的基本操作。
3. WPS PowerPoint 母版的基本操作。

学习难点

WPS PowerPoint 母版的使用。

教学方法

演示操作法、案例展示法。

6.1.2 任务描述

临近期末，老师希望同学们能将本学期各自的学习、工作等情况进行总结，并用演示文稿的方式向全班同学做汇报并展示出来。同学们非常兴奋，但又不知道怎样才能制作出一份清楚明了、美观大方的演示文稿，那么通过本节任务的学习，相信同学们能用精美的演示文稿来展示汇报自己的各项情况，达到老师的要求！

6.1.3 任务分析

完成学习工作汇报演示文稿的制作主要涉及以下知识点：PPT 演示文稿的工作界面；PPT 幻灯片的新建、添加、删除等；利用模板创建多张幻灯片，并且为幻灯片进行多样式设计；插入图片、设置图片样式；设置文本母版的结构，添加 LOGO、设置相同字体字号等。通过这样一系列的学习，就能制作出精美的学习工作汇报演示文稿。

6.1.4 任务实施

任务 1-1： PPT 的创建与模板的选择

（1）启动 WPS 演示文稿之后，出现一个软件主界面窗口，单击“文件”选项卡，新创建一个空白演示文稿，如图 6-1 所示。

图 6-1 WPS 演示文稿主界面

该窗口包括“应用程序”菜单、选项卡、功能区、目录区、幻灯片编辑区和任务窗格区。

· 功能区显示的即为选项卡上的各个功能。

· 目录区显示的是演示文稿的幻灯片缩略图。

· 幻灯片编辑区是编辑、修改幻灯片的窗口，单独显示一张幻灯片的效果。

(2) 单击空白演示处，即可输入文字，进行幻灯片的编辑。

新建空白演示文稿有以下几种方法：

· 在左上角的“应用程序”菜单 WPS演示 中，单击“新建” 新建(N) 按钮。

· 在“视图”选项卡上，勾选“任务窗格”复选框，在打开的“新建演示文稿”任务窗格，选择“新建空白文档”。

· 在“快速访问”工具栏中，单击“新建”按钮。

· 右键单击标签栏空白处，在打开的快捷菜单中选择“新建”命令。

(3) 如果想直接创建带有背景、文字、图片的幻灯片，则可以利用根据现有演示文稿“模板”来创建演示文稿，省时省力又个性鲜明。WPS 提供多种丰富多彩的模板，用户可以创建专业的演示文稿，这就给非专业用户带来了很大的方便。利用模板新建演示文稿的操作步骤如下：

· 在“新建演示文稿”任务窗格中，选择“本机上的模板”（见图 6-2），打开“模板”对话框。

图 6-2 “模板”选项卡

· 选择其中任何一个所需的模板选项卡，在模板列表中选择一种模板，在右边的预览框中将会显示出相应的版式。

· 单击“确定”按钮，WPS PowerPoint 2016 将自动完成一份包含多张幻灯片的演示文稿。如果本机上的模板样式非常少，则可以使用稻壳提供的各种类型的模板（见图 6-3），我们在这里选择“免费”的模板，如图 6-4 所示。

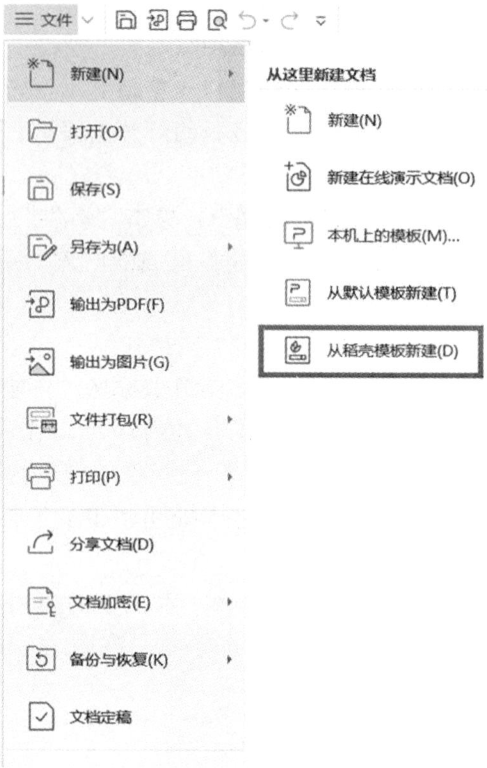

图 6-3 利用稻壳模板素材新建幻灯片

图 6-4 利用现有模板创建幻灯片

· 任意选择一款符合自己汇报风格的模板，单击“使用”按钮，即可生成多张相同背景样式的演示文稿，如图 6-5 所示。

图 6-5　新建工作汇报模板

任务 1-2：　PPT 演示文稿文字编辑

1. 文本

· 输入样式简单的文字，可以利用文本框来操作，插入文本框如图 6-6 所示，设计文本框如图 6-7 所示。

图 6-6　插入文本框

图 6-7　显示个性文本框内容

2. 编辑文本

演示文稿封面不是我们所需要的文字内容，因此可以根据需要进行修改、添加或删除。

· 单击“蓝色工作汇报模板”字样，将文字修改为“2021 年度学习汇报”，如图 6-8 所示。

图 6-8　修改文本框内容

3. 删除文本

只是在班级里进行汇报，不需要英文内容，因此需要删除不需要的文本框及文字。

· 单击英文周围的文本框，右键单击，在出现的菜单中选择“删除”（见图 6-9），即可删除多余的文字，如图 6-10 所示。

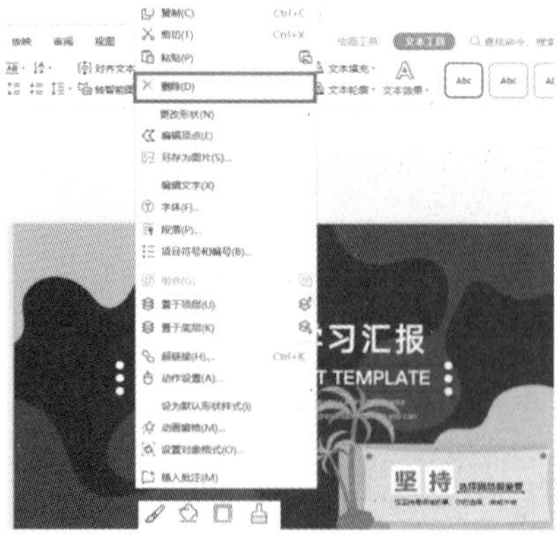

图 6-9　删除文本

图 6-10　删除文本后的演示文稿

4. 艺术字

艺术字是一种包含特殊文本效果（如阴影和透视）的绘图对象。用户可以利用这种修饰性文字，任意旋转角度、着色、拉伸或调整字间距，以达到最佳效果，如图 6-11 所示。

图 6-11 艺术字效果

插入艺术字的具体操作步骤如下：

· 在“插入”选项卡上，单击“艺术字”，选择艺术字类型。

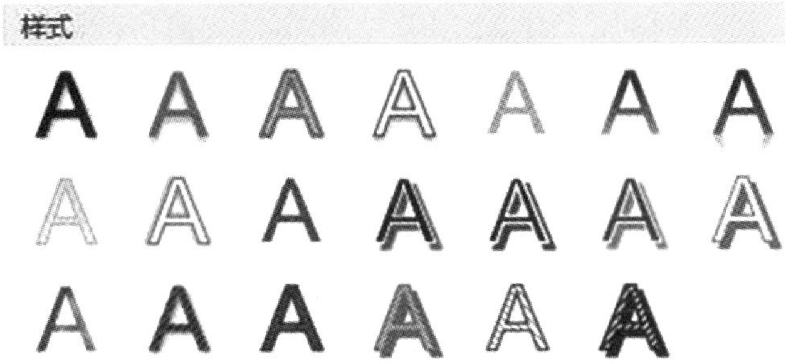

图 6-12 “艺术字库”对话框

· 在“文本工具”对话框中，选择所需的艺术字“文本效果”后，单击“确定”按钮。

· 在打开的编辑艺术字文本框中输入所需文字。可以根据需要执行下列操作：更改字体、设置字号改变字体大小、加粗字体、设置字体倾斜，设置阴影、倒影、发光、三维旋转（见图 6-13）等效果，单击按钮。

根据以上讲解，在刚刚新建好的幻灯片中，根据汇报需要，任意添加一个或多个艺术字内容，美化汇报演示文稿，如图 6-14 所示。

任务 1-3：PPT 演示文稿图片编辑

学习汇报展示时，文字能清楚地展示汇报内容，但如果再加入图片，则更能形象生动地展示出汇报内容，让观看人赏心悦目。因此，图片的加入操作也是为展示汇报锦上添花！可以在汇报演示文稿中插入图片和自选图形。

1. 插入与编辑图片

在幻灯片中插入图片，步骤如下：

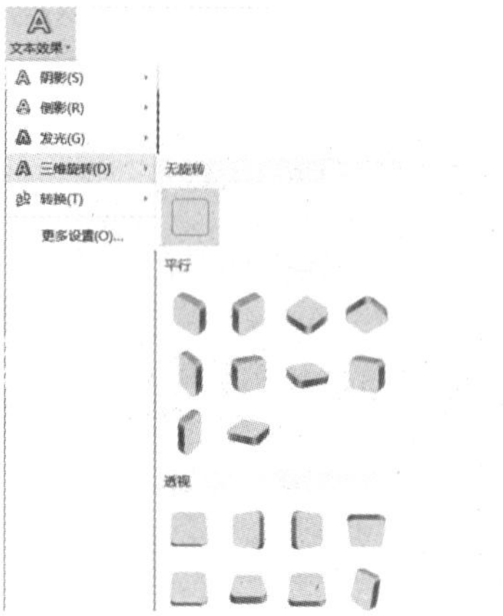

图 6-13　艺术字三维旋转效果

图 6-14　综合设置艺术字效果

在普通视图中，显示要插入图片的幻灯片，切换到“插入”选项卡，在“图片”或“形状”选项组中即可选择本地图片或在线图片进行插入，如图 6-15 所示。

除了常用的以上三种图片、自选图形、艺术字，我们还可以插入截屏图表，使文档在阅读的时候内容更丰富。

注意：也可以对图片进行拖曳，放入文档中，如图 6-16 所示。

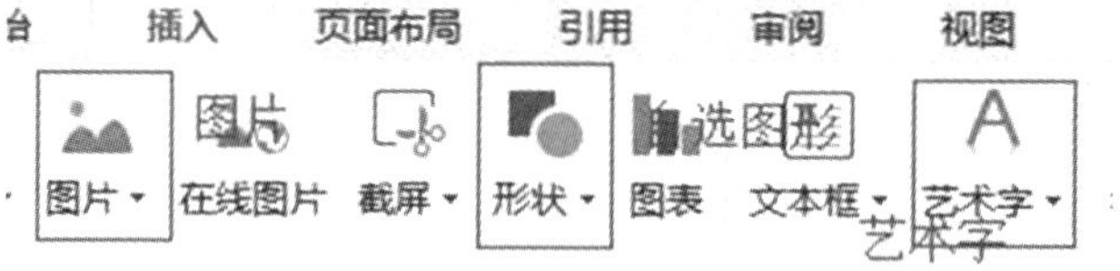

图 6-15　插入图片、形状或艺术字

图 6-16　插入图片效果

对于插入的图片，可以利用选项卡上的“图片工具”，对图片或自选图形进行适当的修饰，如精确调整图片大小、设置图片轮廓和阴影效果、裁剪图片、设置图片边框、旋转图片、调整图片亮度和对比度、改变颜色、应用图片样式等，如图 6-16、图 6-17 所示。

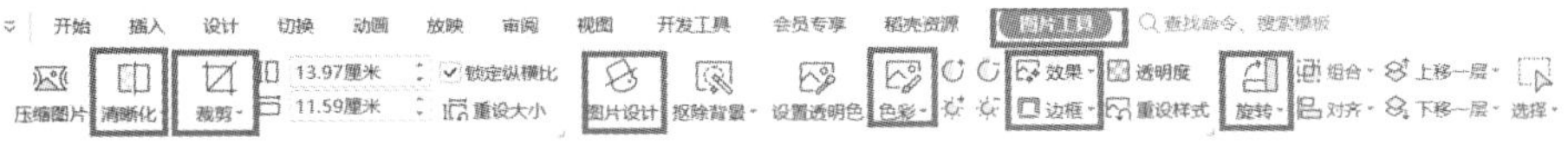

图 6-17 图片综合设计

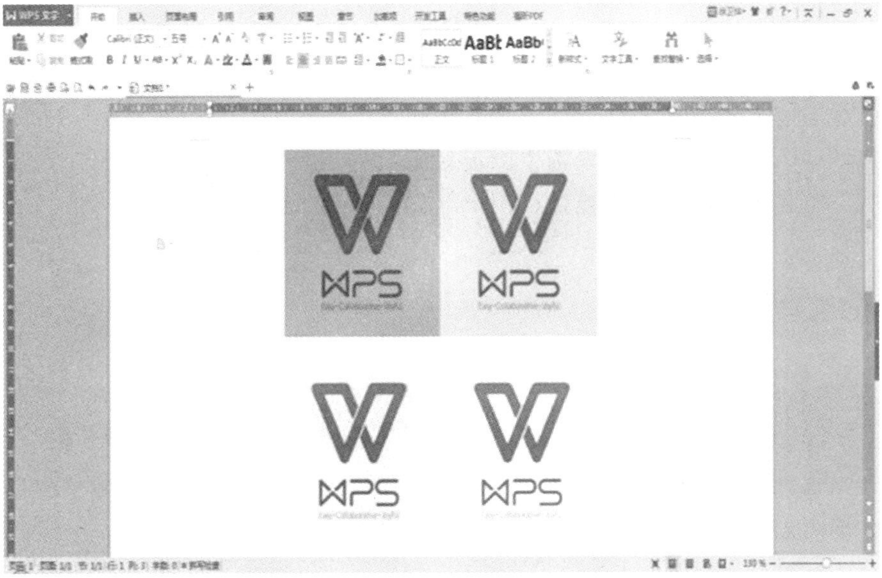

图 6-18 设置图片四种颜色效果对比图

2. 插入与编辑自选图形

如果要向幻灯片中插入自选图形，步骤如下：

在普通视图中，切换到“插入”选项卡，在“形状”选项组中即可选择多种自选形状进行插入（见图 6-19），效果如图 6-20 所示。

图 6-19 插入自选图形

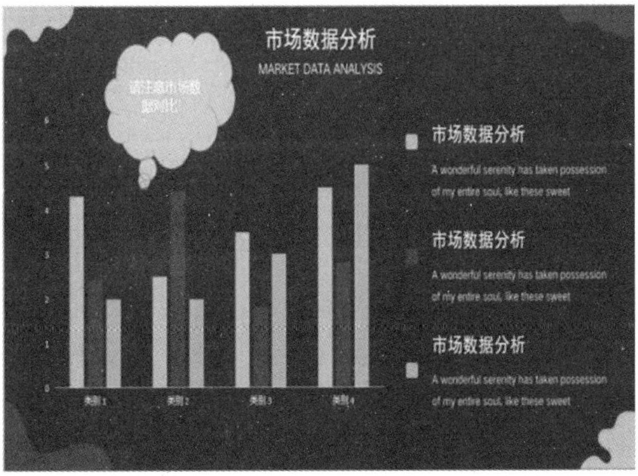

图 6-20 插入自选图形效果图

任务 1-4：绘制自选图形

用户可以利用 WPS 演示的绘图工具直接在幻灯片上绘制一些简单的图形，如直线、矩形、椭圆、各种箭头等，并对其进行排列和效果的设置。

1. 绘图

绘制线条与连接符的方法可按照下述步骤进行操作：

· 在“插入”选项卡或者在选中图形对象后的工具栏中“绘图工具”选项卡上选择“形状”下拉表中的线条或连接符图形，如图 6-21 所示。

图 6-21　线条与连接符

· 在编辑区中需要绘制图形的开始位置按住鼠标左键并拖动到结束位置。释放鼠标左键，即可绘制出线条和连接符图形。

2. 绘制标注图形

在制作演示文稿时，常常需要对内容进行标注，这时就需要用到标注图形，使幻灯片更加生动，条理更加清晰。绘制标注图形的具体步骤如下：

· 在“插入”选项卡或者在选中图形对象后的工具栏中“绘图工具”选项卡上，在“形状”下拉列表中选择所需标注图形。

· 在编辑区中需要插入标注图形的位置，单击鼠标左键，即可出现所选图形。将光标移至标注图形内便可输入文字，并调整至合适大小即可，如图 6-22 所示。

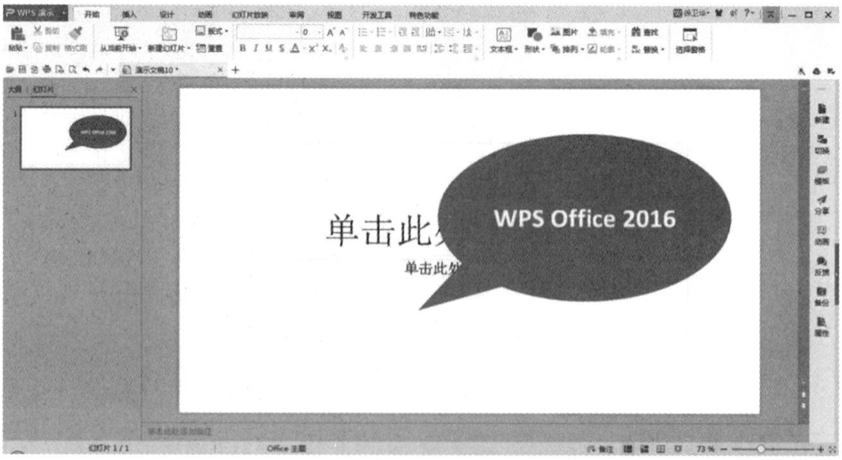

图 6-22　绘制标注图形

3. 绘制动作按钮

在“绘图工具”选项卡中的自选图形列表中选择动作按钮图形，或者单击自选图形列表旁边的▾按钮，在下拉列表中的“动作按钮”栏，选择如图 6-23 所示的“按钮”图形。图 6-24 所示的为插入“按钮”图形后的样式。

在编辑区中需要绘制图形的位置，单击鼠标左键，即可出现所选图形，打开如图 6-25 所示的“动作设置”对话框。

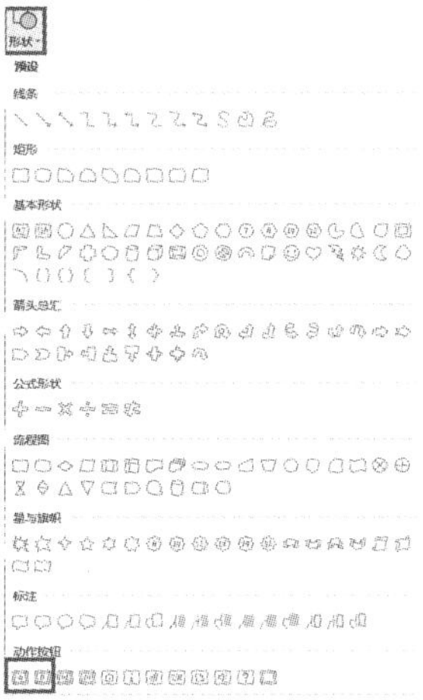

图 6-23　插入自选图形“按钮”

图 6-24　插入“按钮”翻页效果图

图 6-25　“动作设置”对话框

· 在对话框中可以选择单击鼠标时和鼠标移过时，该图形的动作。

· 如果不需要图形做反应，即可选中“无动作”单选按钮。

· 如果需要播放声音，则可勾选“播放声音”复选框，并在下拉列表框中，选择需要设置的声音。

4. 动作设置

插入按钮后，可对按钮进行超链接动作设置。操作步骤如下所示：

在“插入”选项卡上，单击“动作”，打开如图 6-23 所示的“动作设置”对话框；

在“动作设置”对话框中可选择鼠标单击时和鼠标移过时该图形的动作。

· 如果不需要图形做反应，选中“无动作”单选按钮。

· 如果需要插入链接，则选中“超链接到”单选按钮，并在“超链接到”下拉列表框中，选择链接位置。

· 如果需要单击图形运行程序，则选中“运行程序”单选按钮，并单击“浏览”按钮，选择程序。

· 如果需要播放声音，则可勾选“播放声音”复选框，并在下拉列表框中选择需要设置的声音。

任务 1-5：显示和隐藏网格

网格线是规范对象位置的参考线。如果要显示或隐藏网格，可以在“开始”选项卡中的“排列”下拉列表中，选择“对齐”后，指向“网格线”，即可实现幻灯片在有网格和无网格两个状态下切换，如图 6-26 所示。

图 6-26　设置网格线

提示

显示网格能方便用户度量和排列对象，打印时不显示网格。

此外，在“对齐”下拉列表中，选择“网格线和参考线”，在“网格线和参考线”对话框中，取消勾选“屏幕上显示网格”复选框，即可隐藏网格。

参考线是水平和垂直方向都可移动的两条直线，使用参考线可以快速、准确地对齐对象。默认状态下，对象是自动与不可见的参考线对齐的。

显示或隐藏参考线可以通过以下方法：

• 在“对齐”下拉列表中，选择“网格和参考线”，打开如图 6-27 所示的“网络和参考线”对话框。

• 在“参考线设置”选项组下，设置参考线，如图 6-28 所示。

• 移动参考线：要移动参考线，单击鼠标左键，将其拖至新的位置。拖动参考线时会显示距幻灯片中心的距离。

• 添加参考线：要添加参考线，在单击鼠标左键的同时，将参考线拖动到新的位置。重复操作可添加多条参考线。

• 删除参考线：将鼠标移到参考线上，单击鼠标左键，将其拖动到幻灯片以外的区域。

• 对象随参考线移动：在幻灯片的空白处，单击右键，在打开的快捷菜单中选择“网络和参考线”，在打开的对话框中的“参考线设置”选项组中勾选“对象随参考线移动”复选框。当相对靠近参考线时，会自动吸附到参考线上，此时移动参考线，对象将会随参考线移动，效果如图 6-28 所示。

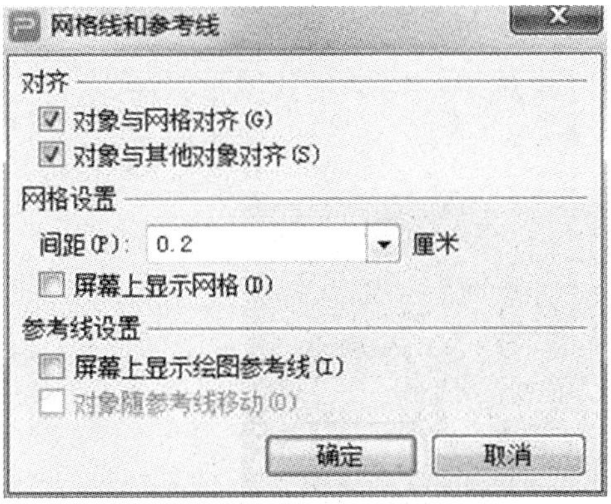

图 6-27 “网络和参考线”对话框

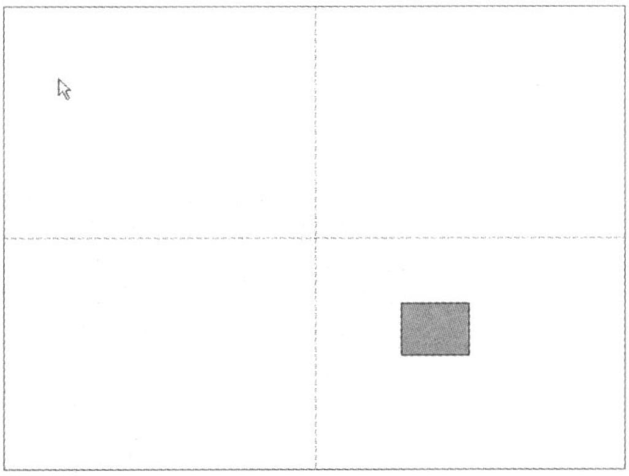

图 6-28 对象随参考线移动效果示意图

任务 1-6：设置超链接

用户可以在 WPS 演示中对对象设置超链接，以便建立文件与文件以及文件与网页的关联。链接的形式有文件、网页和邮件三种。创建超链接的方法和步骤如下。

1. 设置超链接

· 选中一段文字或一张图片或一个网址，甚至你想跳转的任何信息，单击“插入”选项卡下的“超链接”，如图 6-29 所示。

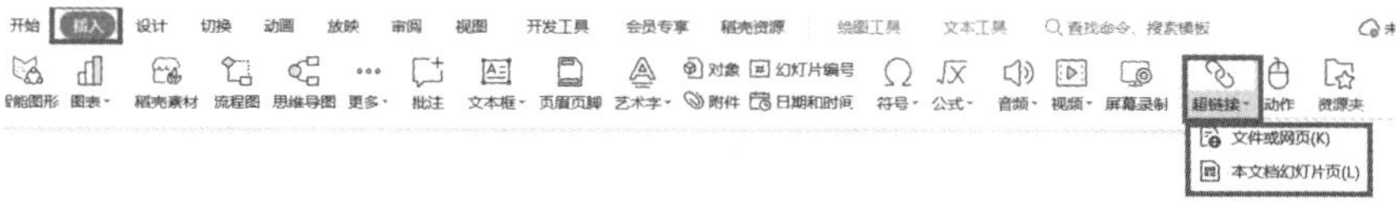

图 6-29　输入与文字相匹配网址

· 在地址栏里输入相应的网址，单击“确定”按钮，如图 6-30 所示。

图 6-30　插入超链接

· 进入幻灯片放映，单击相应超链接，即可进入相对应网站。如图 6-31 所示，完成百度搜索引擎网址的超链接。

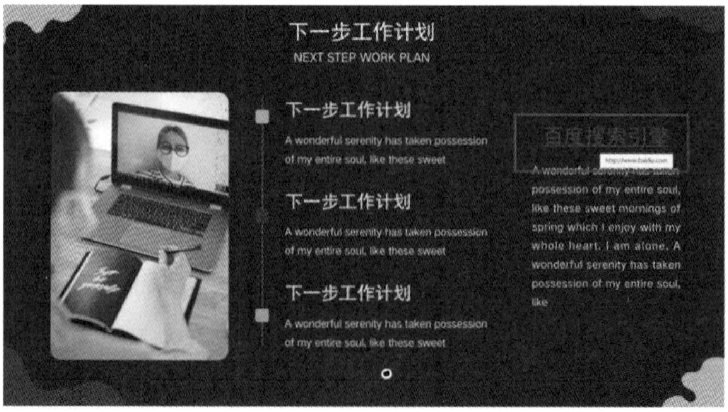

图 6-31　完成百度搜索引擎超链接打开相应网站

2. 设置链接到同一演示文稿中其他幻灯片位置

根据汇报内容，如果在这场汇报中，需要跳过其他内容，直接到幻灯片结尾，则可以使用链接到本演示文稿中的其他位置，完成超链接设置。

• 选中幻灯片“插入”选项卡，单击“超链接”选项卡，选择“本文档幻灯片页”，如图 6-32 所示。

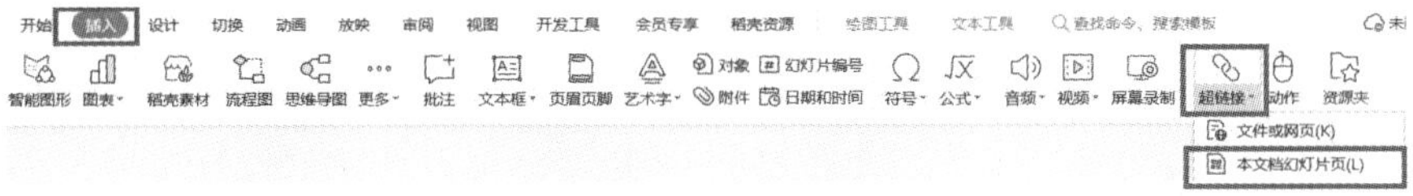

图 6-32　设置本文档其他幻灯片超链接

• 选中幻灯片“汇报结束”字样，单击“插入”选项卡下的“超链接”，选择“本文档幻灯片页”，打开超链接界面，如图 6-33 所示。

图 6-33　将“汇报结束”链接到同一演示文稿末尾幻灯片

• 选中幻灯片“幻灯片 18”字样，单击“确定”按钮，即可链接到演示文稿末尾，如图 6-34 所示。

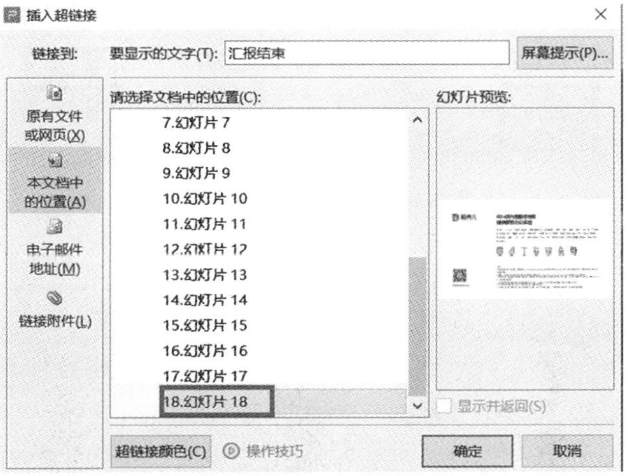

图 6-34　选择末尾幻灯片完成超链接

任务 1-7： PPT 演示文稿母版制作

汇报演示文稿基本上做好了，但如果想在所有的幻灯片上插入自己设计的LOGO，一张一张加入太烦琐，因此需要用到“幻灯片母版”来完成。

在母版视图下，可调出“幻灯片母版”选项卡。用户可通过“幻灯片母版”选项卡来对母版进行编辑。

1. 插入母版

在“幻灯片母版”选项卡上，单击插入母版，可以新建幻灯片母版。

2. 插入版式

在“幻灯片母版”选项卡上，单击插入版式，在当前选中的母版中新建版式页。

3. 母版主题

在“幻灯片母版”选项卡上，单击主题，在下拉主题列表中选中主题，可对当前选中母版字体、配色、效果等自动进行设置。

提示

最好在开始构建各张幻灯片之前创建幻灯片母版，而不要在构建了幻灯片之后再创建母版。如果先创建了幻灯片母版，则添加到演示文稿中的所有幻灯片都会基于该幻灯片母版和相关联的版式。开始更改时，请务必在幻灯片母版上进行。但也有解决上述问题的办法，因为大多数情况下，会在后期加入各种元素。

· 打开“视图”选项卡，单击“幻灯片母版”选项卡，如图 6-35 所示。

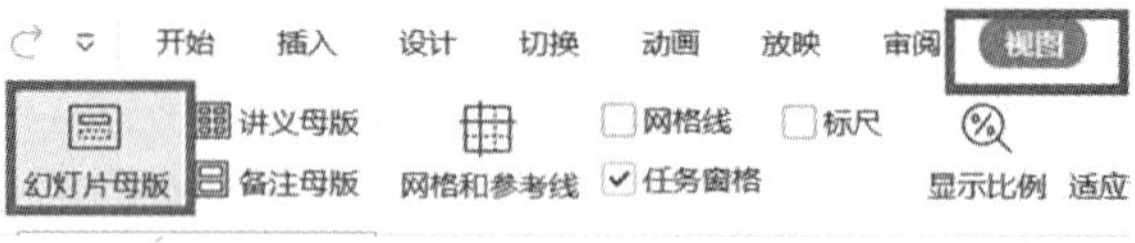

图 6-35 打开幻灯片母版操作

· 打开“学习汇报”演示文稿，选中第一张幻灯片，然后打开“插入”选项卡，单击“插入”按钮，即可插入图片、形状、图标、图表、流程图等多种元素，可以根据演示文稿的需要自行选择，如图 6-36 所示。

· 打开“学习汇报”演示文稿，选中第一张幻灯片，然后打开“插入”选项卡，单击“插入”按钮，插入一个“图标”，如图 6-37 所示。

· 添加完成后，选择“幻灯片母版”，一定要单击“关闭”按钮，所有幻灯片即可出现同样的图标。

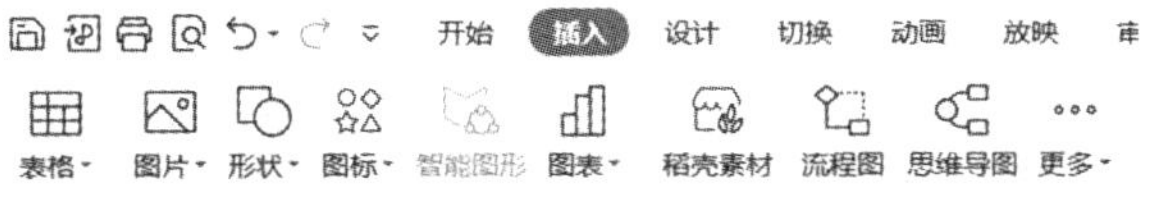

图 6-36　母版插入图标

图 6-37　插入图标

· 在所有幻灯片中完成图标添加操作，如图 6-38 所示。

图 6-38　完成所有幻灯片图标添加操作

4. 删除母版

如需删除幻灯片母版，可进行以下操作：

· 在母版视图下选定要删除的幻灯片母版。

· 在“幻灯片母版”选项卡上，单击“删除母版”即可。

提示

当删除幻灯片母版时，标题母版将自动随其一起被删除。

5. 保护母版

某些情况下，当删除所有遵循某幻灯片母版的幻灯片时，或者将另一个设计模板应用于所有遵循该母版的幻灯片时，WPS 演示会自动删除该母版。可以“保护”母版以防在这些情况下将其自动删除。具体操作步骤如下：

· 在母版视图下选定要保护的幻灯片母版。

· 在“幻灯片母版”选项卡上，单击“保护母版”即可。

· 如果不想保护该母版，只需再次单击此按钮。

提示

即使对母版使用“保护”设置，还是可以手动将其删除。

在幻灯片标题母版对中，保护其中一个母版会自动保护另一个母版。

在某些情况下，幻灯片母版在默认情况下是被保护的：当在母版视图中插入、复制/粘贴或拖动幻灯片母版时，或向母版视图中添加新的设计模板时（这样将自动插入新的幻灯片母版）。

6. 母版版式

设置好的母版版式如果需要修改，可以按照如下操作：

用户可单击“幻灯片母版”选项卡中的“母版版式”，在打开如图 6-39 所示的“母版版式”对话框中对母版版式进行调整。

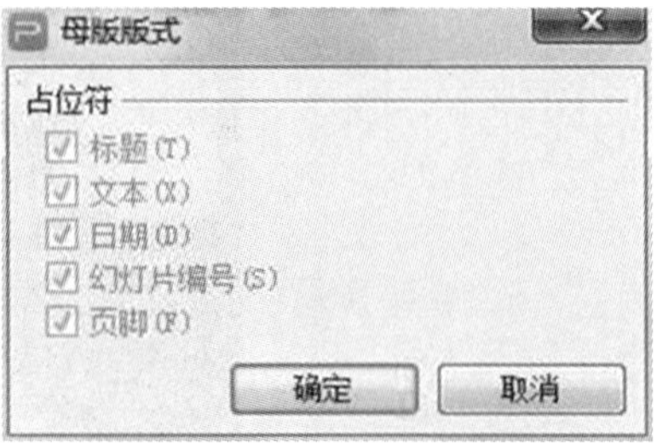

图 6-39　“母板版式”对话框

通过以上七个任务的设计与操作，利用已经收集好的学习工作文字、图片、图标、网站等素材，就能制作出图文并茂的演示文稿了。快亲自动手尝试着设计出令人耳目一新的学习汇报演示文稿，向大家展示出来吧！

6.2 PPT演示文稿表格与图表操作之自我简介演示文稿设计

6.2.1 教学导航

学习目标

1. 熟悉WPS PowerPoint编辑与格式化文本高级操作。
2. 掌握WPS PowerPoint的表格操作与设计。
3. 掌握WPS PowerPoint的图表操作与技巧。
4. 掌握WPS PowerPoint幻灯片的版式设计。

学习重点

1. WPS PowerPoint的表格操作与设计。
2. WPS PowerPoint的思维导图操作与设计。
3. WPS PowerPoint的图表操作与技巧。

学习难点

1. WPS PowerPoint的表格操作与设计。
2. WPS PowerPoint的图表操作与设计。

教学方法

演示操作法、案例展示法。

6.2.2 任务描述

大学即将毕业，同学们信心满满的即将跨出校门，走上工作岗位。在面试的时候需要展示自己，因此，制作一份漂亮的个人简历演示文稿，再配合自己落落大方的讲解与展示，相信一定会有收获的！通过本任务的学习，能设计出令自己满意的个人简历演示文稿。

6.2.3 任务分析

完成个人简历演示文稿的制作涉及以下知识点：WPS PowerPoint编辑与格式化

文本，产生滑动效果；为了更清楚地展示成绩，可以用表格来操作；分析各阶段成绩变化趋势可以用图表来操作。增加了这些元素，会为个人简历演示文稿增色很多，令人印象深刻，达到事半功倍的效果！

6.2.4 任务实施

任务 2-1：PPT 的文字设计之滑动效果

基本的个人简历演示文稿创建成功后，为了提升更明显的展示效果，可以增加文字的效果，这里就以文字的滑动效果为例。

1. 设计幻灯片文字及字号

· 选择一张幻灯片，参照以下文字，将“我的座右铭”设置字号为 48，将“信心、毅力、勇气！”设置字号为 24，如图 6-40 所示。

图 6-40　分别设置不同字号

· 复制一张与当前一模一样的幻灯片到下一页。将字号完全设置成相反大小，如图 6-41 所示。

2. 设计幻灯片“平滑”效果

· 两张内容一样只有字号相反的幻灯片设计好后，选择后一张幻灯片，打开“切换”选项卡，选择“平滑”效果，如图 6-42 所示。

· 设置完成后，选择“放映”，即可看到非常有特色的动画效果。

提示

本任务是以“平滑”为案例讲解，以此类推，还有其他很多切换效果可以使用在幻灯片中，放映时能为幻灯片增加非常有特色的动画效果。

图 6-41 分别设置相反字号

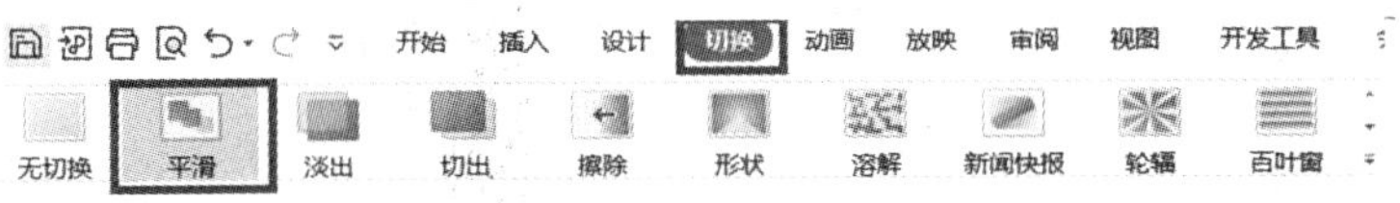

图 6-42 设置“平滑”切换效果

任务 2-2： PPT 的表格设计

个人简介时，招聘单位还需要大学期间的成绩单，因此在演示文稿中还有涉及表格的操作。接下来以成绩单的制作为案例，讲解幻灯片表格的各项操作。

1. 插入带样式表格

· 选择一张需要插入成绩单的幻灯片页面，选择“插入”菜单项，找到“表格”选项卡，如果表格内容较少，可以直接用鼠标连续选择单元格，即可完成表格的插入。如果表格内容较多，则需要单击最下方的“插入表格”来完成表格的插入，如图 6-43 所示。

· 此任务中需要三学期的成绩，因此插入 9 行 6 列，如图 6-44 所示，效果如图 6-45 所示。

· 对表格进行数据的填写，直接填写即可。这与 WPS Office Word 中表格操作基本一样。可以根据自己的需要，添加或删除行和列，合并或拆分单元格，填写完整的成绩单，如图 6-46 所示。

· 利用表格工具 表格样式选项卡，可以完成表格的边框设计、单元格颜色设计、文字居中设计等操作，来美化成绩单，如图 6-47 所示。具体操作与 WPS Office Word 相同，在此就不再赘述了。

2. 插入表格方式二

· 刚刚为大家讲解的是插入带样式的表格，但若只是想插入基本样式的表格，还需要用第二种方法来插入表格，即可以用幻灯片版式设计来添加表格。

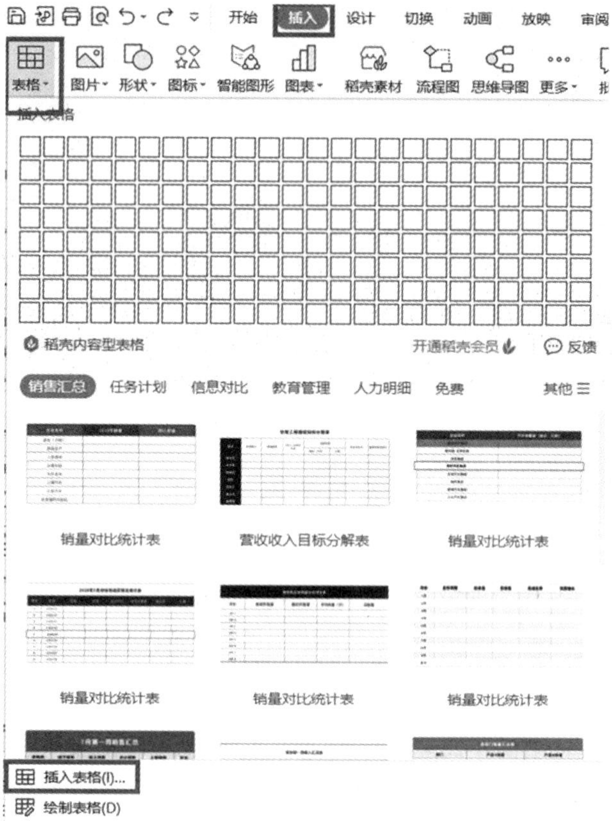

图 6-43 插入表格

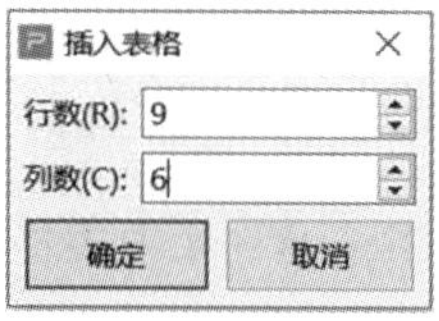

图 6-44 插入表格行和列

图 6-45 插入带有格式设计的表格

· 新建一张幻灯片，在空白处右键单击“版式”，选择带有绿色表格图标的幻灯片版式即可，如图 6-48、图 6-49 所示。

任务 2-3： PPT 的图表设计

成绩单已经做完，但如果想更具有吸引力，且更能体现出数据的特点，包括数据的对比、数据的变化趋势等，则可以使用更为直观的图表来辅助数据的展示。

学期	一年级	必修课程绩			
课程名称	JAVA	C语言	大学语文	大学英语	信息技术
学时数	64	64	52	64	72
成绩	90	93	88	92	95
学期	二年级	必修课程绩			
课程名称	Python设计	大数据处理	监狱学基础理论	计算机网络	Linux操作系统
学时数	64	64	56	72	72
成绩	85	83	92	90	88
学期	三年级	必修课程绩			
课程名称	Mysql数据库技术与应用	计算机网络安全	监狱学人民警察	Python海量数据采集	创业指导
学时数	72	64	52	72	36
成绩	90	91	94	88	90

图 6-46 填写表格数据

学期	一年级	必修课程成绩			
课程名称	JAVA	C语言	大学语文	大学英语	信息技术
学时数	64	64	52	64	72
成绩	90	93	88	92	95
学期	二年级	必修课程绩			
课程名称	Python设计	大数据处理	监狱学基础理论	计算机网络	Linux操作系统
学时数	64	64	56	72	72
成绩	85	83	92	90	88
学期	三年级	必修课程绩			
课程名称	Mysql数据库技术与应用	计算机网络安全	监狱学人民警察	Python海量数据采集	创业指导
学时数	72	64	52	72	36
成绩	90	91	94	88	90

图 6-47 表格数据设计

1. 插入图表方式一

单击“插入”菜单，找到“图表”选项卡，直接选择“图表”即可插入，如图 6-50 所示。

2. 插入图表方式二

右键单击幻灯片空白处，单击“版式”，选择带有橙色图标的幻灯片版式即可，如图 6-51 所示，效果如图 6-52 所示。

3. 图表数据编辑

• 将上面所展示的成绩进行编辑，然后形成图表。单击“图表工具”菜单，选择“编辑数据”选项卡，即可打开成绩单原始数据，如图 6-53 所示。

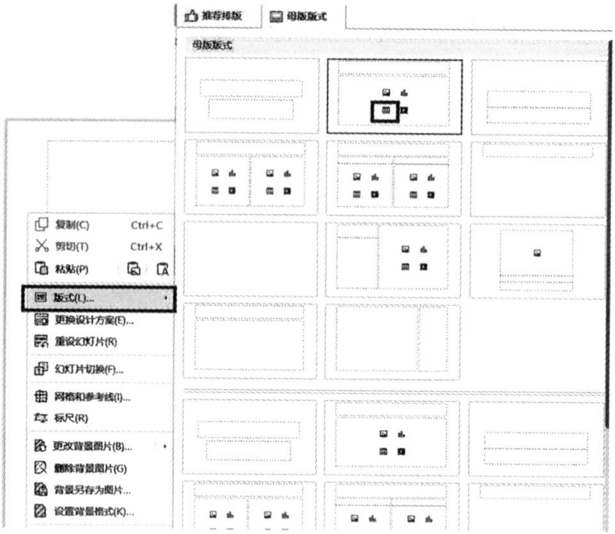

图 6-48　新建版式幻灯片

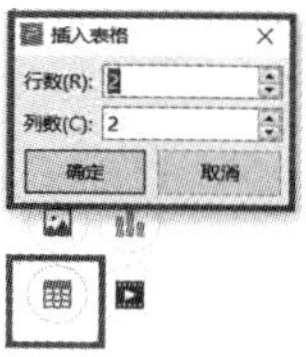

图 6-49　利用表格图标添加表格

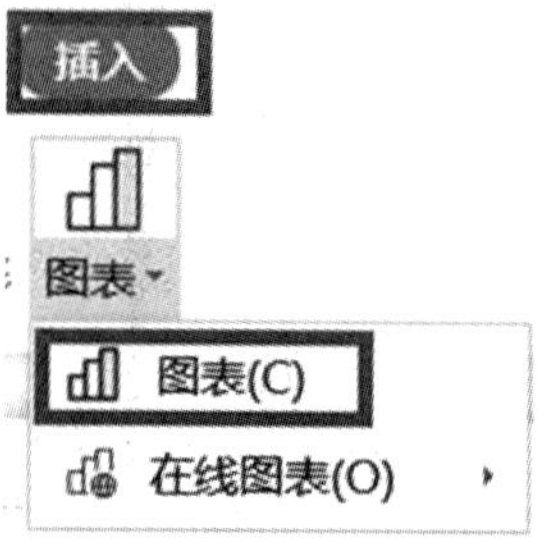

图 6-50　插入图表方式一

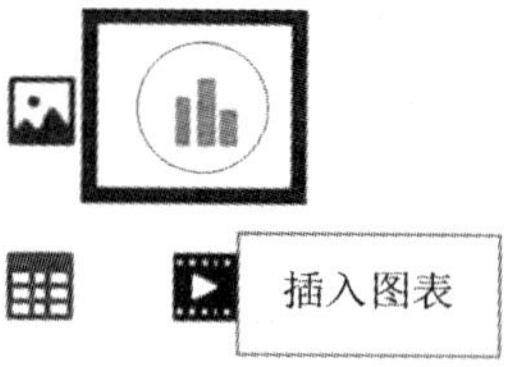

图 6-51　插入图表方式二

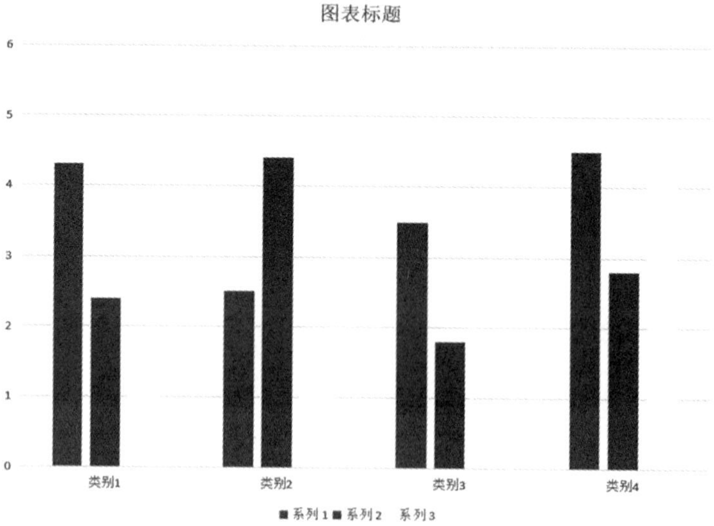

图 6-52　插入图表

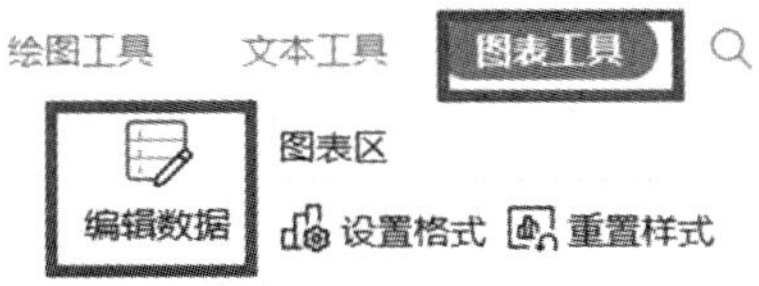

图 6-53 打开数据表格

· 将幻灯片中的成绩数据，粘贴到打开的 Excel 表中，再进行编辑和排版，合并同类项单元格，删除多余单元格。如果没有此操作，仅是将原始成绩进行图表设计，则会出现数据不完整的现象，如图 6-54 所示。

	一年级					二年级				三年级				
课程名称	JAVA	C语言	大学语文	大学英语	信息技术	Python设计	大数据处理	监狱学基础理论	计算机网络	Mysql数据库技术与应用	计算机网络安全	监狱学人民警察	Python海量数据采集	创业指导
学时数	64	64	52	64	72	64	64	56	72	72	64	52	72	36
成绩	90	93	88	92	95	85	83	92	90	90	91	94	88	90

图 6-54 整理表格数据

· 选中图表空白处，单击“选择数据”选项卡，打开 Excel 表格。再根据需要，用鼠标拖动选择合适有效的数据，单击“确定”按钮即可，如图 6-55 所示。

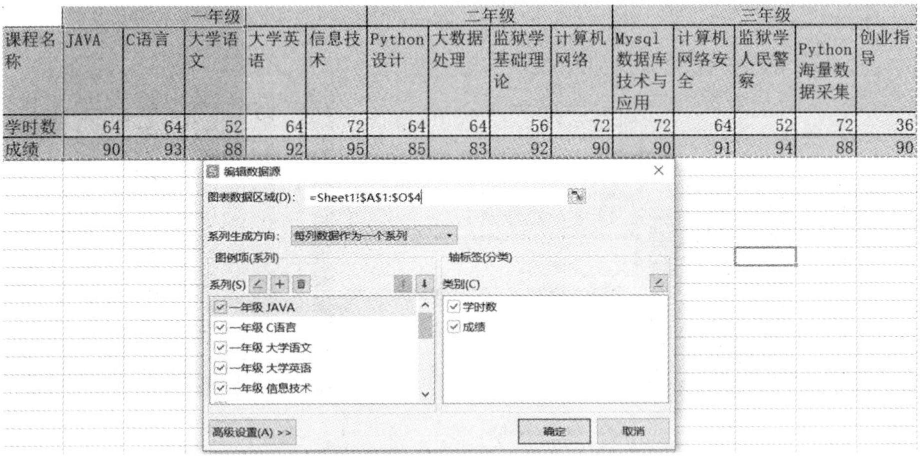

图 6-55 选择表格数据

· 生成有数据的完整图表，如图 6-56 所示。

4. 图表设计

· 生成好的图表也可以进行修改。例如，将图表标题改为“学生成绩单”，右键单击图表处，在右键菜单中，选择各类选项，即可修改图表类型、添加备注等，使图表更加丰富和完善！

· 通过以上的各项操作，我们已经将一张二维的数据表格变成立体的图表，是不是觉得很清晰明了！图表的样式丰富多彩，可以根据幻灯片的风格设计不同的图表，如图 6-57 所示。

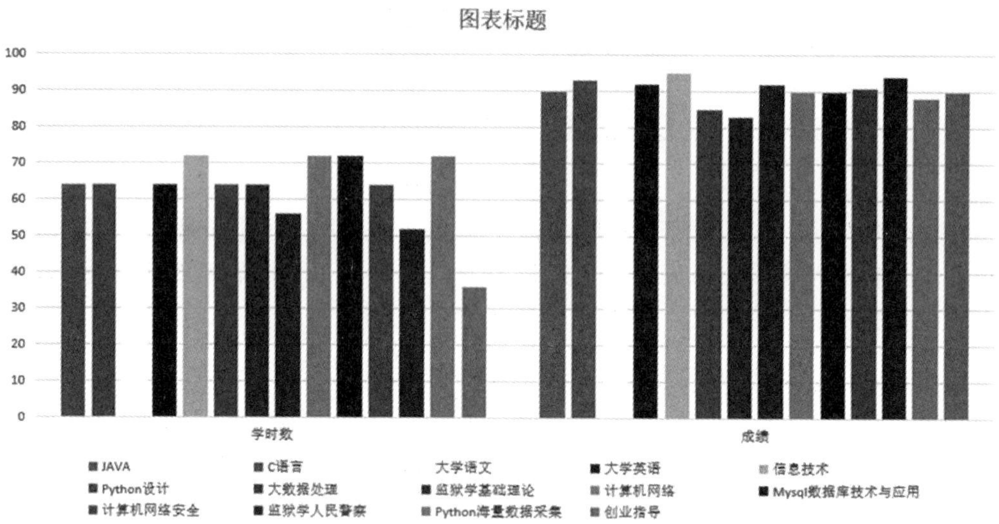

图 6-56　生成图表

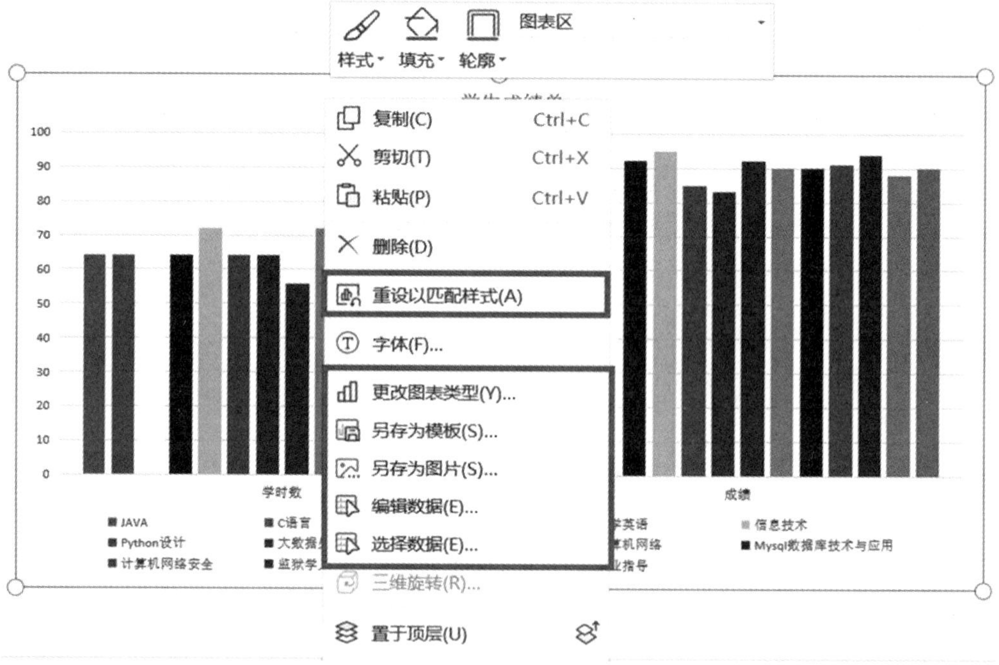

图 6-57　设计图表

任务 2-4：　PPT 幻灯片的版式设计

个人简历演示文稿可以根据需求，一张一张地建立幻灯片，但有时也可以有创意地设计出更多出彩的页面，WPS PowerPoint 提供了丰富多彩的样式供我们选择和使用。本任务将讲解幻灯片页面的设置、幻灯片配色方案、幻灯片背景设计。

1. 页面设置

用户可以通过“设计”选项卡上的“页面设置” ，在打开的“页面设置”对话框中修改幻灯片的页面，如图 6-58 所示。

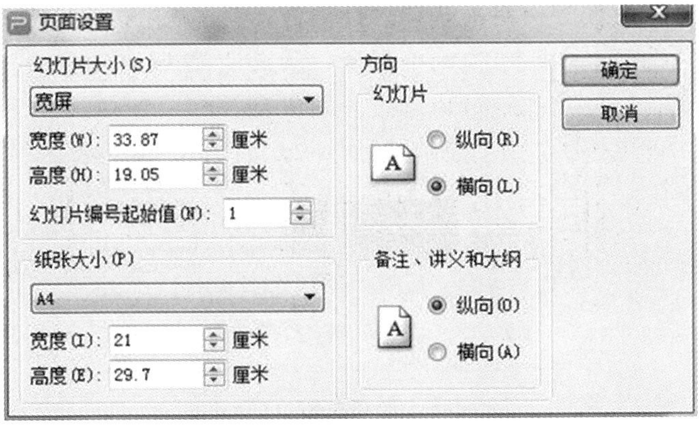

图 6-58 “页面设置”对话框

用户根据需要，选择所需操作：

· 如果要调整幻灯片大小，可在“幻灯片大小”下拉列表中选择幻灯片大小，或者在“高度”及“宽度”框中，输入自定义大小。

· 如果要选择纸张大小，请在“纸张大小”下拉列表中选择纸张大小，或者在“高度”及“宽度”框中，输入自定义大小。

· 如果要选择幻灯片或备注、讲义和大纲的方向，可在“方向”选项组中，选择“横向”或“纵向”单选按钮。

2. 设计模板

设计模板是包含演示文稿样式的文件，包括项目符号、字体的类型、字号大小、背景设计和填充、配色方案以及幻灯片母版和可选的标题母版。

WPS 演示文稿提供了多套设计模板，帮助用户设计完整、专业的演示文稿外观。

设计模板可以决定幻灯片的以下外观：

· 主题背景：设计模板提供了完整的、专业的主题背景。

· 文本格式：设计模板提供了与背景相匹配的文本颜色，并根据文本的作用和级别设置了不同的文字大小。

· 项目符号：设计模板提供了与背景相匹配的各级项目符号。

3. 应用设计模板

在“设计”选项卡中，用户可在预览模板展示台中选择所需设计模板。单击预览模板展示台右侧的向上和向下箭头，或者打开下拉列表进行选择，如图 6-59 所示。

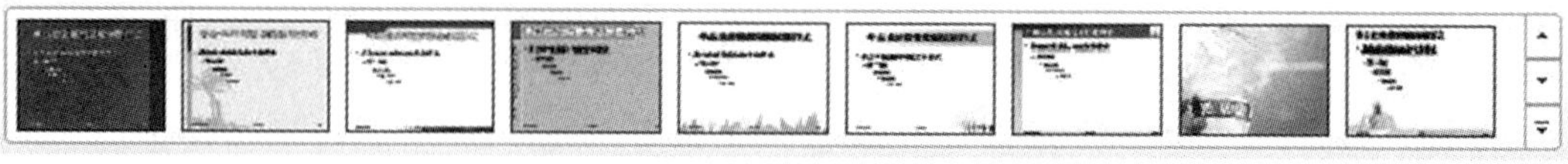

图 6-59　设计模板

此外，用户也可在任务窗格中选择设计模板，具体操作步骤如下：

·在“设计”选项卡上，单击其中任意一款设计样式。

·如果要对所有幻灯片和幻灯片母版应用设计模板，请单击所需模板，或者在右键单击所需模板，再单击“应用于所有幻灯片”，如图 6-60 所示。

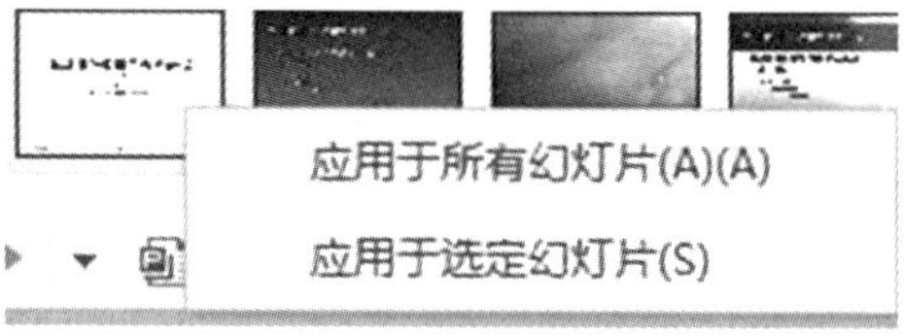

图 6-60　应用于所有幻灯片

·如果要将模板应用于单个幻灯片，则先选定需应用设计模板的幻灯片，在任务窗格中指向所需模板并单击右键，再单击“应用于选定幻灯片”。

提示

如果要应用“空白”设计模板，请在任务窗格的“可供使用”之下单击第一个设计，其标题为“默认设计模板”。

4. 应用配色方案

在新创建的“旅游电子商务”演示文稿中，应用颜色方案的操作步骤如下：

·在“设计”选项卡上，单击“配色方案”，打开“配色方案”下拉列表，选择配色方案，如图 6-61 所示。

5. 设计背景

用户可以更改幻灯片的背景色或背景设计。更改幻灯片背景时，可将更改应用于当前幻灯片或所有幻灯片。

6. 设置幻灯片背景

在“设计”选项卡上，单击“背景”，打开如图 6-62 所示的“背景”属性设置窗口。详细设置说明请参考文字模块相关“填充”的设置说明。

通过以上的讲解，同学们可以自己动手设计，一定能设计出非常闪亮的个人简历，一展自己的风采！

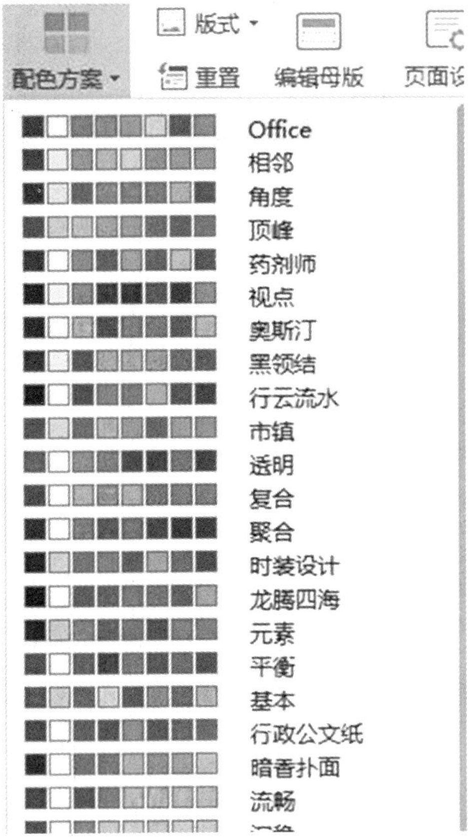

图 6-61 配色方案列表

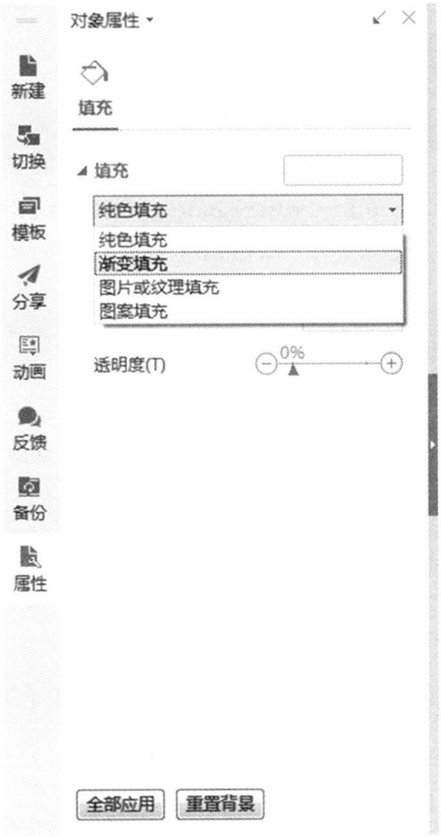

图 6-62 背景属性

6.3 PPT 演示文稿动画操作之校庆宣传演示文稿设计

6.3.1 教学导航

学习目标

1. 熟悉 WPS PowerPoint 中幻灯片动画效果的设置。
2. 掌握 WPS PowerPoint 中幻灯片动画路径的设计。
3. 掌握 WPS PowerPoint 中音频、视频的设计。
4. 掌握 WPS PowerPoint 中幻灯片的放映。
5. 掌握 WPS PowerPoint 中幻灯片的多种切换方式。

学习重点

1. WPS PowerPoint 中幻灯片动画效果的设置。
2. WPS PowerPoint 中幻灯片路径的设计。
3. WPS PowerPoint 中音频、视频的设计。
4. WPS PowerPoint 中幻灯片的放映。

学习难点

1. WPS PowerPoint 中幻灯片动画效果的设置。
2. WPS PowerPoint 中幻灯片路径的设计。

教学方法

演示操作法、案例展示法。

6.3.2 任务描述

美丽的母校即将迎来校庆，学校开展了庆祝学校建校 40 周年的系列活动，大力宣传学校老少几代师生开拓进取、艰苦创业的奋斗精神。通过校庆宣传，也能激发全校师生、广大校友的倾心爱校、励志报国之情！同时也能向校友们展示学校几十年来的卓越发展！为了能更好地展示母校的风采，回顾学校 40 年来的发展历程，总结历史经验，凝练学校教书育人的精神，特邀请同学们制作校庆宣传演示文稿。

6.3.3 任务分析

完成校庆宣传演示文稿的制作涉及以下知识点：幻灯片动画效果的设置、幻灯片动画路径的设计、幻灯片音频和视频的设计、幻灯片的多种切换方式以及幻灯片的放映方式。通过这些有声有色有动画的元素，可以将 PPT 演示文稿制作得绚丽多彩！

6.3.4 任务实施

任务 3-1： PPT 演示文稿的视图分类

视图是指 WPS 中加工演示文稿的工作环境。基于这样的工作环境，以不同的视图方式显示演示文稿的内容，使演示文稿更易于浏览和编辑。

WPS演示文稿提供了多种视图方式，如普通、幻灯片浏览、备注页和阅读等视图。每种视图都有自己特定的显示方式和加工特色，并且在一种视图中对演示文稿的修改与加工会自动反映在该演示文稿的其他视图中，分别单击 普通 幻灯片浏览 备注页 阅读视图 这些视图选项卡，能用不同的视图来完成演示文稿设计。

1. 普通视图

普通视图是进入WPS演示后的默认视图，普通视图将窗口分为三个工作区，也可称为三区式显示。普通视图将幻灯片、大纲和备注页三个工作区集成到一个视图中，大纲区用于显示幻灯片的大纲内容。幻灯片区用于显示幻灯片的效果，对单张幻灯片的编辑主要在这里进行。备注区用于输入备注信息。

下面就将已经制作完成的校庆宣传演示文稿用三种不同的视图展示出来。

切换到普通视图请通过如下方式实现：在“视图”选项卡上，单击“普通”。图6-63所示的为普通视图。

2. 幻灯片浏览视图

在幻灯片浏览视图中，用户可以看到整个演示文稿的内容，而且能了解整个演示文稿的大致外观，还能轻松地按顺序组织幻灯片，插入、删除或移动幻灯片，设置幻灯片放映方式，设置动画特效等。

切换到幻灯片浏览视图请通过如下方式实现：在“视图”选项卡上，单击“幻灯片浏览”。幻灯片浏览视图显示效果如图6-64所示。

图6-63　普通视图

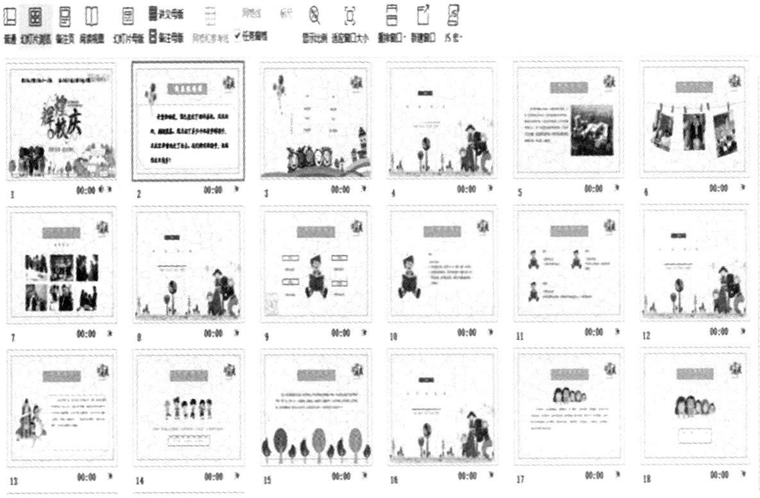

图6-64　幻灯片浏览视图

3. 母版视图

幻灯片母版是幻灯片层次结构中的顶层幻灯片，用于存储有关演示文稿的主题和幻灯片版式的信息，包括背景、颜色、字体、效果、占位符大小和位置。

每个演示文稿至少包含一个幻灯片母版。修改和使用幻灯片母版的主要优点是用户可以对演示文稿中的每张幻灯片（包括以后添加到演示文稿中的幻灯片）进行统一的样式更改。使用幻灯片母版时，由于无需在多张幻灯片上输入相同的信息，因此节省了时间。如果演示文稿非常长，其中包含大量幻灯片，使用幻灯片母版特别方便。

用户可以通过单击“视图”选项卡上的“幻灯片母版”，进入幻灯片母版编辑状态。幻灯片母版设置如图 6-65 所示。

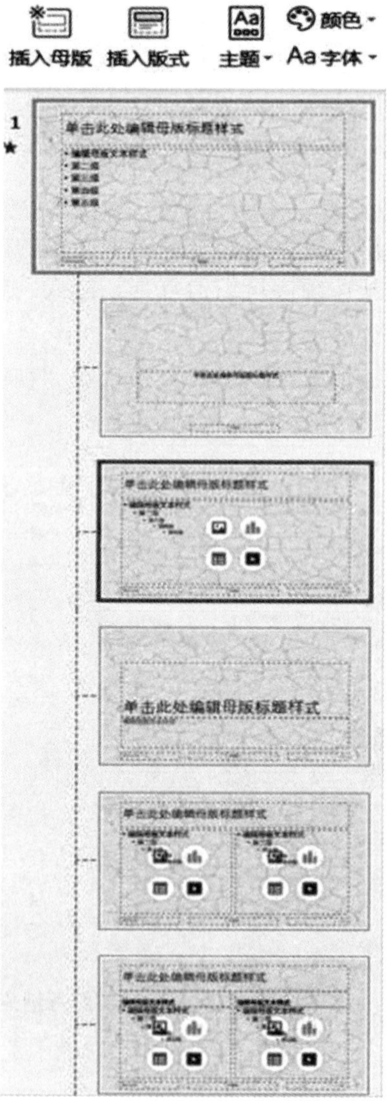

图 6-65　幻灯片母版视图

任务 3-2： PPT 演示文稿的动画设计

为了使演示文稿的重点更突出，表现力更强且更显个性化，可以为演示文稿中的元素（如图片、文本等）添加动画效果。通过“自定义动画”任务窗格，可以方便地在演示文稿中添加需要的动画。

将系统自带的动画添加到幻灯片后，可以继续调整动画效果的细节。例如，选择动画显示快慢，用计时的方式来控制动画启动和持续时间、进入方向和速度等，使整体效果看起来更加专业。

若需要为添加自定义动画的幻灯片调整顺序，则在对应的“自定义动画”任务窗格里，用户可以根据需要调整这些动画的前后顺序，以满足实际需要。

提示

如果需要快速地为幻灯片添加动画效果，简化动画设计过程，用户可以应用 PPT 演示文稿自带的动画方案，具体操作步骤会在之后的“幻灯片放映”选项卡中做详细介绍。

1）自定义动画效果的种类

在 WPS 演示文稿中，自定义动画效果共有以下四类。

- 进入效果：设置对象从屏幕上显现的动画效果，WPS 演示提供了 52 种进入效果。
- 强调效果：设置对象在屏幕上表现的动画效果，让对象更加突出，WPS 演示提供了 31 种强调效果。
- 退出效果：设置对象从屏幕上消失的动画效果，WPS 演示提供了 52 种退出效果，与进入效果一一对应。
- 动作路径效果：自定义对象动作路径。

2）添加动画

为演示文稿添加动作具体操作如下：

在普通视图中，选定需添加自定义动画的幻灯片，选择需添加自定义动画的文本或对象，如图 6-66 所示。

（1）首先，在“动画”选项卡上，单击“自定义动画”，打开“自定义动画”任务窗格。

（2）其次在“自定义动画”任务窗格中，单击“添加效果”按钮，并选择所需操作，如图 6-67 所示。

- 如果希望文本或对象通过某种效果进入幻灯片放映演示文稿，请指向“进入”，然后选择所需动画效果。

图 6-66　选择需要设置动画的图片

·如果希望幻灯片中的文本或对象添加动画效果，请指向“强调”，然后选择所需动画效果。

·如果要向文本或对象添加效果以使其在某一时刻离开幻灯片，请指向“退出”，再选择所需动画效果。

·如果要文本或对象按照指定路径移动，请指向“动作路径”，再选择所需动画效果。

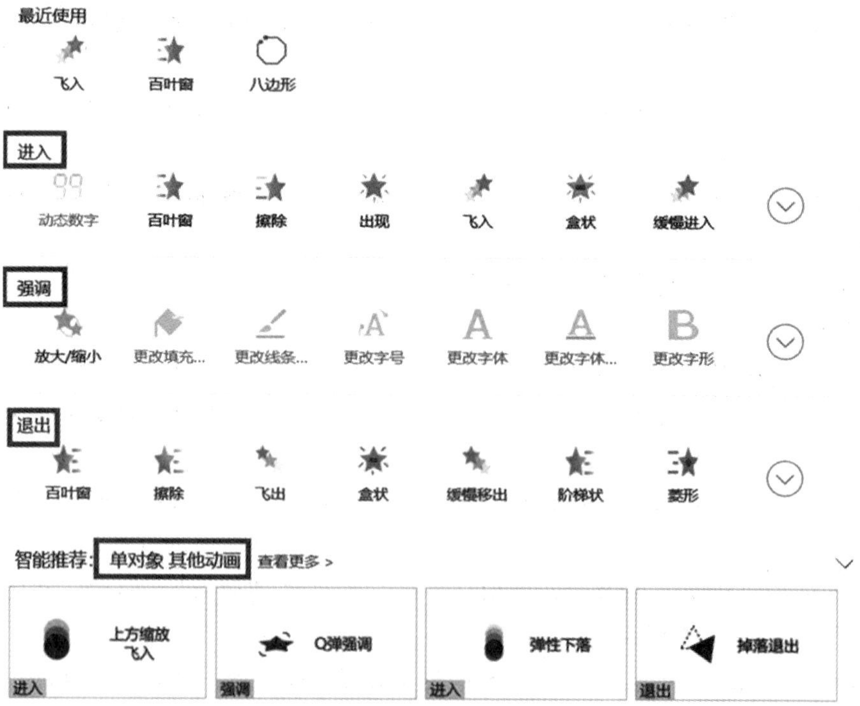

图 6-67　多种动画类型

提示

• 显示在自定义动画列表中的效果应用的顺序从上到下排列。

• 如果使用“自定义动画”任务窗格中的“播放”按钮来预览幻灯片的动画，则不需要通过单击触发动画序列。

• 如果要预览触发的动画如何运作，则请单击“幻灯片播放”按钮。

具体操作如图 6-68 所示。

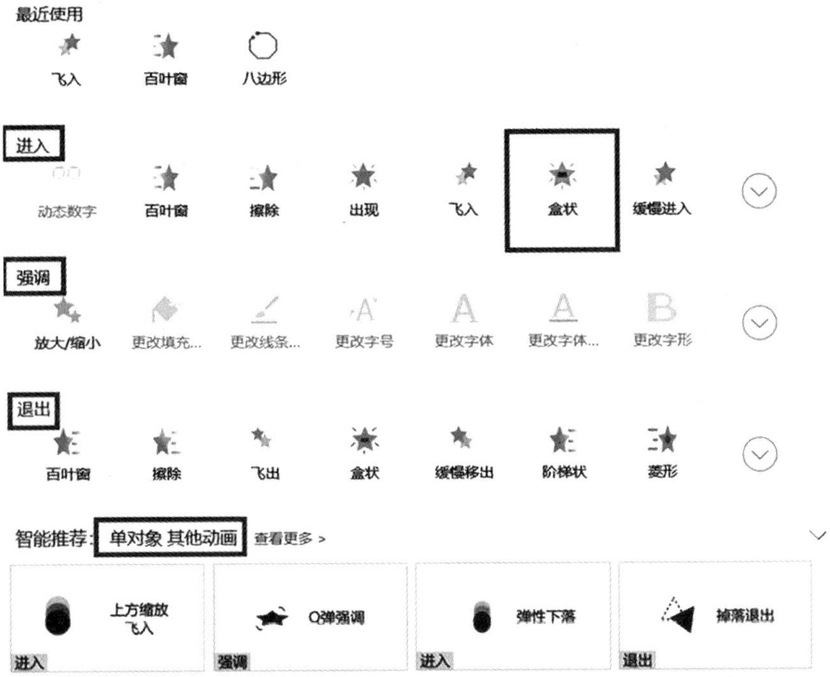

图 6-68　选择“盒状”飞入动画效果

3）更改动画属性

选中需更改属性的动画，单击右键，在打开的快捷菜单中选择“自定义动画”或者在“动画”选项卡上，单击“动画窗格”，打开“动画窗格”（见图 6-70），便可更改当前动画的相关属性。

• 开始：指动画的触发条件。“单击时”指鼠标单击对象时运行预设的动画效果。“之前”指预设的动画效果在上一动画开始前运行。“之后”指预设的动画效果在上一动画结束后运行。

• 方向：指动画运行时的方向性，有些动画无此选项。

• 速度：批动画运行时所需时间，有“非常慢”“慢速”“中速”“快速”“非常快”。

另外，修改动画速度还可使用以下方法：

· 在“动画”选项卡上，单击“动画窗格” 动画窗格。

· 在打开的“动画窗格”的动画列表中选择需修改时间的动画，单击向下箭头，如图 6-69 所示。

· 在下拉列表中选择“显示高级日程表”，如图 6-70 所示。

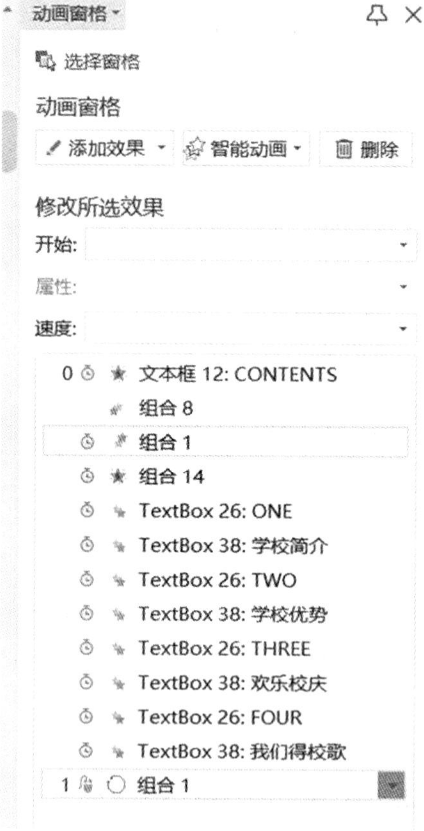

图 6-69　更改自定义动画

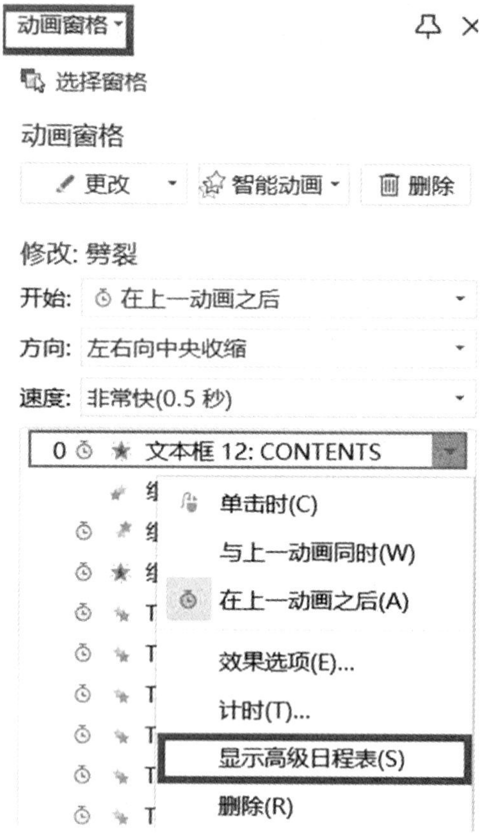

图 6-70　显示高级日程表

· 将鼠标移至时间块上，变成两端箭头形。

· 直接拖动时间块，设置动画开始时间、结束时间、持续时间。

4）更改动画类型

在“动画窗格”里，选中一个或多个动画效果，单击“更改”按钮，即可一次为单个或多个对象重新选择动画效果，如图 6-71 所示。

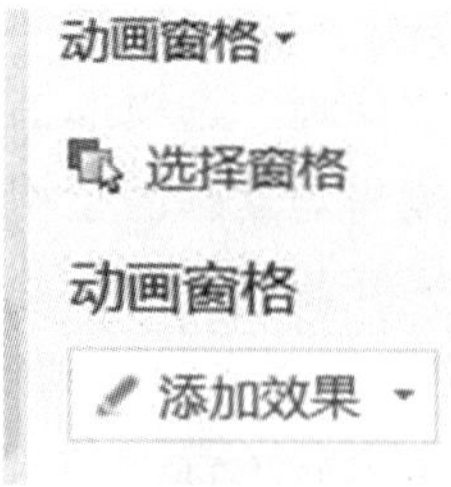

图 6-71　更改自定义动画类型

5）更改动画序列

如果要更改动画序列号，可以执行以下操作：

· 在普通视图中，选择包含要重新排序的动画的演示文稿。

· 在“动画”选项卡上，单击“动画窗格”。

· 在“动画窗格”中，选择需调整顺序的动画，拖动调整即可。

提示

如果在列表中没有发现要选择的动画，请确保列表中的每个动画都是完全展开的。

6）删除动画效果

如果需要删除动画效果，可以执行以下操作：

· 在“动画窗格”的自定义动画列表中，选择要删除的动画。

· 单击任务窗格上方的“删除”删除按钮，或者右键单击，在打开的快捷菜单中选择“删除”，如图 6-72 所示。

通过讲解，相信大家都想为自己的幻灯片设置吸人眼球的动画效果吧！

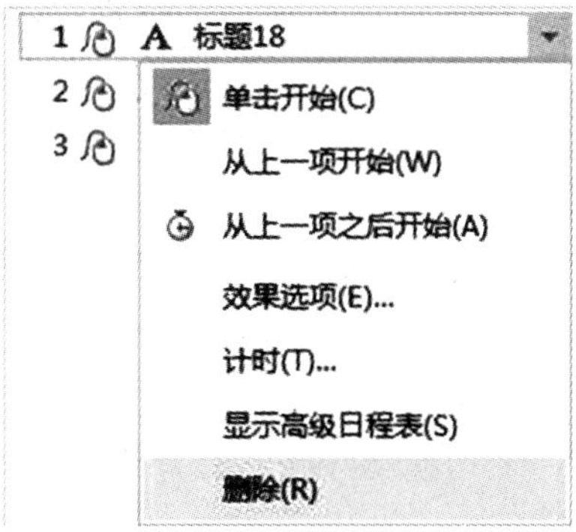

图 6-72 删除自定义动画

任务 3-3：PPT 演示文稿动画路径设计

光有动画设计效果还不够完美，如果想让飞入的图片或飞出的文字按照自己设计的方式来进行动画显示，而系统中又没有这些特殊的路径，那么就需要进行动画路径的设置，以达到更绚丽的动画效果！

动画路径功能可以指定对象或文本的路径实现效果，它是幻灯片动画序列的一部分。WPS 演示文稿不仅提供大量预设的路径效果，还可以自定义路径、更改路径等，并且还可以对各种路径进行编辑。

1）应用预设路径

WPS 演示文稿提供的路径可以针对幻灯片中的任意元素设置，如文本、图片、表格等各种对象。例如，要为第 3 张幻灯片中的标题文本对象设置路径，操作步骤如下：

· 切换第 3 张幻灯片为当前幻灯片，选中需要设置动画的素材。

· 在“动画”选项卡上，单击“动画窗格”，打开“动画窗格”。

· 在“动画窗格”的“添加效果”下拉列表中选择“动作路径”，单击“八边形”，如图 6-73 所示，即可完成基本动作路径设置，所见即所得地看见动画效果。

2）更改路径

在 WPS 演示文稿中，动作路径是一个对象，选定时出现 8 个控制点。因此，可以改变路径的大小、位置和旋转等。

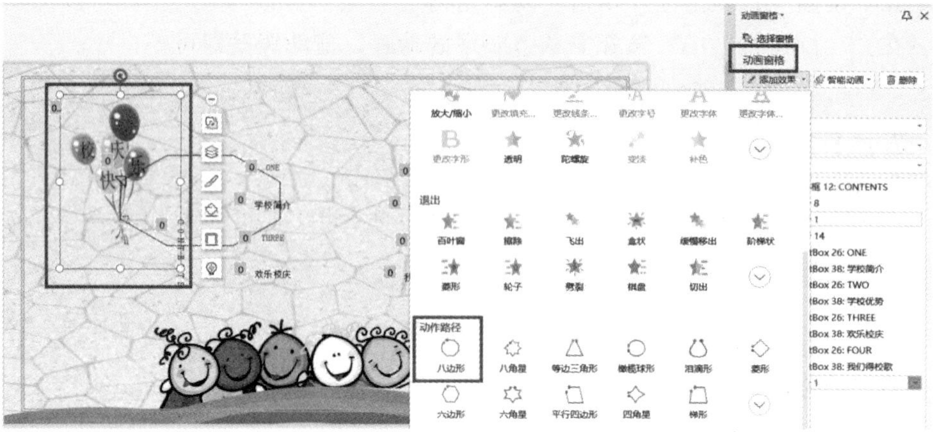

图 6-73　应用预设路径

3）调整路径大小

无论是预设的路径还是自定义的路径，都可以对路径的大小进行调整。例如，调整第 3 张幻灯片中自定义路径的大小，操作步骤如下：

· 切换第 3 张幻灯片为当前幻灯片，选中需要设置动画的素材。

· 在“动画”选项卡上，单击 动画窗格，打开“动画窗格”。

· 单击“动画窗格”中的“添加效果”按钮，选择“动作路径”，在下拉列表框中选择“其他动作路径”，在打开的“更改动作路径”对话框中选择“S 曲线”，如图 6-74 所示。

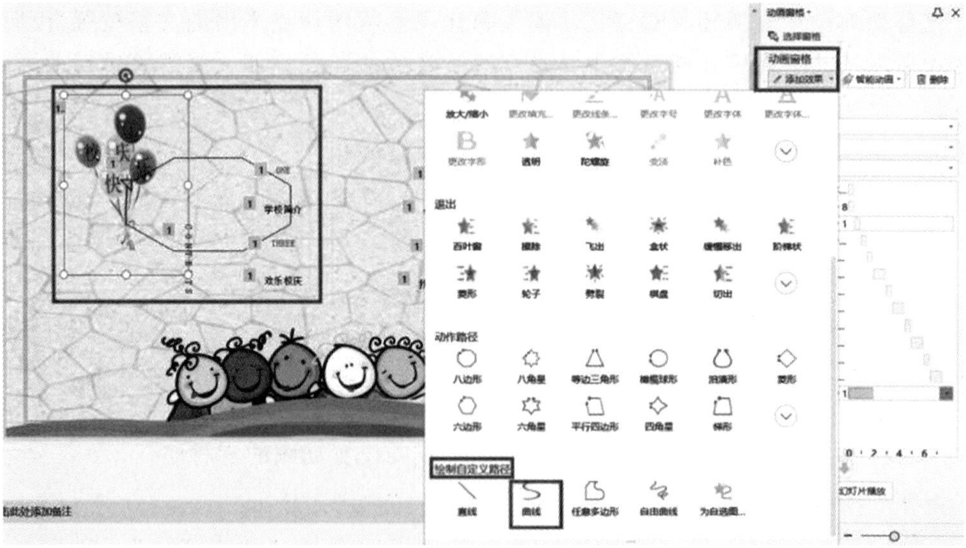

图 6-74　预设动作路径

· 在“动画窗格”中“速度”下拉列表框中选择“慢速”，如图 6-75 所示。在设置了动画效果的对象上将显示出设置的路径。

· 移动鼠标指针到路径上，单击鼠标选中路径，此时在路径上的四周出现 8 个控制点，如图 6-76 所示。

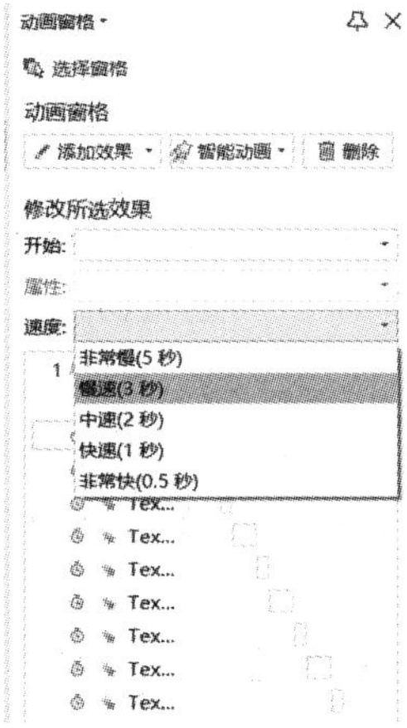

图 6-75　设置路径的运行速度

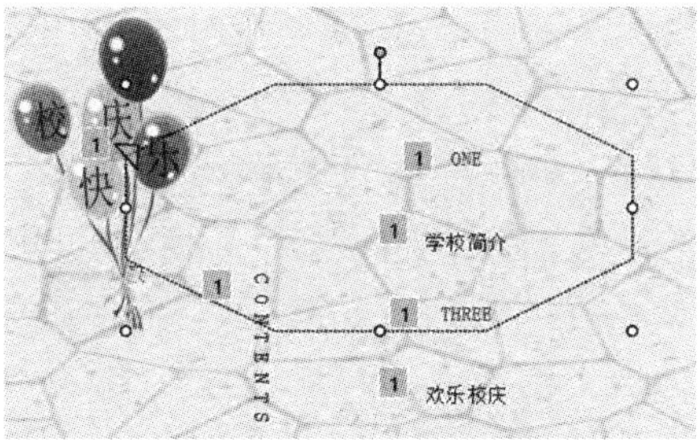

图 6-76　调整路径的大小

· 移动鼠标指针到一个控制点上，拖动鼠标即可调整路径大小。

4）调整路径位置

移动动作路径的方法如下：将鼠标指针移动到动作路径上，当指针变为状时按住鼠标左键不放，鼠标变为状时，拖动鼠标可以移动动作路径到新的位置，此时与路径有关联的文本或对象在移动路径时不会移动。在动画播放时，相关的项目将跳到起点并沿路径前行。

如果某一对象设置了路径动画，并且路径被解除锁定，则在移动对象时路径随着移动，如果路径被锁定，则在移动对象时路径不动。可以利用锁定路径，并将对象移走，来设置一些特殊的动画效果，操作步骤如下：

· 移动鼠标指针到路径上，单击鼠标选中路径。

· 在“动画窗格”的“路径”下拉列表框中选择“锁定”，如图 6-77 所示。

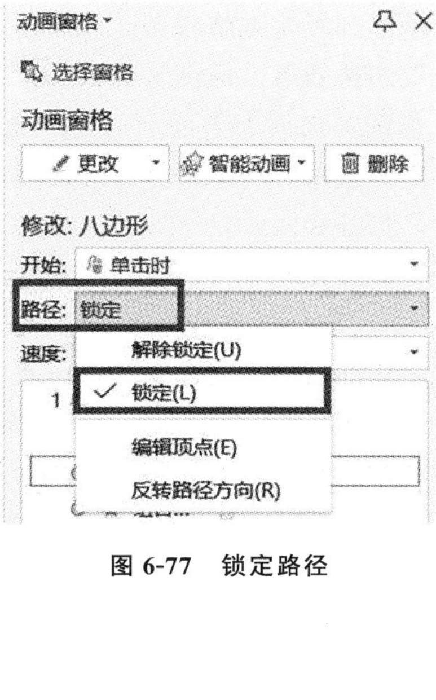

图 6-77　锁定路径

· 单击选中要调整的文本，并且将其稍微往上移动几格。

· 单击“幻灯片放映”按钮，或按 F5 键查看动画效果，此时可发现在播放路径动画时，图片会跳到起点并沿路径前行。

任务 3-4：幻灯片切换效果

切换效果是加在连续的幻灯片之间的特殊效果。在幻灯片放映的过程中，由一张幻灯片切换到另一张幻灯片时，可用不同的切换效果将下一张幻灯片显示到屏幕上。

为幻灯片添加切换效果最好在幻灯片浏览视图中进行，因为在浏览视图中可以看到演示文稿中所有的幻灯片，并且可以非常方便地选择希望添加切换效果的幻灯片。

WPS 演示文稿为用户提供了多达 60 种幻灯片页面切换时的动画方案，以满足用户的需要。

用户如需为幻灯片的切换添加动画效果，则可在“动画”选项卡上的“幻灯片切换方式展示台”中进行选择，并预览幻灯片切换方式，既方便又快捷，如图 6-78 所示。

图 6-78　幻灯片切换方式展示台

除了直接在“幻灯片切换方式展示台”中选择切换方式外，还可以通过“幻灯片切换”任务窗格，为幻灯片添加切换效果（包括动画切换类型、切换速度、切换音效）。

1）设置幻灯片的切换效果

就像精彩的电影画面依次切换一样，可以为演示文稿中的每一张幻灯片设置不同的切换效果，能为幻灯片演示起到画龙点睛作用。例如，为一个新的演示文稿中的第一张幻灯片设置“扇形展开”切换效果，操作步骤如下：

· 在演示文稿中选择“视图”选项卡上的“幻灯片浏览”，或者单击窗口右侧下方的“幻灯片浏览视图”按钮，切换到“幻灯片浏览视图”。

· 在“切换”选项卡上，打开如图 6-79 所示的“幻灯片切换”任务窗格。

· 单击选定第一张幻灯片，在“应用于所选幻灯片”下拉列表框中选择“分割”切换效果。

· 在选项区域的“速度”选项框中，输入时间，或者单击箭头增加或减少切换的时间。

· 在“声音”下拉列表框中选择“鼓掌”选项，并勾选“循环播放，到下一声音开始时”复选框，如图 6-80 所示。

图 6-79　选择切换效果

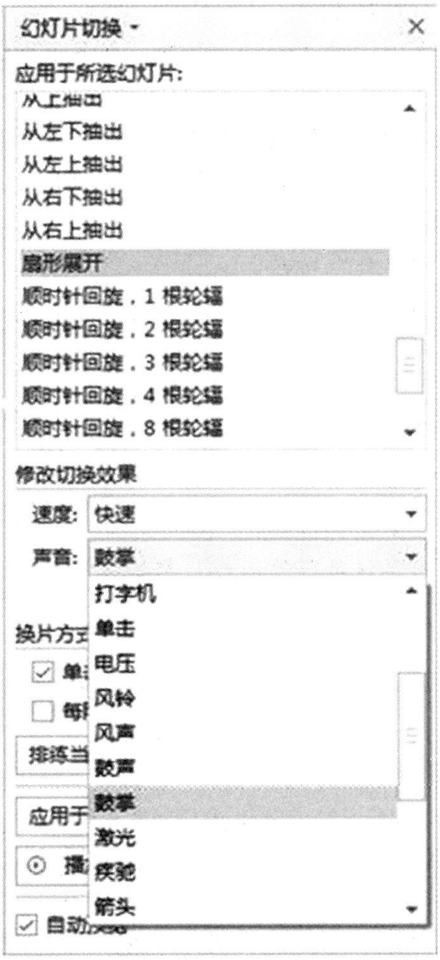

图 6-80　设置幻灯片切换效果的声音

• 在“换片方式”选项区域中，勾选“单击鼠标时”复选框。

• 设置完成后，在幻灯片的左上角添加了动画图标。

2）设置多张幻灯片的切换效果

在为幻灯片设置切换效果时，还可以为演示文稿中的多张幻灯片设置相同的切换效果。在 WPS 演示文稿中可以采用多种方法为多张幻灯片设置切换效果。

（1）为任意多张幻灯片设置切换效果。

如果要为演示文稿中几张随意的幻灯片设置切换效果，操作步骤如下：

• 在“切换”选项卡上，打开“幻灯片切换”任务窗格。

• 利用 Ctrl 键选中第一张和第三张幻灯片。

• 在“应用于所选幻灯片”下拉列表框中选择“新闻快报”切换效果。在“声音”下拉列表框中选择“鼓掌”选项。在“换片切换”选项区域中，勾选“单击鼠标时”复选框。

设置完成后，在所有选中幻灯片的左边添加了动画图标。

（2）为全部幻灯片设置切换效果。

• 在“切换”选项卡上，打开“幻灯片切换”任务窗格。

• 选中演示文稿中任意一张幻灯片。

• 在“应用于所选幻灯片”下拉列表框中选择“平滑”切换效果。在“声音”下拉列表框中选择“鼓掌”选项。在“换片切换”选项区域中，勾选“单击鼠标时”复选框。

• 单击“应用于所有幻灯片”按钮。

设置完成后，所有选中幻灯片的左下角将会添加动画图标。

提示

当演示文稿中包含多母版时，在“幻灯片切换”任务窗格中会出现“应用于母版”按钮，通过单击此按钮，可以将设置的幻灯片切换应用到对应的母版上。此时只要使用了该母版的幻灯片都将应用这个设置的切换效果。

任务 3-5：幻灯片预览

在“动画”选项卡上的“幻灯片切换方式展示台”中选择切换效果，可直接预览幻灯片切换效果。

• 在添加幻灯片切换效果后，在“预览效果”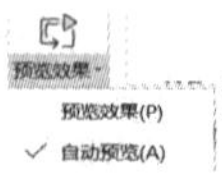

选项卡上，单击“预览效果”。

• 选择切换效果后，单击“幻灯片切换”任务窗格中的“播放”按钮。如果要以放映幻灯片形式预览，请在“幻灯片切换”任务窗格中，单击“幻灯片播放”。

• 勾选“幻灯片切换”任务窗格最下方的“自动预览”复选框，在打开的切换方式列表中单击切换方式，即可看到预览效果，如图 6-81 所示。

图 6-81　“幻灯片切换”任务窗格

提示

如果要删除“动画方案”，请在“动画”选项卡上，单击“动画方案”，在任务窗格的“应用于所选幻灯片”之下，选择“无动画”。

任务 3-6：幻灯片放映设置

制作幻灯片的目的就是放映幻灯片，在计算机上放映幻灯片时，幻灯片在计算机屏幕上是全屏显示，当然在放映幻灯片时，用户可以加入许多特效，使得演示过程更加生动和有趣。

用户可根据需求选择开始放映幻灯片的位置，可以从头开始放映，或者从当前幻灯片开始放映，也可自定义放映。

1. 从头开始放映幻灯片

如需从头开始放映幻灯片，可以通过以下方法实现：

• 在“幻灯片放映”选项卡上，单击“从头开始”。

• 直接按快捷键 F5。

2. 从当前幻灯片开始放映

如需从当前幻灯片开始放映，可以通过以下方法实现：

· 选定需放映的幻灯片后，在“幻灯片放映”选项卡上，单击“从当前开始”。

· 单击窗口右下角的“幻灯片放映”按钮。

设置好所有幻灯片的动画效果后，就用不同的方式来放映一下，看看真实的效果，如果有需要修改的地方，可以继续修改。

3. 自定义放映

如果用户希望以自定义放映的方式只显示幻灯片而不显示整个演示文稿时，请使用此方式，具体操作步骤如下：

· 在“幻灯片放映”选项卡上，单击“自定义放映”，打开“自定义放映”对话框。

· 在“自定义放映”对话框中，单击“新建”按钮。

· 在打开如图 6-82 所示的“定义自定义放映”对话框中，选择要添加到自定义放映的幻灯片，再单击“添加”按钮。这样就可以根据需要放映幻灯片，而不用所有的幻灯片都放一遍，或者选择与主题相关的幻灯片来放映。

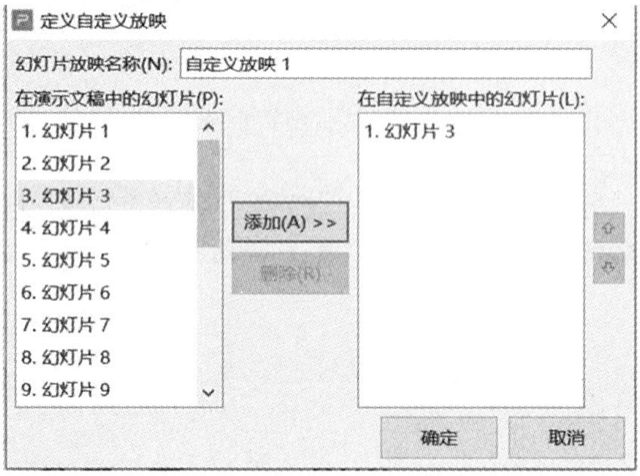

图 6-82 自定义放映

· 如果要选择多张幻灯片，请在选取幻灯片时按下 Ctrl 键。

· 如果要调整幻灯片的显示顺序，可以在“在自定义放映中的幻灯片”中选择相应的幻灯片，再单击右侧向上或向下箭头，则可以使幻灯片在列表内上下移动，改变显示的顺序。

· 完成后在“幻灯片放映名称”框中，输入名称，单击“确定”按钮。

· 返回“自定义放映”对话框，单击“放映”按钮，即可预览自定义放映的效果。

4. 删除自定义放映

如果要删除自定义放映，可执行下列操作：

· 在“幻灯片放映”选项卡上，单击“自定义放映”。

· 在打开的“自定义放映”对话框中，选择要删除的自定义放映，单击“删除”

按钮。

· 单击“关闭”按钮。

提示

删除自定义放映，对应的幻灯片保留在演示文稿中，但不再标记为自定义放映。

任务 3-7：幻灯片媒体设置

看着自己设计出来的校园宣传片，各种动画精彩纷呈，但要是加入音频和视频，那更将栩栩如生！

用户可以在演示文稿中添加影片和声音等多媒体对象，并且控制它的播放，比如在幻灯片显示时自动播放、单击鼠标时开始播放等。

1. 文件中的视频

与图片或图形不同，视频文件始终都要能在幻灯片中播放。插入影片时，会添加触发器效果。在幻灯片放映中，单击影片框可暂停播放影片，再次单击可继续播放。

1）插入视频

在幻灯片中添加校园宣传影片的步骤如下：

· 选择要添加视频的幻灯片。

· 在“插入”选项卡上，单击“视频”，在打开的对话框中，选择嵌入视频或者链接到视频，如图 6-83 所示。

· WPS 演示文稿会询问用户希望在幻灯片放映时，如何开始播放视频，可以选择“自动”或“在单击时”播放。

图 6-83 “插入影片”对话框

2）播放视频

在插入的影片上右键单击，在打开的快捷菜单中选择“播放视频”。

3）编辑视频影片对象

单击插入好的视频，在出现的“视频工具”界面中，可以编辑视频、设置播放方式、设计视频封面等，如图 6-84 所示。

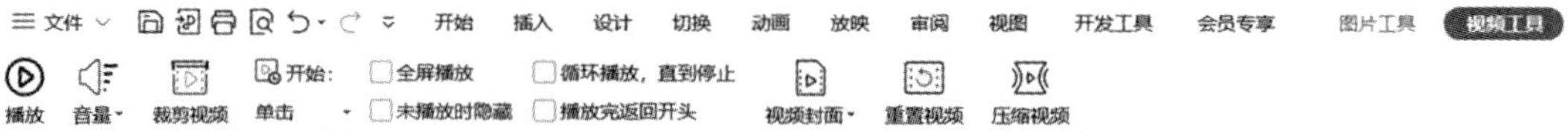

图 6-84　“视频工具”界面

· 勾选“循环播放，直到停止”复选框，可以循环播放影片。

· 单击“音量”按钮后，用鼠标拖动滑块可以调节影片音量。

· 勾选“全屏播放”复选框，WPS 演示文稿会以全屏模式播放影片。

· 单击“视频封面”，可以设计所插入视频的封面。

2. 文件中的声音

1）添加声音

选择要添加声音的幻灯片。

· 在“插入”选项卡上，单击“音频”。

· 在打开如图 6-85 所示的“嵌入音频”对话框中，选择需要添加的声音文件，单击“打开”按钮，即可添加本地音乐或在线音乐。大家为自己的校庆演示文稿选择一首欢快的音乐添加进来吧！

· 右键单击音频文件，可以进行“裁剪音频”，如图 6-86 所示。

图 6-85　“插入声音”对话框

图 6-86　裁剪音频

· 正确插入后，在选定幻灯片中显示喇叭图案，如图 6-87 所示。

2）播放声音

在插入的声音上右键单击，在打开的快捷菜单中选择“播放音频”。

3）编辑音频对象

· 单击插入的音频，在打开的快捷菜单中选择“音频工具”，打开如图 6-88 所示的“声音选项”对话框。

· 勾选“循环播放，直至停止”复选框，可以循环播放声音。

· 单击“声音音量”按钮后，用鼠标拖动滑块可以调节音量。

图 6-87 插入音频

图 6-88 “声音选项”对话框

· 单击“确定”按钮，完成设置。

4）背景音乐

如果希望在演讲过程中播放音乐，可以通过嵌入背景音乐实现，可执行以下操作：

在“插入”选项卡上，单击“音频”，选择“嵌入背景音乐”。

在打开的“从当前页插入背景音乐”对话框中，选择需要插入的背景音乐文件，单击“打开”按钮，即可插入提前准备好的音乐，并且“设为背景音乐”图标为选中样式，如图 6-89 所示。

背景音乐以声音图标的形式插入幻灯片中，一个演示文稿中可以插入多个背景音乐，但一张幻灯片中只能插入一个背景音乐。

背景音乐只有在幻灯片放映的状态下才能播放。

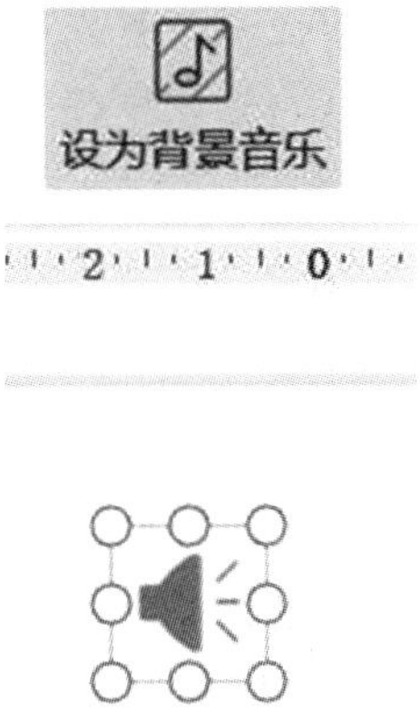

图 6-89 设置背景音乐

5）预览背景音乐

在插入的声音图标上右键单击，在打开的快捷菜单中选择“播放音频”，即可实现预览背景音乐。

6）删除背景音乐

用户可以通过删除代表背景音乐的声音图标实现删除，也可以通过重新插入替换当前背景音乐。

通过完成本章节三个任务后，同学们能设计出精美漂亮大气的演示文稿了，再通过多练习、多思考、多探索，相信能挖掘出更多的功能，为自己设计的演示文稿增添色彩！

模块小结

（1）了解 WPS PowerPoint 的工作界面及主要功能。
（2）掌握 WPS PowerPoint 图文混排等综合应用。
（3）掌握 WPS PowerPoint 幻灯片母版操作与应用。
（4）掌握 WPS PowerPoint 幻灯片版式设计。
（5）掌握 WPS PowerPoint 动画及特效设计。
（6）掌握 WPS PowerPoint 音频视频综合设计。

复习题

1. 演示文稿存储以后，默认的文件扩展名是（　　）。

A. EXE　　B. JPG
C. DOC　　D. PPT

2. 在（　　）模式下可对幻灯片进行插入、编辑对象的操作。

A. 幻灯片视图　　B. 大纲视图
C. 幻灯片浏览视图　　D. 备注页视图

3. 在当前演示文稿中要新增一张幻灯片，采用（　　）方式。

A. 选择“文件”菜单中的“新建”命令
B. 选择“编辑”菜单中的“复制”和“粘贴”命令
C. 选择“插入”菜单中的“新建幻灯片”选项卡
D. 选择“插入”菜单中的“幻灯片（从文件）”命令

4. 下列各项中（　　）不能控制幻灯片外观一致的方法。

A. 母版　　B. 模板
C. 背景　　D. 幻灯片视图

5. 在（　　）选项中，可以为幻灯片设计不同的动态效果。

A. 插入　　B. 动画
C. 视图　　D. 音频

参考文献

[1] 倪玉华，陈海，李玫，等．信息技术概论［M］．北京：科学出版社，2012.

[2] 吴华洋．基于 Linux 环境的大学计算机基础教程［M］．北京：清华大学出版社，2006.

[3] 易建军，周炼，刘任，等．WPS Office 2013 应用基础教程［M］．南京：东南大学出版社，2016.

［4］李瑛，张瑛，彭仲昆．WPS Office 2013 应用基础项目式教程·高职［M］．北京：人民邮电出版社，2015.

［5］吴霞，张建国．常用办公设备与办公软件［M］．北京：清华大学出版社，2009.

［6］丁志强．办公软件应用 WPS Office 2016［M］．北京：机械工业出版社，2017.

［7］彭仲昆．办公软件应用 WPS Office 2013［M］．北京：电子工业出版社，2016.

［8］汪磊．Office 商务办公实用教程［M］．北京：电子工业出版社，2010.

模块七

程序设计基础

学习目标

1. 了解算法、程序的基本概念，以及程序设计的基本步骤。
2. 掌握 Python 程序设计基本数据类型、特点及其处理方法。
3. 能熟练掌握 Python 程序设计中的顺序、分支、循环等结构来解决实际问题。
4. 了解常用的数据结构。

学习重点

1. Python 的安装和配置。
2. 程序流程控制语句的理解与使用。
3. 提高程序思维及动手能力和思维能力。

学习难点

1. 数据结构的理解与应用。
2. 流程控制语句的灵活应用。

Python 是一种简单易学、功能强大的编程语言，它有高效率的数据结构，简单而有效地实现面向对象编程。Python 简洁的语法和对动态输入的支持，再加上解释性语言的本质，使得它在大多数平台上的许多领域都是一个理想的脚本语言，特别适用于快速的应用程序开发。Python 语言是少有的一种可以称得上既简单又功能强大的编程语言。使用者将惊喜地发现 Python 语言是多么地简单，它注重的是如何解决问题，而不是编程语言的语法和结构。

Python 语言的创造者 Guido van Rossum 是根据英国广播公司的节目“蟒蛇飞行马戏”命名这个语言的。

7.1 准备工作

7.1.1 Python 简介

Python 提供了非常完善的基础代码库，覆盖了网络、文件、GUI、数据库、文本等大量内容，被形象地称为“内置电池（batteries included）”。用 Python 开发，许多功能不必从零编写，直接使用现成的即可。除了内置的库外，Python 还有大量的第三方库，也就是别人开发的，供你直接使用的东西。当然，如果你开发的代码通过很好的封装，也可以作为第三方库给别人使用。

许多大型网站就是用 Python 开发的，如 YouTube、Instagram，还有国内的豆瓣。很多大公司，包括 Google、Yahoo 等，甚至 NASA（美国国家航空航天局）都大量地使用 Python。初学者学 Python，不但入门容易，而且将来深入下去，可以编写非常复杂的程序。

总的来说，Python 的哲学就是简单优雅，尽量写容易看明白的代码，尽量写少的代码。

Python 具有以下特色：

（1）简单。

Python 是一种代表简单主义思想的语言。阅读一个良好的 Python 程序就感觉像是在读英语一样，当然这个英语的语法要求非常严格。Python 的这种伪代码本质是它最大的优点之一。它使你能够专注于解决问题，而不是去搞明白语言本身。

（2）易学。

就如同你即将看到的一样，Python 极其容易上手，Python 有极其简单的语法。

（3）免费、开源。

Python 是 FLOSS（自由/开放源码软件）之一。简单地说，你可以自由地发布这个软件的拷贝，阅读它的源代码，对它做改动，把它的一部分用于新的自由软件中。FLOSS 是基于一个团体分享知识的概念。这也是为什么 Python 如此优秀的原因之一——它是由一群希望看到一个更加优秀的 Python 的人创造并经常改进着的。

（4）高层语言。

当用 Python 语言编写程序时，无需考虑诸如如何管理你的程序使用的内存一类的底层细节。

（5）可移植性。

由于它的开源本质，Python 已经被移植在许多平台上，经过改动使它能够工作在不同平台上。如果你小心地避免使用依赖于系统的特性，那么你的所有 Python 程序无需修改就可以在许多平台上运行。

（6）解释性。

Python 语言编写的程序不需要编译成二进制代码，可以直接从源代码运行程序。在计算机内部，Python 解释器把源代码转换成称为字节码的中间形式，然后再把它翻译成计算机使用的机器语言并运行。这也使得 Python 程序更加易于移植。

（7）面向对象。

Python 既支持面向过程的编程，也支持面向对象的编程。在面向过程的语言中，程序是由过程或仅仅是可重用代码的函数构建起来的。在面向对象的语言中，程序是由数据和功能组合而成的对象构建起来的。与其他主要的语言如 C＋＋和 Java 相比，Python 以一种非常强大又简单的方式实现面向对象编程。

（8）可扩展性。

如果需要一段关键代码运行得更快或者希望某些算法不公开，你可以把部分程序用 C 或 C＋＋语言编写，然后在 Python 程序中使用它们。

（9）可嵌入性。

可以把 Python 嵌入 C/C＋＋程序，从而向程序用户提供脚本功能。

（10）广泛的标准库。

Python 标准库确实很庞大。它可以帮助你处理各种工作，包括正则表达式、文档生成、线程、数据库、网页浏览器、电子邮件等，只要安装了 Python，所有这些功能都是可用的。

Python 主要应用领域：

（1）系统运维；

（2）科学计算、人工智能；

（3）网络编程（如搜索引擎、爬虫、服务器编程）；

（4）Web 开发；

（5）云计算系统；

（6）图形化；

（7）游戏开发；

（8）教育；

（9）其他领域。

7.1.2 搭建 Python 环境

进入 Python 官网（见图 7-1），在 Downloads（下载）下面，单击 Windows 进入下载列表页，如图 7-2 所示。

Stable Releases 稳定版本：经过测试和使用迭代，bug 较少，可用于工作学习。

Pre-releases 预发布版本：正在测试，较容易出现异常，但包含新版本语言特性/功能/语法。

本章选择 Stable Releases 稳定版本进行 Python 的学习和测试。

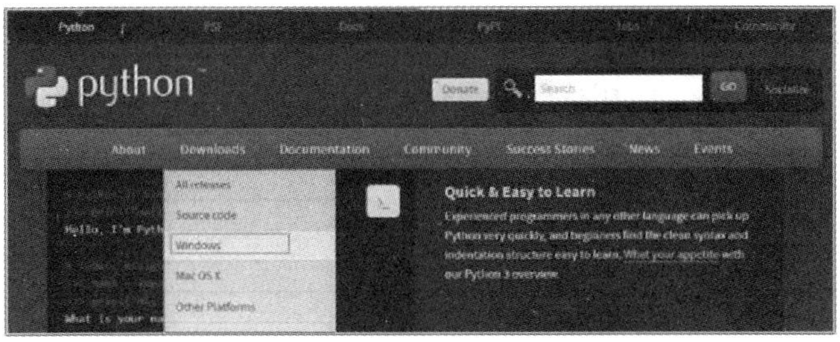

图 7-1　Python 官网主页面

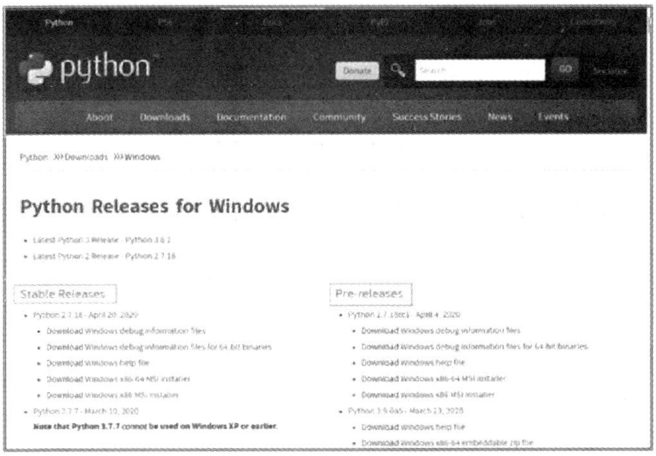

图 7-2　Python 下载页面

稳定版本也分为以下两类：

Python 2. x：Python 2 于 2000 年发布，稳定版本是 Python 2. 7。但在 2018 年 3 月，该语言作者在邮件列表上宣布 Python 2. 7 将于 2020 年 1 月 1 日终止支持。

Python 3. x：Python 3 于 2008 年 12 月 3 日发布，不完全兼容 Python 2。目前一直持续更新的最新稳定版本为 Python 3. 9. 10。

本课程选用 Python 3. 7. 7，创建 Py3 环境目录文件夹：D：\Dev\env\Python 3.7，打开下载目录并双击 Python-3. 7. 7-amd64. exe 安装程序。进入安装配置界面（见图 7-3）：

选择 Add Python 3. 7 to PATH ，方便在任何目录下执行。

选择 Customize installation。系统默认安装，但不利于日后管理使用，所以建议选择自定义安装。

如图 7-4 所示，询问是否需要安装 Python 文档、pip 拓展包管理器、IDLE 命令行工具，这些都是日常开发所需要的。单击“Next”按钮，进行高级设置，如图 7-5 所示。

选择 Install for all users，把 Python 3. 7 设置为全局环境。

配置 Customize install location 自定义路径，这里配置为上面 Py3 环境目录文件夹：D：\Dev\env\Python 3. 7。

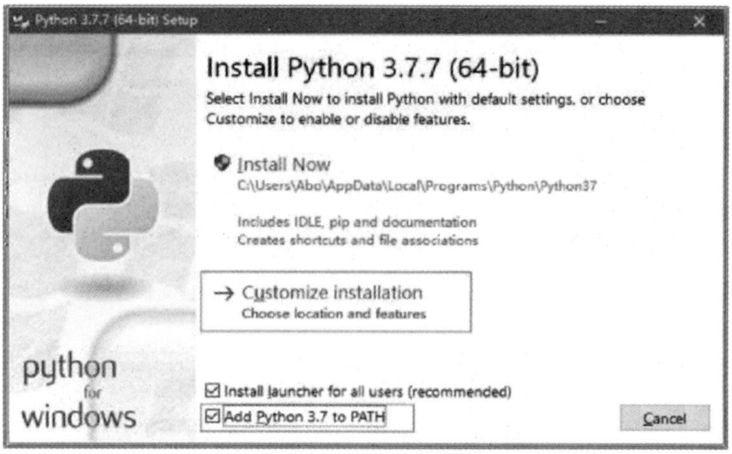

图 7-3 安装 Python3 64 位程序

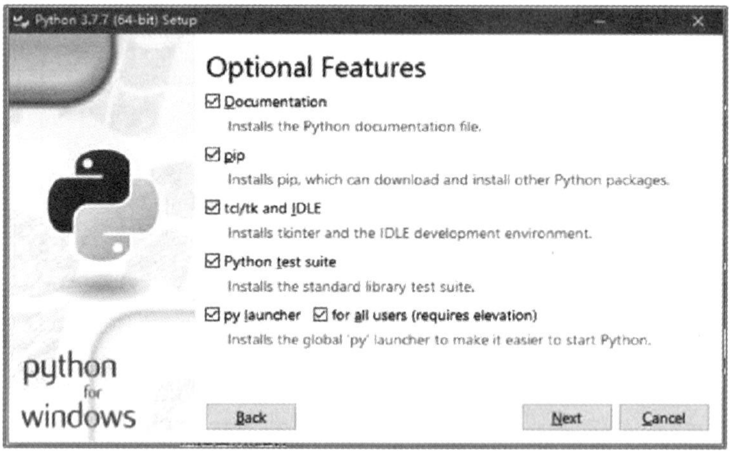

图 7-4 可选的安装选项

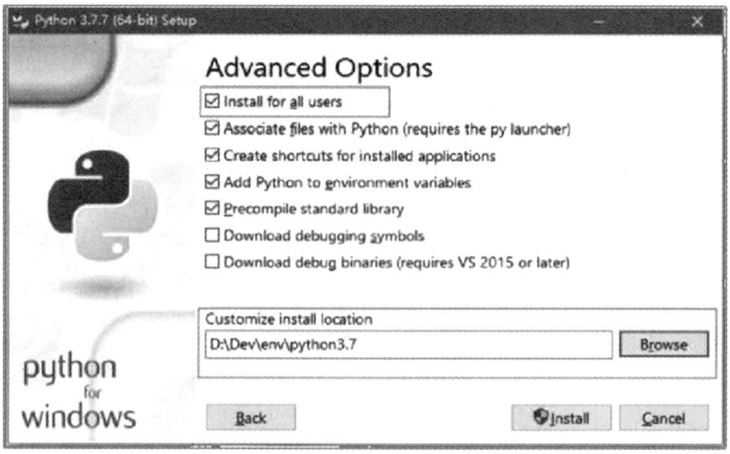

图 7-5 高级选项

单击“Instart”按钮，程序根据配置进行安装，稍作等待，会提示安装成功，如图 7-6 所示。

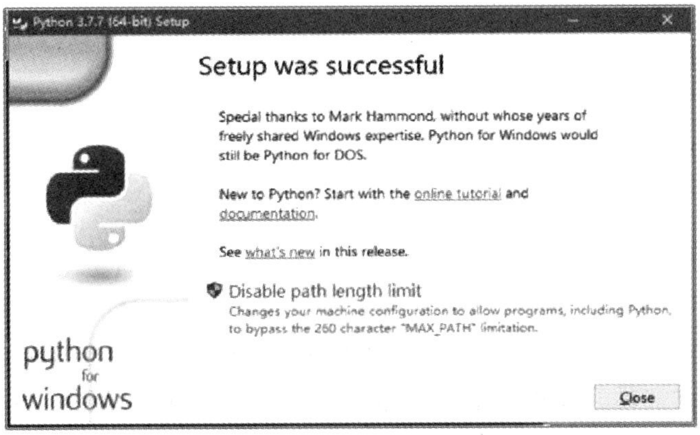

图 7-6　安装成功提示页面

验证是否安装成功，可以在 cmd 命令行下输入命令 Python，出现图 7-7 所示的界面，就表示可以正常使用 Python 并进行程序开发和测试了。

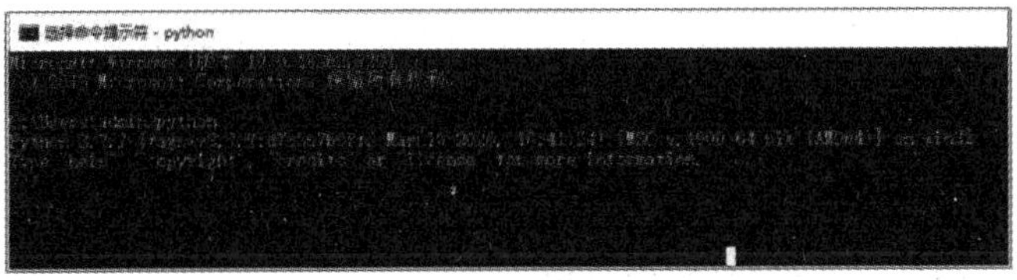

图 7-7　命令行下测试 Python

7.1.3　使用 IDLE 创建第一个程序

安装好 Python 后，会自动安装一个 IDLE，它是一个 Python Shell（可以在打开的 IDLE 窗口的标题栏上看到），程序开发人员可以利用 Python Shell 与 Python 交互，如图 7-8 所示。

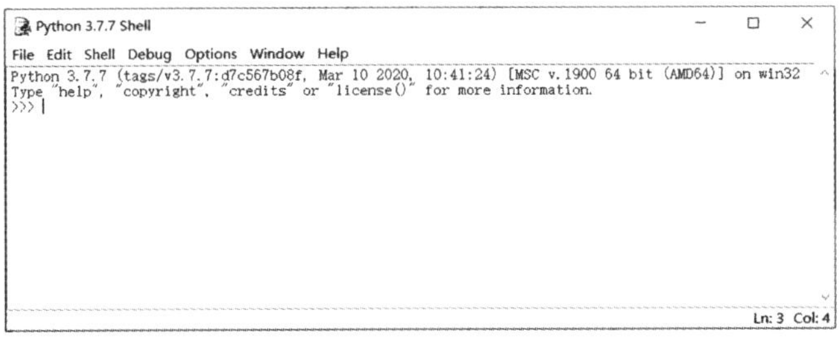

图 7-8　Python 的 Shell 编辑模式

IDLE 为开发人员提供了许多有用的特性，如自动缩进、语法高亮显示、单词自动完成以及命令历史等，在这些功能的帮助下，能够有效地提高开发效率。使用时主要有以下两种功能编辑模式。

命令行模式：输入单条语句，如图 7-9 所示，按下 Enter 键执行语句。

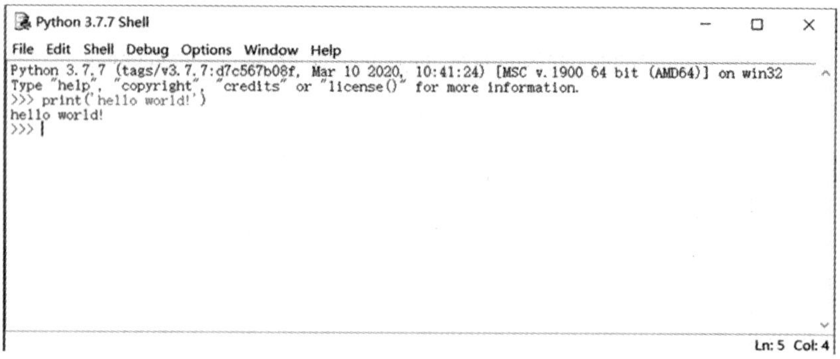

图 7-9　Shell 模式下的测试

文件模式：在实际开发中，通常不能只包含一行代码，当需要编写多行代码时，可以单独创建一个文件保存这些代码，在全部编写完成后一起执行。在 IDLE 主窗口的菜单栏上，选择“File→New File”菜单项，将打开一个新窗口，在该窗口中，可以直接编写 Python 代码。在输入一行代码后再按下 Enter 键，将自动切换到下一行，在代码编辑区中，编写多行代码，按下快捷键 Ctrl＋S 保存文件，这里将文件名称设置为 demo. py。其中 . py 是 Python 文件的扩展名。在菜单栏中选择“Run→Run Module”菜单项（也可以直接按下快捷键 F5），运行程序。

7.2　Python 程序基础

7.2.1　格式框架

Python 最具特色的就是使用缩进来表示代码块，不需要使用大括号“{}”。

缩进的空格数是可变的，但是同一个代码块的语句必须包含相同的缩进空格数。实例如下：

```
if True:
print("Answer")
print("True")
else:
print("Answer")
print("False")# 缩进不一致,会导致运行错误
```

Python 中单行注释以＃开头，实例如上。

Python 通常是一行写完一条语句，但如果语句很长，我们可以使用反斜杠（\）来实现。

多行语句，例如：

```
total= item_one+ \
item_two+ \
item_three
```

7.2.2　标识符及命名规则

对程序中对象（如变量、函数、类等）进行命名，用于区分不同的对象。命名的规则如下：

· 第一个字符必须是字母表中字母或下划线。

· 标识符的其他部分由字母、数字和下划线组成。

· 标识符对大小写敏感。

· 在 Python 3 中，非 ASCⅡ 标识符也是允许的。

保留字即关键字，不能把它们用作任何标识符名称。Python 的标准库提供了一个 keyword module，可以输出当前版本的所有关键字，如图 7-10 所示。

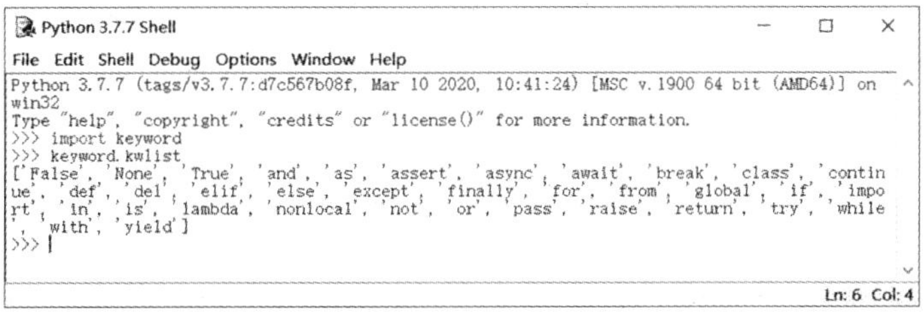

图 7-10　Python 的保留关键字

7.2.3　常用数据类型

Python 中的数据可分为变量和常量。

变量：在程序运行过程中，值会发生变化的量。

常量：在程序运行过程中，值不会发生变化的量。

无论是变量还是常量，在创建时都会在内存中开辟一块空间，用于保存它的值。

这里有一点需要注意的是，在 Python 中是不需要声明类型的，这是根据 Python 的动态语言特性而来。变量可以直接使用，而不需要提前声明类型。

例如：

```
a= 4
b= "hello world"
c= [5,8]
d= (2,3)
```

在 Python 中，通常用全部大写的变量名表示常量。例如，PI=3.1415926。

Python3 中有六个标准的数据类型：

- Number（数字）；
- String（字符串）；
- List（列表）；
- Tuple（元组）；
- Sets（集合）；
- Dictionary（字典）。

简单的数据类型有数值型和字符串型。

数值型支持 int、float、bool、complex（复数）。

字符串型用单引号（'）或双引号（" "）括起来，同时使用反斜杠（\）转义特殊字符。

例如：

```
a= 4;b= 4.1
c= 'hello;d= "world" # 一行多语句可以使用
```

复杂的数据类型主要有列表、元组、集合、字典，后面会把常用的列表和字典数据类型作重点讲解。

7.2.4 运算符与表达式

运算符是程序执行算术运算或逻辑运算的符号。例如，1+2，+是运算符，1 与 2 为操作数。

- 单目运算符：操作数只有 1 个；
- 双目运算符：操作数有 2 个。

Python 语言支持以下类型的运算符：

- 算术运算符；
- 比较（关系）运算符；
- 赋值运算符；
- 逻辑运算符；
- 位运算符（选择）；
- 成员运算符；
- 身份运算符；

下面以比较常用的算数运算符和关系运算符为例进行介绍。

（1）Python 算术运算符及其举例如表 7-1 所示。

以下假设变量 a 为 10，变量 b 为 21。

表 7-1 算数运算符及其举例

运算符	描述	实例
+	两个对象相加	a+b 输出结果 31
-	得到负数或是一个数减去另一个数	a-b 输出结果 -11
*	两个数相乘或是返回一个被重复若干次的字符串	a * b 输出结果 210
/	x 除以 y	b/a 输出结果 2.1
%	取模，返回除法的余数	b%a 输出结果 1
* *	幂，返回 x 的 y 次幂	a* *b 为 10 的 21 次方
//	取整除，返回商的整数部分	9//2 输出结果 4，9.0//2.0 输出结果 4.0

（2）Python 比较运算符及其举例如表 7-2 所示。

以下假设变量 a 为 10，变量 b 为 20。

表 7-2 比较运算符及其举例

运算符	描述	实例
==	比较对象是否相等	(a==b) 返回 False
! =	比较两个对象是否不相等	(a! =b) 返回 True
>	返回 x 是否大于 y	(a>b) 返回 False
<	返回 x 是否小于 y。所有比较运算符返回 1 表示真，返回 0 表示假，分别与特殊的变量 True 和 False 等价。注意，这些变量名的大写	(a<b) 返回 True
>=	返回 x 是否大于或等于 y	(a>=b) 返回 False
<=	返回 x 是否小于或等于 y	(a<=b) 返回 True

7.3 列表

7.3.1 列表的定义

列表是 Python 中最基本也是最常用的数据结构之一。列表中的每个元素都被分配一个数字作为索引，用来表示该元素在列表内所在的位置。第一个元素的索引是 0，第二个索引是 1，依此类推。

创建一个列表，只要把逗号分隔的不同的数据项使用方括号括起来即可，例如：

```
['1',2,'hello']# 列表
list1= []# 定义空列表
```

列表从 0 开始为它的每一个元素顺序创建下标索引，直到总长度减 1。要访问它的某个元素，以方括号加下标值的方式即可。注意要确保索引不越界，一旦访问的索引超过范围，会抛出异常。所以，一定要记得最后一个元素的索引是 len（list1）－1。例如：

```
List1= ["a","b","c"]
>>> List1[0]
'a'
>>> List1[1]
'b'
>>> List1[2]
'c'
```

切片指的是对序列进行截取，选取序列中的某一段。切片的语法是：

list1 [start：end]

以冒号分割索引，start 代表起点索引，end 代表结束点索引。

切片过程中还可以设置步长，以第 2 个冒号分割，如 list1 [3：9：2]，表示每隔 2 个距离取一个元素。

```
List1= ["a","b","c"]
>>> List1[1:3]
['b','c']
```

7.3.2 列表元素的增删改查

添加元素：a. append（元素），表示在列表最后添加元素。

插入元素：a. insert（位置，元素），表示在固定位置插入元素，原来位置的元素往后排。如果位置大于列表的长度，则与 append 的结果是一样的，添加到列表的最后。列表是从 0 开始计数的，即第 1 个元素的索引是 0。

删除元素：a. remove（元素），表示从 0 开始索引，直到匹配到相等的第一个元素，删掉该元素。只会删除一个。例如：

```
>>> lis= ["a","b","c"]
>>> del lis[0] # 根据索引删除
>>> lis
['b','c']
>>> lis.remove("b") # 直接根据值进行删除
>>> lis
['c']
```

修改元素：直接对元素进行重新赋值。例如：

```
>>> lis[0]
'a'
>>> lis[0]= "d"
>>> lis[0]
'd'
```

索引元素：a.index（元素，开始，结束），表示返回匹配到的第一个元素的索引。

引用元素：a［索引］。

7.3.3 列表常用函数和方法

len（list），返回列表元素个数，也就是获取列表长度。

max（list），返回列表元素最大值。

min（list），返回列表元素最小值。

list（seq），将序列转换为列表。

list.reverse（），将列表反转。

list.sort（），排序，默认升序。

7.4 字典

7.4.1 字典的定义

另一个非常有用的 Python 内建数据类型是字典（Dictionary）。dict 全称 dictionary，在其他语言中也称为 map，使用键-值（key-value）存储，具有极快的查找速度。

字典的每个键值（key＝＞value）对用冒号（:）分割，每个对之间用逗号（,）分割，整个字典包括在花括号中，格式如下所示：

```
d= { key1:value1,key2:value2 }
```

键必须是唯一的，但值则不必。值可以取任何数据类型，但键必须是不可变的。

举个例子，假设要根据同学的名字查找对应的成绩，如果用 list 实现，需要两个 list：

```
names= ['Michael','Bob','Tracy']
scores= [95,75,85]
```

给定一个名字，要查找对应的成绩，首先要在 names 中找到对应的位置，再从 scores 取出对应的成绩，list 越长，耗时越长。如果用 dict 实现，只需要一个“名字”-“成绩”的对照表，直接根据名字查找成绩，无论这个表有多大，查找速度都不会变慢。

用 Python 写一个 dict 如下：

```
>>> d= {'Michael':95,'Bob':75,'Tracy':85}
>>> d['Michael']
95
```

为什么 dict 查找速度这么快？因为 dict 的实现原理和查字典是一样的。假设字典包含了 1 万个汉字，我们要查某一个字，一个办法是把字典从第一页往后翻，直到找到我们想要的字为止，这种方法就是在 list 中查找元素的方法，list 越大，查找越慢。

第二种方法是先在字典的索引表（如部首表）里查这个字对应的页码，然后直接翻到该页，找到这个字，无论找哪个字，这种查找速度都非常快，不会随着字典大小的增加而变慢。

dict 就是第二种实现方式，给定一个名字，如'Michael'，dict 在内部就可以直接计算出 Michael 对应的存放成绩的“页码”，也就是 95 这个数字存放的内存地址，直接取出来，所以速度非常快。

7.4.2 字典元素的增删改查

1. 增加元素及修改元素

这种 key-value 存储方式，在放进去的时候，必须根据 key 算出 value 的存放位置，这样取的时候才能根据 key 直接拿到 value。把数据放入 dict 的方法，除了初始化时指定外，还可以通过 key 放入：

```
>>> d['Adam']= 67
>>> d['Adam']
67
```

直接利用键访问赋值的方式，可以向字典中添加一个元素。利用字典元素提取方法传入新的键，并对这个新键进行赋值，字典中会产生新的键值对。

```
>>> d= {'Michael':95,'Bob':75,'Tracy':85}
>>> d['Lynd']= 100
>>> d
{'Michael':95,'Bob':75,'Tracy':85,'Lynd':100}
```

由于一个 key 只能对应一个 value，所以，多次对一个 key 放入 value，后面的值会把前面的值冲掉：

```
>>> d['Jack']= 90
>>> d['Jack']
90
>>> d['Jack']= 88
>>> d['Jack']
88
```

2. 查询元素

如果 key 不存在，则 dict 就会报错：

```
>>> d['Thomas']
Traceback(most recent call last):
File "< stdin> ",line 1,in< module>
KeyError:'Thomas'
```

要避免 key 不存在的错误，有两种办法，第一种方法是通过 in 判断 key 是否存在：

```
>>> 'Thomas' in d
False
```

第二种方法是通过 dict 提供的 get 方法，如果 key 不存在，可以返回 None，或者自己指定的 value：

```
>>> d.get('Thomas')
>>> d.get('Thomas',-1)
-1
```

注意：返回 None 的时候 Python 的交互式命令行不显示结果。

3. 删除元素

要删除一个 key，用 pop（key）方法，对应的 value 也会从 dict 中删除：

```
>>> d.pop('Bob')
75
>>> d
{'Michael':95,'Tracy':85}
```

请务必注意，dict 内部存放的顺序和 key 放入的顺序是没有关系的。与 list 相比，dict 有以下几个特点：查找和插入的速度极快，不会随着 key 的增加而增加；需要占用大量的内存，内存浪费多。而 list 相反：查找和插入的时间随着元素的增加而增加；占用空间小，浪费内存很少。

所以，dict 是用空间来换取时间的一种方法。dict 可以用在需要高速查找的很多地方，在 Python 代码中几乎无处不在，正确使用 dict 非常重要，需要牢记的就是 dict 的 key 必须是不可变对象。

7.4.3 字典常用函数和方法

get（key），返回指定键的值，如果值不在字典中，则返回 default 值。

items（），以列表返回可遍历的（键，值）元组对。

keys（），以列表返回字典所有的键。

values（），以列表返回字典所有的值。

接下来我们看看例子：

```
dic= {'Name':'json','Age':20,'address':'Shanghai'}
dic.get("sex")
# 访问不存在的 key,没有报错
dic['sex']# 访问不存在的 key,报错
Traceback(most recent call last):
File "< pyshell# 44> ",line 1,in< module>
dic["sex"]
KeyError:'sex'
dic.items()
dict_items([('Name','json'),('Age',20),('address','Shanghai')])
dic.values()
dict_values(['json',20,'Shanghai'])
dic.keys()
dict_keys(['Name','Age','address'])
dic.pop('Name')
json
```

7.5　流程控制语句

其概念最早由 E. W. Dijikstra 在 1965 年提出的，是软件发展的一个重要的里程碑。它的主要观点是采用自顶向下、逐步求精及模块化的程序设计方法；使用三种基本控制结构构造程序，任何程序都可由顺序、选择、循环三种基本控制结构构造。结构化程序设计主要强调的是程序的易读性。

7.5.1　选择语句

结构化程序设计的三种基本结构是：顺序结构、选择结构和循环结构。

顺序结构表示程序中的各操作是按照它们出现的先后顺序执行的。按照程序语句编写的顺序依次逐条执行，是程序默认的控制结构。

选择结构表示程序的处理步骤出现了分支，它需要根据某一特定的条件选择其中的一个分支执行。选择结构有单选择、双选择和多选择三种形式。从若干种操作中选择其一去执行。

条件判断是通过一条或多条判断语句的执行结果（True 或者 False）来决定执行的代码块。在 Python 语法中，使用 if、elif 和 else 三个关键字来进行条件判断。

选择结构流程图如图 7-11 所示。

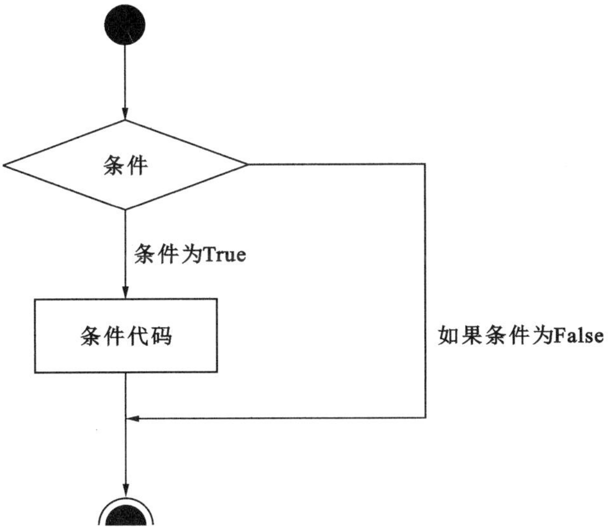

图 7-11　选择结构流程图

· 单选择

可供选择的操作只有 1 种，要么执行该操作，要么跳过该操作执行下一个操作。

expression 返回 True 或非 0，则执行 statements。
expression 返回 False 或 0，则跳过该语句，执行下一条语句。
语法：

```
# 单选择结构
if expression:
statements
next_operation
# 输入一个学生的成绩,判断是否及格
score= int(input('please input your score:'))
if score> = 60:
print('pass')
print(score)
```

• 双选择
可供选择的操作有两种，根据条件选择其中的一种操作去执行。
expression 返回 True 或非 0，则执行 statements1。
expression 返回 False 或 0，则执行 statements2。
语法：

```
# 双选择结构
if expression:
statements1
else:
statements2
# 输入一个学生的成绩,打印是及格还是不及格
score= int(input('please input your score:'))
if score> = 60:
print('pass')
print(score)
else:
print('fail')
print(score)
```

• 多选择
可供选择的操作大于两种，根据条件选择其中的一种操作去执行（即嵌套的 if 语

句），语法如下：

```
if expression1:
statements1
elif expression2:
statements2
...
elif expression(n-1):
statements(n-1)
else:
statementsn
```

先判断若 expression1 为真，执行 statements1，否则判断 expression2 是否为真，若为真，则执行 statements2，以此类推，否则判断 expression（n-1）是否为真，若为真，则执行 statements（n-1)，否则执行 statementsn。

```
# 输入一个学生的成绩,输出其等级
score= int(input('please input your score:'))
if score< 0:
print('input error')
elif score< 60:
print('fail')
elif score< 80:
print('ok')
elif score< = 100:
print('good')
else:
print('dream')
```

7.5.2 循环语句

循环结构表示程序反复执行某个或某些操作，直到某条件为假（或为真）时才可终止循环。在循环结构中最主要的是：什么情况下执行循环？哪些操作需要循环执行？

循环结构流程图如图 7-12 所示。

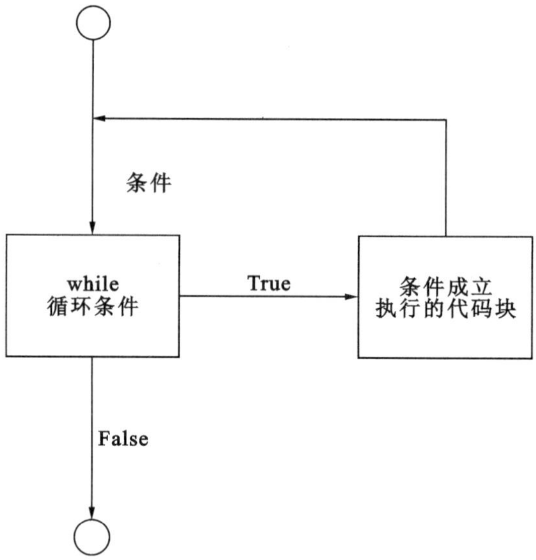

图 7-12 循环结构流程图

Python 的循环有两种，Python 用关键字 for 和 while 来进行循环控制。第一种是 for…in 循环，依次把 list 或 dict 中的每个元素迭代出来。

格式如下：

```
for< variable> in< sequence> :
< statements>
```

例如：

```
names= ['Michael','Bob','Tracy']
for name in names:
print name
```

执行这段代码，会依次打印 names 的每一个元素：

```
Michael
Bob
Tracy
```

所以 for x in…循环就是把每个元素代入变量 x，然后执行缩进块的语句。

再比如想计算 1～10 的整数之和，可以用一个 sum 变量做累加：

```
sum= 0
for x in[1,2,3,4,5,6,7,8,9,10]:
sum= sum+ x
print sum
```

如果要计算 1～100 的整数之和，从 1 写到 100 有点困难，Python 提供一个 range（）函数，可以生成一个整数序列，如 range（5）生成的序列是从 0 开始到不大于 5 的整数：

```
>>> range(5)
[0,1,2,3,4]
```

range（101）就可以生成 0～100 的整数序列，计算如下：

```
sum= 0
for x in range(101):
sum= sum+ x
print sum
```

请自行运行上述代码，看看结果到底是多少？

第二种循环是 while 循环，只要条件满足，就不断循环，条件不满足时退出循环。语法如下：

```
while 判断表达式:
内部代码块
```

例如，要计算 100 以内所有奇数之和，可以用 while 循环实现：

```
sum= 0
n= 99
while n> 0:
sum= sum+ n
n= n-2
print sum
```

试试把 1～100 的整数求和的程序改成 while 循环！

模块小结

（1）了解算法、程序的基本概念，以及程序设计的基本步骤。

（2）掌握 Python 程序设计基本数据类型、特点及其处理方法。

（3）能熟练掌握 Python 程序设计中的顺序、分支、循环等结构来解决实际问题。

（4）了解常用的数据结构。

复习题

一、选择题

1. 下列选项中，（　　）不是 Python 语言的特点。

A. 简洁　　B. 开源

C. 面向过程　　D. 可移植

2. （　　）不是 Python 语言的应用领域。

A. Web 开发　　B. 科学计算

C. 游戏开发　　D. 操作系统管理

3. Python 语言中使用（　　）符号表示单行注释。

A. #　　B. /

C. //　　D. <! --->

4. 下列选项中，属于 Python 语言关键字的是（　　）。

A. name　　B. if

C. is　　D. and

5. 下列选项中，属于数值类型的是（　　）。

A. 0　　B. 1.0

C. 1+2j　　D. 以上全部

6. 已知 x=10，y=20，z=30；以下代码执行后 x、y、z 的值分别为（　　）。

```
if x< y:
z= x
x= y
y= z
```

A. 10，20，30　　B. 10，20，20

C. 20，10，10　　D. 20，10，30

7. 现有如下代码：

```
sum= 0
for i in range(100):
if(i % 10):
continue
sum= sum+ i
print(sum)
```

若运行代码，输出的结果为（　　）。

A. 5050　　B. 4950

C. 450　　D. 45

二、操作题

1. 请用户输入长方体的长、宽、高，计算出长方体的表面积和体积。

2. 编写程序，实现判断用户输入的数是正数还是负数。

3. 整数求和。输入整数 n，计算 1～n 之和。

4. 整数排序。输入三个整数，把这三个数由小到大输出。

5. 猜数游戏。利用 random 库随机生成一个整数，进行猜数，提示数值偏大或者偏小，直至猜对为止，并告知用户猜数共进行了多少次。

参考文献

[1] 李腊元．计算机应用基础［M］．西安：西北工业大学出版社，2014.

[2] 张健，张良均．Python 编程基础［M］．北京：人民邮电出版社，2018.

模块八

信息安全

学习目标

1. 了解信息安全的基本概念，包括信息安全基本要素、网络安全等级保护等内容。
2. 了解信息安全相关技术，了解信息安全面临的常见威胁和常用的安全防御技术。
3. 建立信息安全意识，能识别常见的网络欺诈行为。
4. 了解常用网络安全设备的功能和部署方式。
5. 掌握利用系统安全中心配置防火墙、防护病毒的方法。
6. 了解网络信息安全保障的一般思路。
7. 掌握常用的第三方信息安全工具的使用方法。

学习重点

1. 了解信息安全的基本概念，包括信息安全基本要素、网络安全等级保护等内容。
2. 了解信息安全相关技术，了解信息安全面临的常见威胁和常用的安全防御技术。
3. 建立信息安全意识，能识别常见的网络欺诈行为。
4. 了解网络信息安全保障的一般思路。

学习难点

1. 了解常用网络安全设备的功能和部署方式。
2. 掌握利用系统安全中心配置防火墙、防护病毒的方法。
3. 掌握常用的第三方信息安全工具的使用方法。

当前，高新信息技术极大地改变了经济社会发展的方式和形态，技术发展正强烈影响着各行各业变革。高新信息技术的应用，一方面大大便利了人类日常生活，改变了人类的生活方式，另一方面也因对高新信息技术的依赖性，面临着全新的信息安全挑战。互联网发展日趋开放、博大，物联网万物可联，信息安全受到的威胁、攻击也呈指数级增长，计算机病毒、网络欺诈、电信诈骗等极大影响了信息的安全应用。

8.1 什么是信息安全

8.1.1 信息安全的概念

信息安全是指信息系统（包括硬件、软件、数据、人、物理环境及其基础设施）受到保护，不受偶然的或者恶意的原因而遭到破坏、更改、泄露，系统连续可靠正常地运行，信息服务不中断，最终实现业务连续性。

信息安全学科可分为狭义安全与广义安全两个层次。

狭义的安全是建立在以密码论为基础的计算机安全领域，涉及计算机科学、网络技术、通信技术、密码技术、信息安全技术、应用数学、数论、信息论等多种学科。

广义的信息安全极具综合性，是指信息在采集、加工、传递、存储和应用等过程中的完整性、机密性、可用性、可控性和不可否认性以及相关意识形态的内容安全，是将管理、技术、法律等问题相结合的产物。

美国信息保障技术框架（information assurance technical framework，IATF）给出了一个保护信息系统的通用框架，信息安全分成四个层面。

1. 本地环境

本地环境包括服务器、客户机以及所安装的应用程序，主要强调本地服务器和客户机安装的应用程序、操作系统和基于主机的监控设施设备。

2. 区域边界

区域是指通过局域网相互连接、安全策略相对单一的本地计算机设备的集合。区域边界是指信息进入或离开区域的网络节点，如校园网络中心、家庭路由器等。

3. 网络设施

网络设施主要是指提供区域连接的大型网络设施设备，包括各种类型的公共网络，如城域网、互联网；不同传输介质的传输网络的组件，如卫星、微波、其他射频（radio frequency，RF）技术、光纤等。

4. 基础安全设施

基础安全设施是指保障网络、区域和计算机环境的信息保障机制。IATF 所讨论的两个范围分别是密钥管理基础设施（key-management infrastructure，KMI）和检测与响应设施。其中 KMI 包括公钥基础设施（public key infrastructure，PKI）。

信息安全技术基于 IATF 可以分为物理安全技术、系统安全技术、网络安全技术、应用安全技术等四个层面。

8.1.2 信息安全要素

信息安全三要素是信息安全的基本组成元素，分别是保密性（confidentiality）、完整性（integrity）、可用性（availability），简称为安全的 CIA 三要素（取英文首字母）。还可拓展的两个元素是可控性（controlability）和不可否认性（non-repudiation）。

1. 保密性

用于防止向未授权的人员、资源或进程披露信息，非授权人员、实体或过程不能访问信息，信息数据只能被授权用户和实体利用的特性。

2. 完整性

信息数据的准确性、一致性和可信度，未经授权不能更改数据的特性。完整性指的是信息在存储或传输的过程中没有被修改、破坏，没有发生丢失的特性。

3. 可用性

可被授权实体访问和使用的特性，确保授权用户可以在需要的时候访问信息。

4. 可控性

对信息的内容及传播具有控制能力，对信息和信息系统可实施安全监控管理，防止非法利用信息和信息系统。

5. 不可否认性

在信息交互过程中，信息交互的双方不能否认其在交互过程中发送信息或接收信息的行为。在一定程度上杜绝信息交互各方的相互欺骗，通过提供证据来防止这样的行为。

8.1.3 信息安全等级保护

信息安全等级保护，是指对国家秘密信息，公民、法人和其他组织的专有信息及公开信息，以及存储、传输、处理这些信息的信息系统分等级实行安全保护，对信息系统中使用的信息安全产品实行按等级管理，对信息系统中发生的信息安全事件分等级响应、处置。信息安全等级保护是对信息和信息载体按照重要性等级分级别进行保护，在中国、美国等很多国家都存在的一种信息安全领域的工作。

信息安全等级保护工作包括定级、备案、安全建设和整改、信息安全等级测评、信息安全检查五个阶段。

信息系统安全等级测评是验证信息系统是否满足相应安全保护等级的评估过程。信息安全等级保护要求不同安全等级的信息系统应具有不同的安全保护能力，一方面通过在安全技术和安全管理上选用与安全等级相适应的安全控制来实现；另一方面分布在信息系统中的安全技术和安全管理上不同的安全控制，通过连接、交互、依赖、协调、协同等相互关联关系，共同作用于信息系统的安全功能，使信息系统的整体安全功能与信息系统的结构以及安全控制间、层面间和区域间的相互关联关系密切相关。因此，信息系统安全等级测评在安全控制测评的基础上，还要包括系统整体测评。

根据《信息安全等级保护管理办法》规定，国家信息安全等级保护坚持自主定级、自主保护的原则。信息系统的安全保护等级应当根据信息系统在国家安全、经济建设、社会生活中的重要程度，信息系统遭到破坏后对国家安全、社会秩序、公共利益以及公民、法人和其他组织的合法权益的危害程度等因素确定。

信息系统的安全保护等级分为以下五级，一至五级等级逐级增高。

第一级，用户自主保护级。

信息系统受到破坏后，会对公民、法人和其他组织的合法权益造成损害，但不损害国家安全、社会秩序和公共利益。本级适用于普通内联网用户。第一级信息系统运营、使用单位应当依据国家有关管理规范和技术标准进行保护。

第二级，系统审计保护级。

信息系统受到破坏后，会对公民、法人和其他组织的合法权益产生严重损害，或者对社会秩序和公共利益造成损害，但不损害国家安全。本级适用于通过内联网或互联网进行商务活动，需要保密的非重要单位。国家信息安全监管部门对该级信息系统安全等级保护工作进行指导。

第三级，安全标记保护级。

信息系统受到破坏后，会对社会秩序和公共利益造成严重损害，或者对国家安全造成损害。本级适用于地方各级国家机关、金融机构、邮电通信部门、能源与水源供给部门、交通运输部门、大型工商与信息技术企业、重点工程建设企业等单位。国家信息安全监管部门对该级信息系统安全等级保护工作进行监督、检查。

第四级，结构化保护级。

信息系统受到破坏后，会对社会秩序和公共利益造成特别严重损害，或者对国家安全造成严重损害。本级适用于中央级国家机关、广播电视部门、重要物资储备单位、社会应急服务部门、尖端科技企业集团、国家重点科研机构和国防建设等部门。国家信息安全监管部门对该级信息系统安全等级保护工作进行强制监督、检查。

第五级，访问验证保护级。

信息系统受到破坏后，会对国家安全造成特别严重损害。本级适用于国防关键部门和依法需要对计算机信息系统实施特殊隔离的单位。国家信息安全监管部门对该级信息系统安全等级保护工作进行专门监督、检查。

根据相关精神，明确了以下基本原则：

1. 自主保护原则

信息系统运营、使用单位及其主管部门按照国家相关法规和标准，自主确定信息系统的安全保护等级，自行组织实施安全保护。

2. 重点保护原则

根据信息系统的重要程度、业务特点，通过划分不同安全保护等级的信息系统，实现不同强度的安全保护，集中资源优先保护涉及核心业务或关键信息资产的信息系统。

3. 同步建设原则

信息系统在新建、改建、扩建时应当同步规划和设计安全方案，投入一定比例的资金建设信息安全设施，保障信息安全与信息化建设相适应。

4. 动态调整原则

要跟踪信息系统的变化情况，调整安全保护措施。由于信息系统的应用类型、范围等条件的变化及其他原因，安全保护等级需要变更的，应当根据等级保护的管理规范和技术标准的要求，重新确定信息系统的安全保护等级，根据信息系统安全保护等级的调整情况，重新实施安全保护。

8.1.4 我国信息安全发展状况

"网络安全和信息化是事关国家安全和国家发展、事关广大人民群众工作生活的重大战略问题，要从国际国内大势出发，总体布局，统筹各方，创新发展，努力把我国建设成为网络强国"。(2014 年 2 月 27 日，习近平主持召开中央网络安全和信息化领导小组第一次会议时的讲话)

我国高度重视网络安全和信息化工作，在新的网络强国战略思想指引下，信息安全事业取得了积极进展和瞩目成就。

2007 年 6 月 22 日，由公安部、国家保密局、国家密码管理局和国信办四部委联合下发了《信息安全等级保护管理办法》。对等级划分、保护、实施与管理、涉密信息系统分级保护管理、密码管理、法制责任等问题做了相关规定。

2014 年 2 月 27 日，中央网络安全和信息化领导小组成立。着眼国家安全和长远发展，统筹协调涉及经济、政治、文化、社会及军事等各个领域的网络安全和信息化重大问题，研究制定网络安全和信息化发展战略、宏观规划和重大政策，推动国家网络安全和信息化法治建设，不断增强安全保障能力。2018 年 3 月，中央网络安全和信息化领导小组改组为中央网络安全和信息化委员会。

自 2014 年始，我国每年举行“中国国家网络安全宣传周”活动，围绕金融、电信、电子政务、电子商务等重点领域和行业网络安全问题，针对社会公众关注的热点问题，举办网络安全体验展等系列主题宣传活动，营造网络安全人人有责、人人参与的良好氛围。

2016 年 11 月 7 日全国人民代表大会常务委员会发布《中华人民共和国网络安全法》，自 2017 年 6 月 1 日起施行。《中华人民共和国网络安全法》是为了保护国内网络安全，维护国内网络空间主权和国家安全、社会公共利益，保护公民、法人和其他组织的合法权益，促进经济社会信息化健康发展，而依法制定的法律条款。

因应信息安全行业发展变化，截至 2019 年我国已相继出台近 300 个信息安全国家标准。2019 年中国数字经济规模达到 5.2 万亿美元，位列全球第二。截至 2020 年，中国网络安全人才需求量达到 160 万人，每年网络安全专业毕业生人数仅为 1 万人。

随着互联网的发展，传统的网络边界不复存在，给未来的互联网应用和业务带来巨大改变，给信息安全也带来了新挑战。融合开放是互联网发展的特点之一，网络安全也因此正在向分布化、规模化、复杂化和间接化等方向发展，信息安全产业也将在融合开放的大安全环境中探寻发展。

8.2 信息安全的攻与防

8.2.1 信息安全的常见威胁

1. 黑客攻击

黑客（Hacker），来源于英语单词。黑客最初曾指热心于计算机技术、水平高超的计算机高手，尤其是程序设计人员，对编程有无穷兴趣和热忱的人，专心于软件系统的专家等。早期黑客经常做一些信息系统和软件上的破坏，开发一些“恶作剧”的程序或恶意闯入他人计算机和系统，但另一方面也推动了计算机、网络技术的发展，有些甚至成为 IT 行业的企业家和安全专家。

根据闯入计算机或网络获取访问权限的目的和意图，黑客可以分成白帽黑客、灰帽黑客和黑帽黑客。白帽黑客的闯入行为会在所有者事先许可的情况下完成，旨在发现信息系统的弱点和漏洞，并将所有搜集结果反馈给所有者；黑帽黑客则利用信息系统漏洞非法或未经授权进行个人、经济或政治上的获益；灰帽黑客介于白帽黑客和黑帽黑客之间，灰帽黑客找到信息系统漏洞，可能将漏洞报告给信息系统所有者，也可能在互联网公开漏洞，以炫耀自己能力，不具备恶意，但可能造成不良后果。

红客，在中国特指在网络世界热爱祖国，珍爱和平，维护国家利益，代表中国人民意志的计算机人员。蓝客指信仰自由，提倡爱国主义的计算机技术人员，立志维护网络世界的和平。

当前，黑客群体展露出三种特性。一是扩大化。随着信息技术的发展与普及，越来越多的人尤其是年轻人热衷于黑客技术，宣扬黑客文化，甚至还有很多人并不是计算机专业的学生，但具有一定天赋能熟练运用黑客工具，且专业知识面广泛，从而造成恶意攻击、炫技式攻击、练习式攻击频频发生，导致不良影响和网络故障。二是组织化和集团化。以个人行为为主的黑客行为越来越少，联盟、组织、群组等黑客组织大量出现，且出于政治、经济等目的的黑客组织造成的社会影响更为巨大，加强监管和引导越来越重要。三是商业化。与早期黑客以技术研究为主旨不同，黑客出于经济目的用黑客技术作为谋取经济利益的行为越来越多，如勒索病毒等。也有黑客组织和人员转型为信息安全公司的实例，如原我国黑客组织“绿色兵团”，后期转型注册为绿盟科技有限公司，现成为国内知名信息安全公司。

2. 网络扫描

网络扫描是网络信息收集中最主要的一个环节。网络中的每一台计算机都如同一个坚固的城堡，有很多大门对外完全开放，提供相应的网络服务，如邮件传递、网页访问、远程聊天、在线音乐等，但有些大门则是紧闭的。这些“大门”在计算机网络技术中就称为计算机端口。每个操作系统都开放有不同的端口供系统在网络通信中的应用程序使用，如 TCP 协议传输端口号 21 用于文件传输，端口号 80 用于网页浏览，端口号 110 用于邮件服务，端口号 23 用于远程登录。可通过安全设置关闭端口，从而禁止相关网络服务，达到保护主机的目的。

网络扫描的目的就是探测目标网络，找到当前在线的尽可能多的连接目标，探测获取目标系统的网络地址、开放端口、操作系统类型、运行的网络服务、存在的安全弱点等信息。网络扫描软件可以完成目标系统信息的收集，如 X-Scan、scanline、Nmap 等。

网络扫描可以分为端口扫描类和漏洞扫描类。端口扫描主要判断目标主机的存活性、开放哪些端口、激活运行的网络服务、目标主机运行的操作系统和软件，进而制定入侵策略，选择入侵工具实施攻击；漏洞扫描主要是扫描目标主机开放的端口、运行的网络服务、目标主机的操作系统和应用软件存在哪些漏洞，进而利用漏洞进行攻击。漏洞扫描特征库的全面性是衡量漏洞扫描软件性能的重要指标，漏洞特征库越丰富、越全面，扫描软件功能越强大。

3. 密码破解

信息安全最常用的访问控制方法就是密码保护，通过在登录时验证密码来控制非系统注册用户访问系统。密码是保护信息系统用户的非常重要的首道防护门。密码破解也是黑客侵入系统最常用的方法。通常管理员也会偶尔建立并使用一个非常高的管理权限账号来实现找回账号的功能。

入侵者实现密码破解的方法一般有暴力破解、密码字典、社会工程学、网络嗅探、木马程序、键盘记录程序等，甚至采用删除密码文件（通过U盘或光盘启动主机）的方法来完成。

暴力破解是指通过基于密码匹配的方法破解，最基本的方法就是穷举法和字典法。将字符或数字按照穷举的规则生成密码字符串进行遍历尝试。在密码复杂性较强或长的情况下，穷举法效率极低。

密码字典是指内含单词或数字的组合、通用密码组合等形成的大文本文件，结合破解软件在密码是一个单词或日期等简单组合的情况下，能轻易破解密码。

社会工程学是通过欺诈手段套取用户密码并实现破解。

网络嗅探是指在网络上利用计算机网络接口截获其他计算机的数据信息，并对数据分析，获取用户密码的手段。网络嗅探一般通过集线器环境、交换机环境下ARP欺骗、交换机环境下端口映射实现信息的获取。

木马程序破解密码是指在计算机领域中的一种“后门”程序，是在用户不知情的情况下，攻击者通过各种手段传播或骗取目标用户运行该程序，以达到盗窃密码等数据资料、控制主机等目的。

键盘记录程序破解密码是指在目标用户主机中通过各种手段传播或远程植入的一种可以记录用户键盘操作的间谍软件程序，攻击者可利用软件记录用户输入的键盘信息，从而窃取用户各类账号和密码以及其他隐私信息。

4. 网络监听（嗅探）

网络监听也通常称为网络嗅探，是指利用计算机网络接口截获其他计算机的网络通信数据包，通过分析数据包获取其他计算机用户重要的信息数据，如密码、邮件、应用信息等。

常见的网络监听软件有Wireshark、X-Sniffer等。网络监听可以是软件，也可以是硬件，硬件设备也称为网络分析仪。网络监听原来是网络管理员经常使用的一个工具，主要用来监视网络的运行状态、流量情况、传输质量等信息，网络管理员通过分析网络数据包来优化网络、掌握网络运行情况，而黑客用来分析窃取信息数据。所以许多网络工具既可以用来维护管理网络，也可以用来攻击网络或窃取网络信息，它们是一把双刃剑，要学会正确利用和对待。

5. 恶意软件

恶意软件是指旨在干扰计算机正常运行或者在用户不知情或未经用户允许的情况下执行恶意任务的软件，恶意软件通常包括计算机病毒、蠕虫、木马软件、勒索程序、间谍软件、广告软件、恐吓软件和其他恶意程序。

恶意软件通常都是由于用户在浏览一些恶意网站或者不安全的站点下载程序、单击非正常下载链接等情况下，导入恶意代码或下载运行不明程序造成的。直到用户发现不断有不明恶意广告弹出、不明网站自动打开时，才有可能察觉计算机已被恶意软件侵染，部分恶意软件也会窃取用户重要个人信息数据。恶意软件也会通过移动存储介质如U盘、移动硬盘等进行传播。

计算机病毒通常会附加到合法程序中被用户启动或在特定时间或日期激活。计算机病毒可能只会是一个“恶作剧”程序，也可能会修改、删除计算机内重要文件和数据，严重的计算机病毒会破坏操作系统和硬件设备，造成用户重大损失。病毒的传染性也使病毒能在网络环境中快速传播，影响大量用户网络应用，造成社会大量财富损失。

计算机蠕虫是一种能利用系统漏洞通过网络自我传播的恶意程序。蠕虫通常会侵蚀系统资源，减慢系统和网络运行速度。蠕虫病毒不需要宿主程序，能独立运行，自我传播，危害性较强。

木马程序是指通过伪装成其他正常实用的软件形式诱导用户安装与运行，并执行恶意任务的软件。木马与病毒不同点在于，木马通常将自身绑定到不可执行的文件如图片、音频文件或游戏等。木马程序也称为“特洛伊木马”，起源于一个希腊神话故事。

勒索程序是一种新型计算机病毒，主要以邮件、程序木马、网页挂马的形式进行传播。勒索病毒会对受害用户所有文档、图片文件进行格式篡改和加密，被感染者一般无法解密，必须拿到解密的私钥才有可能破解，用户必须按勒索提示付款才会解密文件。该病毒性质恶劣、危害极大，一旦感染将给用户带来无法估量的损失。勒索病毒主要通过三种途径传播：漏洞、邮件和广告推广。

间谍软件是一种能够在用户不知情的情况下，在其计算机上安装后门、收集用户信息的软件。后门会绕过用于访问系统的正常身份验证。常被泛泛地定义为从计算机上搜集信息，并在未得到该计算机用户许可时便将信息传递到第三方的软件。间谍软件之所以成为灰色区域，主要因为它是一个包罗万象的术语，包括很多与恶意程序相关的程序，而不是一个特定的类别。大多数的间谍软件定义不仅涉及广告软件、色情软件和风险软件程序，还包括许多木马程序，如Backdoor Trojans、Trojan Proxies和PSW Trojans等。间谍软件的另外一个附属品就是广告软件。

恐吓软件是指驱使用户因恐惧而采取特定操作的程序。恐吓性软件伪造类似于操作系统对话窗口的弹出窗口，这些窗口显示伪造的消息，声称系统存在风险或需要执行特定程序才能恢复正常工作。事实上系统根本不存在问题，而如果用户同意并允许提到的程序执行操作，恶意软件就会感染其系统。

6. 欺骗攻击

欺骗攻击是一种假冒攻击，利用信息系统或主机间的信任关系，攻击者绕过身份验证或同系统的无需验证，从而利用本不具备的信任关系访问和应用信息系统。

欺骗攻击有多种类型。

MAC 地址欺骗是当一台计算机通过软件修改为另一台计算机的 MAC 地址接收数据包时，发生的信息交互行为。

IP 地址欺骗是通过伪造 TCP 序列号或源主机 IP 地址，使数据包看起来来自被信任的计算机而非正确的源计算机，从而达到隐藏源主机 IP 地址目的的信息交互行为。

ARP 欺骗是利用 ARP 协议特点，通过黑客软件实现发送欺骗性 ARP 应答信息，欺骗内网主机与黑客指定主机产生回应，从而窃取信息的行为。

域名系统欺骗是指通过黑客软件修改 DNS 服务器，将特定域名重新路由到黑客控制的另一个不同地址，从而窃取交互信息的欺骗攻击行为。

7. 拒绝服务攻击（泛洪攻击）

拒绝服务攻击（denial of service，Dos）是一种影响非常大的网络攻击类型。攻击者以网络、主机或应用程序无法处理的速度，控制大量“僵尸计算机”（被控制或木马病毒感染的主机）向目标主机或系统发送大量无效连接请求或数据，导致目标主机或系统访问速度变慢，或无法访问、服务崩溃，从而阻止正常用户访问。拒绝服务攻击是重大风险的网络攻击。

拒绝服务攻击的对象可以是节点设备、终端设备，还可以针对线路。攻击目的一种是消耗目标主机或系统的可用资源，造成服务器无法对正常的请求再做出及时响应，形成事实上的服务中断。另一种是以消耗服务器链路的有效带宽为目的，攻击者通过向目标服务器发送海量无效连接请求或数据包，占据链路整个带宽，使合法用户请求无法通过链路到达服务器。

常见的拒绝服务攻击如下。

死亡之 Ping 是最古老、最简单的拒绝服务攻击，通过大量、长时间、连续向目标主机发送 ICMP 数据包，消耗目标主机 CPU 资源，最终使系统瘫痪。

SYN 泛洪攻击是利用 TCP 协议三次握手原理，向目标主机发送大量伪造的 SYN 包，形成大量半开连接的存在，使目标主机无法正常连接和服务的攻击。

UDP 泛洪攻击是利用 UDP 协议在接收报文时产生的 ICMP 返回信息的原理，向目标主机发送大量伪造源地址的报文，使目标主机耗尽资源，系统最终崩溃的攻击。

8. 缓冲区溢出攻击

缓冲区是指一块在计算机内存中的连续的区域，通过把某些数据临时存储在这个空间内，方便应用程序随时调用处理。当向缓冲区的有限的内存空间内存储过量数据时，数据会溢出存储空间，覆盖其他存储空间的数据，从而破坏程序正常执行或转而执行其他黑客预定的执行代码，通常会导致系统无法运行。这就是缓冲区溢出攻击。

发起缓冲区溢出攻击时，攻击者会在目标服务器上查找与系统内存相关的缺陷，通过向目标发送错误格式或值的数据进行攻击，最终耗尽缓冲区内存导致系统无法正常运行。死亡之 Ping 攻击会因响应 IP 数据包中大于最大数据包大小 64 KB 的回应请求，导致接收主机无法处理而崩溃实施攻击。据行业专家估计，有三分之一的恶意攻击起因于缓冲区溢出。

9. 无线或移动设备攻击

随着无线设备和移动设备的不断广泛使用，某些技术手段和软件也在威胁无线和移动设备的安全。

灰色软件指那些不被认为是病毒或木马程序，但会对无线设备及效能造成负面影响，导致网络安全受损的软件。编写者会在软件许可协议中包含应用功能的说明来证明合法性，但用户通常未真正重视和考虑其功能。例如，某些不需要卫星定位，而需要用户允许开启定位权限的软件，如苹果手机涉嫌违规搜集用户隐私信息的事件等。

接入点欺诈是指未获得明确授权而在安全网络中提供无线接入点的行为，当用户连接到不明授权的无线接入点后，可能被黑客分析流量，窃取相关信息。

电磁干扰是指黑客通过电磁或射频干扰，从而使被攻击者无法获取无线信号或卫星信息进行正常通信的行为。

蓝牙攻击是指利用蓝牙设备无线配对功能向另一台蓝牙设备发送未授权消息的行为，干扰其他人蓝牙功能的正常使用。也有利用蓝牙漏洞非法获取他人设备信息的情况。

WEP 和 WPA 攻击是指利用无线技术通过数据包嗅探器分析无线接入点与合法用户数据包，然后实现网络接入密码攻击的行为。

10. Web 安全攻击

当前，微信、微博、社交软件、移动应用等网络应用广泛使用，作为网络应用载体的 Web 技术也极大影响到人们社会生活，同时也面临 Web 技术应用带来的安全风险。Web 应用的安全威胁主要集中在四个方面：基于 Web 服务器软件的安全威胁、基于 Web 应用程序的安全威胁、基于传输网络的安全威胁和基于浏览器和用户的 Web 浏览安全威胁。本节主要讨论常见的 Web 应用程序安全攻击威胁。

SQL 注入是攻击者利用网站代码对用户输入数据验证不完善的漏洞，向网站服务器提交恶意的 SQL 查询代码，造成信息泄露、权限提升或未经授权访问的攻击。

XSS 攻击（跨站脚本攻击）是目前最常见的 Web 应用程序安全攻击手段，它利用 Web 安全漏洞，在 Web 页面中植入恶意代码或其他恶意脚本，用户访问该页面时，会解析和执行恶意代码，造成个人信息泄露或被攻击者假冒合法用户与网络进行交互。

CSRF 攻击（跨站请求伪造攻击）是身份盗用的网络攻击，用户访问正常网站时会将登录账号和密码保存在浏览器的 cookie 中，用户被诱导再用浏览器访问攻击者网站后，攻击者网站会向正常网站利用 cookie 发起一些伪造的用户操作请求，以达到攻击的目的。

关于信息安全的威胁，上述只是讲到一部分常见和普通的攻击方法和形式，还未囊括所有，本节只是提供大家一个信息安全攻击的普遍性认识，并从而提高信息安全的了解和认识。现实中，网络攻击还会通过更多、更新的形式和技术手段来实施，这就需要大家提高信息安全认识并学会辨析，从而预防和应对。

8.2.2 网络安全欺诈行为

信息网络拓展了人们社交的空间、距离、隐私，丰富了人们社交生活和经济活动，但同时也被不法分子盯上，利用互联网及电信网络的技术便利、管理漏洞，编造各种“剧本”“话术”实施网络安全欺诈，给许许多多不懂技术、社会经验阅历少的普通人造成巨大的经济损失，甚至人身伤害，危害极大。当前网络欺诈案件呈现出企业化、集团化趋势，多为团伙作案。根据网上公布数据，武汉市东湖高新区 2021 年上半年电信网络诈骗涉案金额达 3300 余万元，受害人数共计 55 万余人。

1. 网络诈骗

网络诈骗是一种技术加社会工程学的常见网络欺诈行为，以非法占有为目的，通常表现为利用互联网采用虚构事实或者隐瞒真相的方法，骗取数额较大的财物的行为。

假冒手段：不法分子盗取受害者 QQ 账号、邮箱账号后，根据掌握的受害者信息，向受害者好友、亲戚、下级发送虚假信息，编造紧急情况，要求受害人的社会关系人汇款到其指定账户。网络上新近出现了一种以 QQ 视频聊天为手段实施诈骗的新手段，嫌疑人在与网民视频聊天时录下其影像，然后盗取其 QQ 密码，再用录下的影像重新变声剪辑，冒充该网民向其 QQ 群里的好友“借钱”。

防范方法与措施——养成良好用网习惯，不轻易打开不熟悉的邮件或网络链接，不随便接收不明人员的图片或文件，及时更新系统漏洞、杀毒软件等，减少中木马病毒被盗号的风险；认真辨析对方身份，采用多种方式核实对方真伪，特别涉及财物的一定要保持沉稳不慌张，小心谨慎对待；找周边可靠的现实人员共同交流分析情况，适当情况下报警处理。

网络购物诈骗：不法分子在互联网上发布虚假廉价商品信息，要求预付“预付金”“手续费”或收款后不发货等形式骗取钱款。

防范方法与措施——通过合法认证、安全认证的正规网站进行网络购物，尽量通过有保障的第三方支付平台支付。

2. 网络钓鱼

网络钓鱼是不法分子利用邮件、短信或假网页、网站等手法，试图通过伪装成合法正常的实体或网站，来收集用户银行、证券账号、密码信息或其他个人隐私信息，然后转账、取款、网购、制作套卡等形式获取利益。

电子邮件钓鱼：不法分子通过发送伪装成合法可信来源的邮件，欺骗收件人安装恶意软件或共享个人信息或财务。多以中奖、退款、刷信誉返佣金、机票改签等引诱用户填报个人私密信息（如银行账号和密码等），继而窃取收件人资金。

网站钓鱼：不法分子建立起域名和网页都与银行和证券交易机构极为相似的网站，引诱用户登录此钓鱼网站，从而获取用户账号与密码，继而窃取收件人资金。

鱼叉钓鱼：一种针对性极高的网络钓鱼攻击，鱼叉钓鱼会研究特定对象喜好，向特定对象发送定制的邮件，诱导对象打开链接、软件、图片等，从而安装恶意软件来获取私密账号信息。

鲸钓是指瞄准组织中显要目标（如高管）而展开的网络钓鱼攻击，其他目标包括政客或名流，因获利高而得名。

3. 电信诈骗

电信诈骗是指犯罪分子通过电话、短信方式，编造虚假信息，设置骗局，对受害人实施远程、非接触式诈骗，诱使受害人给犯罪分子打款或转账的犯罪行为。

QQ 诈骗案例：2008 年，通过木马盗取 QQ 号冒充其好友代为充话费、游戏点卡；2010 年，逐渐进化为加 QQ 好友与对方视频聊天并截取视频，然后发送捆绑有木马病毒的文件、图片给对方并盗取 QQ 号码、密码，登录盗取的 QQ 号骗其好友，并播放之前截取的视频迷惑对方，以各种理由要求对方打款的 QQ 视频诈骗；2013 年，视频诈骗升级为针对留学生家人的诈骗，借口交手术费等要求父母打款，金额从几万到几十万不等；2014 年，犯罪嫌疑人省略传统的“盗号”环节，直接使用新注册的 QQ 号码伪装成公司“老总”QQ（头像、昵称等资料改成与老板一模一样的 QQ），再向该公司财务要求向指定银行账户汇款达到诈骗目的；2014 年末，演变成利用手机拦截木马病毒软件盗取安卓操作系统的智能手机支付权限，并拦截短信后实施盗窃或者实施冒充微信好友诈骗的案件。

防范方法与措施——不要随意点击推广性的文件，谨防 QQ 被盗；QQ 备注信息应谨慎：尽量不要将 QQ 联系人备注为“爸爸”“妈妈”“张总”等，一旦犯罪分子窃取 QQ，从你备注的信息很容易分析出这些联系人和你的关系；汇款之前务必向收款人致电确认，勿轻信 QQ 聊天记录里的任何联系电话和链接。

“猜猜我是谁”诈骗案例：此类诈骗犯罪中，不法分子通过不正当途径获取受害者的电话号码和机主姓名后，打电话给受害者，让其“猜猜我是谁”，随后根据受害者说的人名冒充该熟人身份，并声称要来看望受害者，当受害者相信以后，过几个小时或第二天再编造“嫖娼被抓”“交通肇事”等理由，向受害者借钱，很多受害人没有仔细核实就把钱打入不法分子提供的银行卡内。目前，该类犯罪经过升级，呈现出新形式：嫌疑人冒充公务员或企事业的单位领导，以急需用钱、疏通关系、职务晋升等为由，要求事主给“领导”汇款。

防范方法与措施——接到类似电话时，应及时与自己的朋友、熟人进行联系，核实真伪。不要轻易相信对方，更不应轻易向对方提供的银行账户转款。

机票改签诈骗案例：机票改签诈骗犯罪主要是嫌疑人发短信给购买机票的事主，

称由于近期降雪雾霾等恶劣天气，其所乘航班取消；或称因系统故障，不能出票，需要改签或退票。事主极易信以为真，拨打诈骗短信中的“客服电话”，嫌疑人以改签要手续费为由，骗取事主高额转账。犯罪嫌疑人由过去在大型游戏网站、论坛、百度贴吧等虚设某某航空公司网上订票网站，假借各航空公司名义在网络上发布虚假订票信息、改签退票等信息，发展到从黑客或全国各地机票代购点购买旅客订票基本信息，以机票改签、退票进行精准诈骗。

防范方法与措施——接到此类诈骗短信后，应通过民航官方查询电话、网站进行查询核实，或直接致电订票的网点进行查询核实。不要拨打短信中提供的所谓“客服电话”进行核实。

邮包诈骗案例：犯罪分子冒充邮政、快递公司或公安机关工作人员拨打受害人电话，谎称受害人邮包中夹带违禁品或涉案物品，并已被公安机关调查。进一步以公安机关工作人员名义谎称受害人涉嫌贩毒或洗钱犯罪，为证明自身清白，必须按要求将受害人名下所有钱款转入指定的“安全账户”进行查验。

防范方法与措施——公安机关的人民警察侦办案件过程中，不会以电话通知的方式要求当事人对财产进行处置，对财产、物品的调取、扣押均会出具相应的法律文书。而且，人民警察在执行公务时，除因工作需要等特殊原因外，均应向当事人出示工作证件。

冒充领导诈骗案例：此类诈骗犯罪中，不法分子通过不正当途径获知上级机关、监管部门等单位领导的姓名、办公室电话等有关资料。假冒领导秘书或工作人员等身份打电话给基层单位负责人，以推销书籍、纪念币等为由，让受骗单位先支付订购款、手续费等到指定银行账户，实施诈骗活动。

防范方法与措施——接到此类电话时，应及时向上级机关相关部门进行确认核实，如确认为欺诈行为，应向上级机关及公安机关如实反映情况。

虚假中奖诈骗案例：此类诈骗犯罪中，不法分子以活动抽奖为由，或冒充“某某”等节目组，通过拨打电话或手机短信的方式通知受害人中了大奖，一旦受害人相信后回复查询，便称兑奖必须另外交纳所得税、手续费等各种名目费用，否则不予兑奖，通过电话指引受害人汇款至其提供的账户。

防范方法与措施——“天上不会常常掉馅饼”，不要因为利益的诱惑而轻易相信中奖等信息，还是应该通过踏踏实实的劳动，换取自己应得的利益。

电话欠费诈骗案例：此类诈骗犯罪中，不法分子冒充电信局工作人员向事主拨打电话告知其电话欠费，或者直接播放电脑语音，称事主身份信息可能被冒用登记了欠费电话，随后不法分子让同伙假冒公、检、法人员接听或打来电话，称事主名下的电话和银行账户涉嫌洗钱等犯罪活动，目前司法机关正在秘密调查中，要求事主将银行存款尽快转移到所谓的安全账户，犯罪分子通过电话逐步指引事主进行转账操作，达到诈骗目的。

防范方法与措施——此类电信诈骗极具欺骗性，犯罪分子使用网络虚拟电话虚拟出与公安机关工作电话相同的号码，使受害人相信谎言的真实性，诱使、逼迫受害人向指定账户转款，并且不让亲属知道。年轻人在日常生活中应多了解防骗常识，并向自己的家人，尤其是中老年人多做工作，接到诈骗电话及时向公安机关核实、反映。

刷卡消费诈骗案例：此类诈骗犯罪中，不法分子通过短信提醒手机用户，称该用户银行卡刚刚在某地（如××商场、××酒店）刷卡消费5899或6995元等，如用户有疑问，可致电××××号码咨询。在用户回电后，其同伙即假冒银行客户服务中心的名义谎称该银行卡可能被复制盗用，利用受害人的恐慌心理，要求用户到银行ATM机上进行所谓的加密操作，逐步将受害人卡内的款项转到犯罪分子指定的账户，达到诈骗的目的。

防范方法与措施——接到此类诈骗短信时，应及时拨打相应银行的官方查询电话，进行核实，而不应该拨打诈骗短信中提供的咨询电话进行核实。

低价购物诈骗案例：此类诈骗犯罪中，不法分子向受害人发送出售二手车等虚假信息，短信内容一般为："本集团有九成新套牌车（本田、奥迪、奔驰等）在本市出售。电话××××××××。"待被害人拨打联系电话想要购买时，不法分子提出必须交定金才能进一步办理，要求向其提供的账户汇款，从而达到诈骗的目的。

防范方法与措施——过于低廉的价格，只会是一种诱饵，勿贪图便宜，否则必然被犯罪分子利用。

加强信息安全意识，提高识别网络欺诈的认识和能力，找到制约网络欺诈的策略和措施，制定科学有效的应对预案和处置方法，加强管理和技术升级，堵塞技术和制度的漏洞，遏制和减少网络欺诈，维护健康网络空间是全民共识。

8.2.3 信息安全防御技术

信息技术在行业和社会中的广泛应用也推进了信息技术的蓬勃发展，信息安全受到的威胁也日益增加和变化，信息安全攻击也呈现出自动化、规模化、智能化的趋势，信息安全的防护也日益要求从被动防御转化为主动防御。信息安全防御技术的研究也表现出很强的研发活力。

1. 数据加密技术

人们在通信过程中，在某些情况下希望能实现秘密的联系和交流，所以就开始设计很多信息保密的方法。数据加密就是将正常有用的信息通过一定技术和算法转换成无法正常读取识别的信息，只有拥有密钥或密码的可信、授权的人员才能解密信息并访问其初始信息的技术。加密不能防止他人截取信息，只能防止未经授权人员轻易地获取信息内容。

一个密码体制，通常至少包括如下内容。

明文：通信双方包括第三方都可以识别处理的信息形式，如文字、图片等。

密文：是通过一定技术或算法经过转换后的信息格式，是不可读的伪装信息。

密钥：又分为加密密钥和解密密钥，用来将明文和密文进行双向转换。

算法是用于解决加密问题的过程或公式。据说尤利乌斯·凯撒会并排放置两组字母，然后按照特定的位数来移动其中一个字母，保护消息的安全。在移动过程中，位数用作密钥。他使用此密钥将纯文本消息转换为密文，而只有同样拥有该密钥的将军知道如何解密消息。此方法称为凯撒密码。

加密算法的好坏取决于所使用的密钥。涉及的复杂程度越高，算法就越安全。密钥管理是该过程中的一个重要部分。

加密也分为对称加密和公钥加密（非对称加密）。

对称加密采用了对称密码编码技术，它的特征就是加密密钥和解密密钥完全相同，或者一个密钥很容易从另一个密钥中导出。对称加密系统最著名的是美国数据加密标准 DES、高级加密标准 AES 和欧洲数据加密标准 IDEA。对称加密的优点主要有运行占用空间小、加/解密速度快，但也有密钥交换困难、规模复杂、未知实体通信困难等问题。

公钥加密即非对称加密，是使用一个密钥加密数据，使用另一个密钥解密数据。其中一个是公钥，另一个是私钥。在公钥加密系统中，任何人都可以使用接收方的公钥对消息进行加密，并且接收方是唯一能够使用其私钥解密消息的人。公钥是可以公开的，从公钥导出另外一个私钥是非常困难的。非对称加密系统最流行的算法有 RSA 算法（浏览器使用 RSA 建立安全连接）、Diffie-hellman 算法（SSL、TLS、SSH 等安全协议应用）、椭圆曲线加密算法等。非对称加密的优点是密钥交换方便、未知实体通信方便、保密服务、认证服务。

2. 防火墙技术

防火墙（Firewall）技术是设置在内部网络和外部网络之间出入口的由软件和硬件组合而成的隔离控制技术，能根据制定的安全策略，控制或过滤信息允许传入和允许传出设备或网络。防火墙实现控制出入网络的信息流，对进出内部网络的信息进行审计。

防火墙根据对数据包的处理方法分为包过滤防火墙、应用代理网关防火墙、状态检测防火墙。

包过滤防火墙工作在 OSI 参考模型的网络层，内外网传输的数据包按照事先设置的一系列安全规划进行过滤或筛选，只有满足访问条件的数据包才被转发到相应的目的地，其余数据包则从数据流中丢弃。可以利用数据包的多种标志来实现过滤，如源 IP 地址、源端口号、目的 IP 地址、目的端口号、服务类封包。

应用代理网关防火墙工作在 OSI 参考模型的应用层，采用应用协议代理服务的工作方式实施安全策略，是应用服务与用户之间的一个转发器。应用代理网关优点是数据检测能力强，具有审计跟踪和报警功能，缺点是限制了网络处理速度、配置维护复杂、扩展服务困难。

状态检测防火墙工作在 OSI 参考模型的网络层和传输层，可以理解为包过滤防火墙的升级版，能通过建立动态 TCP 连接状态表对每次会话连接进行验证来实现网络访问控制功能，具备较强的灵活性和安全性。

按防火墙软硬件结构划分，防火墙又可以分为软件防火墙、硬件防火墙、芯片级防火墙。软件防火墙又有网络版软件防火墙和个人防火墙之分，个人防火墙可以在网上免费下载用于保护用户个人计算机，网络防火墙则因需支持多种操作系统而具有代码庞大、成本高等特点。

3. 入侵检测和入侵防御技术

入侵检测技术通过监视受保护系统的状态和活动，采用异常检测或误用检测的方式，发现非授权的或恶意的系统及网络行为，为防范入侵行为提供有效参考。入侵检测系统（IDS）由硬件和软件组成，通过提取网络行为的模式特征分析网络行为的性质，用来检测系统或网络以发现可能的入侵或攻击的系统。

入侵检测系统根据入侵检测的行为分为两种模式：异常检测和误用检测。前者先要建立一个系统访问正常行为的模型，凡是访问者不符合这个模型的行为将被断定为入侵；后者则相反，先要将所有可能发生的不利的不可接受的行为归纳建立一个模型，凡是访问者符合这个模型的行为将被断定为入侵。

从系统结构上来看，入侵检测系统一般包含事件产生器单元、事件分析引擎单元、响应单元。

入侵防御系统（IPS）是一部能够监视网络或网络设备的网络资料传输行为的计算机网络安全设备，能够及时中断、调整或隔离一些不正常或者具有伤害性的网络资料传输行为。它通过检测和分析网络中的网络通信，从中发现违反安全策略的行为和系统被攻击的迹象，通过一定的响应方式，实时地中止入侵行为的发生和发展，实时保护信息系统不受实质性的攻击。

入侵防御系统分为基于主机的 IPS 和基于网络的 IPS。随着技术的发展，入侵防御系统在入侵防护、Web 安全、流量控制、网络行为监管等方面愈趋成熟，新产品也不断涌现。

4. 防病毒技术

随着计算机病毒技术的发展，病毒特征也在不断变化，给计算机病毒的分类和预防带来了一定的困难。防病毒技术首要解决的就是计算机病毒的检测，然后才是防治。

计算机病毒的检测技术可以分为特征判定技术、校验和判定技术、行为判定技术、虚拟机判定技术。

特征判定技术是根据病毒程序的特征，如感染标记、特征程序段内容、文件长度变化、文件校验和变化等形成病毒代码库文件，在病毒扫描时将扫描对象与特征代码库进行比对，如有特征点出现，则识别为病毒。优点是检测准确、误报率低、可识别，缺点是速度慢，不能检查多形性、隐蔽性病毒，也不能检查未知病毒。

校验和判定技术是计算正常文件内容的校验和，将校验和汇总记录保存。检测扫描时，将文件当前校验和与原来保存的校验和进行比较验证是否一致，不一致即判定为感染病毒或改动危险。优点是方法简单，缺点是容易误报、效率低，不能识别病毒名称。

行为判定技术是以计算机病毒机理为基础，对不同于正常程序的行为进行判断，常能识别出属于已知病毒机理的变种病毒和未知病毒。优点是能发现未知病毒，缺点是容易误报、实现难度大，不能识别病毒名称。

随着计算机技术的发展，病毒不断出现新的变种，杀毒软件也是与时俱进，不断更新换代，功能也更加完善和丰富。在我国最流行、最常用的杀毒软件有金山毒霸、360 杀毒、卡巴斯基杀毒、诺顿杀毒、McAfee VirusScan 等。

5. 身份验证技术

信息网络提供了实现可伸缩访问安全所需要的框架，即身份验证、授权和审计。

身份验证即用户和管理员必须证明他们身份的真实性。身份验证可以结合使用用户名和密码组合、提示问题和响应问题、令牌卡以及其他方法。例如，“我是用户‘学生’。我知道密码，可以证明我是用户‘学生’”。

授权即完成用户身份验证后，授权服务将确定该用户可以访问哪些资源，能够执行哪些操作。例如，“用户‘学生’只能使用 Telnet 访问主机 serverXYZ。”

审计即系统会记录用户行为和行为发生的时间，包括访问的内容、访问资源所用的时间及所做的任何更改。审计用于跟踪网络资源的使用情况。例如，“用户‘学生’使用 Telnet 访问主机 serverXYZ 15 分钟”。

集中式身份验证比本地身份验证更具伸缩性和可管理性，因此，它是首选的身份验证实施手段。

集中式身份验证系统可以独立地维护用于身份验证、授权和会计的数据库。它可以利用 Active Directory 或轻量级目录访问协议（LDAP）进行用户身份验证和确定组成员资格，同时维护其自己的授权和会计数据库。

设备使用远程验证拨入用户服务（RADIUS）或终端访问控制器访问控制系统（TACACS+）协议与集中式身份验证服务器进行通信。

6. 数据完整性保护技术

完整性确保数据在其整个生命周期内保持不变，并且无论任何人，还是任何事物，都可以信任数据。数据完整性对于设计、实施并使用于存储、处理或传输数据的任何系统都至关重要。目前使用的数据完整性控制的类型有散列算法、加盐处理和密钥散列消息认证码（HMAC）。数字签名和证书的使用与数据完整性控制相结合，可向用户提供一种验证消息和文档的真实性的方法。

散列算法将任意数量的数据转化为固定长度的指纹或数字散列值。犯罪分子无法通过撤销数字散列值的方式得知原始输入值。如果输入值完全改变，则系统会生成不同的散列值。这适用于保护密码。每次更改或修改数据时，散列值也会随之变化。因此，加密散列值通常称为数字指纹。它们可以用于检测重复的数据文件、文件版本更改以及类似的应用。这些值可防止意外或有意更改数据以及数据意外损坏。散列算法也非常高效。一个大文件或整个磁盘驱动器的内容会生成大小相同的散列值。

加盐处理可提高密码散列的安全性。如果两个用户使用相同的密码，则他们也将具有相同的密码散列。盐是进行散列计算前附加到密码中的一个随机字符串。这会为两个密码生成不同的散列结果，由于每个实例的盐值不同，因此相同的密码会生成不同的散列值。由于盐值是一个随机数字，因此无需加密。

密钥散列消息认证码（HMAC 或 KHMAC）是为防止网络犯罪分子对散列值发起字典攻击或暴力攻击而在该散列值中添加一个密钥，只有知道该散列值的人员可以验证密码。HMAC 使用附加的密钥作为散列函数的输入。

最常用的散列函数是 Hash 函数，常用的 Hash 函数有 MD2、MD4、MD5 以及 SHA 等。现在常用 Hash 函数校验工具来检测信息数据的完整性。

数字签名是一段附加数据，主要用来证实消息的真实来源。数字签名与数据完整性检验很类似，不同点在于数据完整性校验强调数据本身是否被破坏，而数字签名强调数据来源。对称密码体制和公钥密码体制都可以用来实现数字签名。数字签名是一种用于检查消息、数字文档或软件的真实性和完整性的数学方法，同时数字签名确保发送方以电子方式签署了邮件或文档，他人无法否认。

7. 应用安全技术

应用安全技术是以保护特定网络应用为目的的安全技术，下面简要介绍热点网络应用的安全技术。

（1）网页防篡改技术：网页防篡改软件又称网站恢复软件，是用于保护网页文件，防止黑客篡改网页（篡改后自动恢复）的软件，其使用的防篡改技术归纳列举如下。

外挂轮询技术：用一个网页读取并检测程序，再用轮询的方式读取要监测的网页，将该网页和真实网页相比较后判断网页内容的完整性。如果发现网页被篡改，则对于被篡改的网页进行报警和恢复。但是这种网页防篡改技术的明显缺点是：当网页规模很大时，算法运行起来非常耗时且困难，对于特定的网页，每两次检查的时间间隔很长，不法分子完全有机会进行篡改，对网页造成严重影响。

核心内嵌技术：在 Web 服务器软件里内嵌篡改检测模块，在每个网页流出时都检查网页的完整性，如果网页被篡改，则进行实时访问阻断，对于被篡改的网页进行报警和恢复。这种网页防篡改技术的优点是：每个网页在流出时都进行检查，因此有可能被篡改的网页完全没有可能被读者发现；但是该方式也有缺点，由于在网页流出时要进行检测，因此网页在流出时会延迟一定的时间。

事件触发技术：利用（操作系统中的）驱动程序接口或文件系统，在网页文件修改时检查其合法性，对于非法操作——即篡改网页时进行报警和恢复。这种网页防篡改技术的明显优点是预防成本非常低，不过其缺点也很明显，Web服务器的结构非常复杂，不法分子常常不会选择从正面进攻，他们会从Web服务器的薄弱处或者不易发现和检测的地方进行攻击，并且还不断会有新的漏洞被发现，因此上面的防御策略做不到万无一失。此外，被篡改的网页一旦混进了Web服务器，就再也没有机会对其进行安全检查了。

(2) 反网络钓鱼技术：对抗网络钓鱼的方法有技术性的，也有非技术性的。

使用HTTPS：一般的HTTP网站使用80端口，而安全版本的HTTP即HTTPS使用443端口。使用HTTPS意味着浏览器与目标服务器之间的所有信息均加密传输。所以，HTTPS的“S”表示“安全”(secure)，但使用HTTPS访问网站并不能100%保证安全。网络钓鱼者也会使用HTTPS搭建钓鱼网站。判断网站合法性的最有效方法是验证证书详细信息。合法的网站应有由知名、可信的证书机构(CA)颁发的证书。

正确配置Web浏览器：多数浏览器自带工具防止用户被定向至钓鱼网站。部分浏览器的“安全”配置页面中的“常规”设置有如下几个选项：当站点尝试安装附加组件时警告；阻止已报告的攻击站点；阻止已报告的钓鱼网站。最好全部选中这三个选项以更好地保护自己。

监控钓鱼网站：如上所述，微软等存有动态更新的举报网站清单。网上还有现成工具可在访问网站前进行网站检查，如谷歌安全浏览工具。

正确配置邮件客户端：用户不能走进机房配置邮件服务器，但能够配置邮件客户端处理邮件的方法。可以通过进入邮件客户端中“反垃圾邮件”设置，启用“禁用不明链接”，接收关于可疑域和邮件地址的警告。

(3) 内容过滤技术分为基于源的过滤技术和基于内容的过滤技术。

基于源的过滤技术：DNS过滤可以在互联网骨干DNS服务器上安装过滤设备，拒绝解析特定的域名，将屏蔽所有到此域名的访问，完成过滤；IP包过滤检查每个IP包中的源地址，如果属于被禁止的站点就禁止通过；过滤检查应用层的URL，如果属于黑名单中被禁止的站点列表，将禁止访问站点。

基于内容的过滤技术包括内容分级审查、关键字过滤技术、启发式内容过滤技术、机器学习技术等，此处不一一赘述。

(4) 反垃圾邮件技术：可以减少垃圾邮件问题，但是也都存在各自的局限性。

过滤技术——是一种相对来说最简单却很直接的处理垃圾邮件技术。这种技术主要用于接收系统(MUA，如Outlook Express或者MTA，如sendmail)来辨别和处理垃圾邮件。从应用情况来看，这种技术也是使用最广泛的，如很多邮件服务器上的反垃圾邮件插件、反垃圾邮件网关、客户端上的反垃圾邮件功能等，都是采用过滤技术。

验证查询技术——垃圾邮件一般都是使用伪造的发送者地址，极少数的垃圾邮件才会用真实地址。垃圾邮件发送者基于以下几点原因来伪造邮件：因为是违法的，在很多国家，发送垃圾邮件都是违法行为，通过伪造发送地址，发送者就可能避免被起诉；因为不受欢迎，垃圾邮件发送者都明白垃圾邮件是不受欢迎的，通过伪造发送者地址，就可能减少这种反应；受到 ISP 的限制，多数 ISP 都有防止垃圾邮件的服务条款，通过伪造发送者地址，可以减少被 ISP 禁止网络访问的可能性。因此，如果采用类似黑白名单一样，则能够更智能地识别哪些是伪造的邮件，哪些是合法的邮件，那么就能从很大程度上解决垃圾邮件问题，验证查询技术正是基于这样的出发点而产生的。

挑战技术——垃圾邮件发送者使用一些自动邮件发送软件每天可以产生数百万的邮件。挑战技术通过延缓邮件处理过程，可以阻碍大量垃圾邮件的发送。那些只发送少量邮件的正常用户不会受到明显的影响。但是，挑战技术只在很少人使用的情况下获得了成功。如果在更普及的情况下，人们可能更关心的是是否会影响到邮件传递而不是阻碍垃圾邮件。

密码技术——业界提出了采用密码技术来验证邮件发送者的方案。从本质上来说，这些系统采用证书方式来提供证明。没有适当的证书，伪造的邮件就很容易被识别出来。

模块小结

现阶段我们描述信息安全时，会发现它的边界在不断扩大。信息安全本质是围绕与人相关的攻防对抗模型构建起来的应用型学科。有人的地方就有江湖，有人的地方就有信息安全问题。信息安全研究的对象，从原有的信息系统延伸到了新型基础设施的各个方面。

复习题

单项选择题

1. 信息安全的基本属性是（　　）。

A. 保密性　　B. 完整性

C. 可用性、可控性、可靠性　　D. A，B，C 都是

2. 假设使用一种加密算法，它的加密方法很简单：将每一个字母加 5，即 a 加密成 f。这种算法的密钥就是 5，那么它属于（　　）。

A. 对称加密技术　　B. 分组密码技术

C. 公钥加密技术　　D. 单向函数密码技术

3. 密码学的目的是（　　）。

A. 研究数据加密　　B. 研究数据解密

C. 研究数据保密　　D. 研究信息安全

4. A方有一对密钥（KA公开，KA秘密），B方有一对密钥（KB公开，KB秘密），A方向B方发送数字签名M，对信息M加密为：M′＝KB公开（KA秘密（M））。B方收到密文的解密方案是（　　）。

A. KB公开（KA秘密（M′））

B. KA公开（KA公开（M′））

C. KA公开（KB秘密（M′））

D. KB秘密（KA秘密（M′））

5. 数字签名要预先使用单向Hash函数进行处理的原因是（　　）。

A. 多一道加密工序使密文更难破译

B. 提高密文的计算速度

C. 缩小签名密文的长度，加快数字签名和验证签名的运算速度

D. 保证密文能正确还原成明文

6. 身份鉴别是安全服务中的重要一环，以下关于身份鉴别叙述不正确的是（　　）。

A. 身份鉴别是授权控制的基础

B. 身份鉴别一般不用提供双向的认证

C. 目前一般采用基于对称密钥加密或公开密钥加密的方法

D. 数字签名机制是实现身份鉴别的重要机制

7. 防火墙用于将Internet和内部网络隔离（　　）。

A. 是防止Internet火灾的硬件设施

B. 是网络安全和信息安全的软件和硬件设施

C. 是保护线路不受破坏的软件和硬件设施

D. 是起抗电磁干扰作用的硬件设施

8. PKI支持的服务不包括（　　）。

A. 非对称密钥技术及证书管理　　B. 目录服务

C. 对称密钥的产生和分发　　D. 访问控制服务

9. 设哈希函数H有128个可能的输出（即输出长度为128位），如果H的k个随机输入中至少有两个产生相同输出的概率大于0.5，则k约等于（　　）。

A. 2128　　B. 264

C. 232　　D. 2256

10. Bell-LaPadula模型的出发点是维护系统的（　　），而Biba模型与Bell-LaPadula模型完全对立，它修正了Bell-LaPadula模型所忽略的信息的（　　）问题。它们存在共同的缺点：直接绑定主体与客体，授权工作困难。

A. 保密性　可用性　　B. 可用性　保密性

C. 保密性　完整性　　D. 完整性　保密性

参考文献

[1] 蔡大鹏，康海燕，姚大川．网络安全与管理［M］．北京：中国人民大学出版社，2018.

[2] 高能，江伟玉，刘丽敏．信息安全技术［M］．北京：中国人民公安大学出版社，2018.

[3] 荆继武．信息安全技术教程［M］．北京：中国人民公安大学出版社，2007.

[4] 石焱．网络安全风险防范知识手册［M］．北京：中国林业出版社，2017.

[5] 王彬，陈晨，刘杰，等．计算机网络安全教程［M］．成都：电子科技大学出版社，2017.

[6] 周继军，蔡毅．网络与信息安全基础［M］．北京：清华大学出版社，2008.

[7] 叶明全，陈韧，徐冬，等．医学信息学［M］．北京：科学出版社，2018.

[8] 谭志彬，柳纯录．系统集成项目管理工程师教程［M］．北京：清华大学出版社，2016.

[9] 王群．网络安全技术［M］．北京：清华大学出版社，2020.

[10] 杜彦辉．信息安全技术教程［M］．北京：清华大学出版社，2013.

模块九

大数据

学习目标

1. 了解大数据的一般概念。
2. 熟练掌握大数据模型方法。
3. 熟练掌握大数据应用方式。

学习重点

1. 了解大数据在行业中的应用。
2. 熟练掌握大数据建模方法。

学习难点

熟练掌握大数据应用方式。

9.1 大数据概念

综合高德纳咨询公司（Gartner）和麦肯锡咨询公司（Mckinsey）对大数据的说法，可以把大数据理解为："大数据"是一种数据量规模和信息量规模大到用传统数据库软件和传统运算能力计算机难以获取、存储、处理、分析的数据集合，是需要新处理模式才能具有更强的决策力、洞察发现力和流程优化能力来适应海量规模、高增长率和多样化的信息资产。大数据具有海量数据规模、低密度信息价值、高速数据流转、多种数据类型和数据内容真实等特点。

拥有大数据并不代表资源已经被掌握，大数据就像现实世界里的矿产和石油，除了拥有原始数据这种矿产和原油之外，还必须拥有精炼大数据的设备和技术。这些技术主要是各类人工智能技术，它们对大数据进行挖掘和利用。大数据的意义在于对其利用人工智能技术进行专业化处理，使之数据价值得以体现和增值。不同的处理方式得到的数据价值也不尽相同，因此，大数据需要与其配套的硬件支撑体系、人工智能算法和数据挖掘算法。

9.2 司法行政大数据

司法行政大数据是指司法行政信息化平台（数据中心）收集的业务系统所生产的数据，硬件设备和传感器感知的数据，以及司法行政所需要的由政法机构、政府部门、商业企业共享的数据的集合。

司法行政业务数据包含立法备案、执法监督、普法宣传、依法治国、公共法律服务、监狱、戒毒、社区矫正、法考、律师、公证、鉴定、仲裁、行政管理、行政审批等全量业务数据。政法机构、政府部门和商业企业共享的数据包含与司法行政机构业务相关的公安、检察、法院、国安、政法委、民政、医疗、教育、商务、金融、生态、资源等各行各业涉及立法、普法、执法、司法、守法的全量数据。

9.3 数据

数据是智慧司法的核心。数据驱动智慧司法的动力源于数据来源多样、数据应用丰富、数据通道畅通、数据生存环境良好和数据价值的体现。

9.3.1 数据来源多样

在国家加强信息化全面推进的战略背景下，各领域都将以不同方式共享其自身数据，同时也可充分获得自身发展所需的数据，目前国家已经从行政命令和市场行为两个方面要求加强数据共享，保障了数据来源的多样性。一类是通过自身设备、应用软件、业务系统生产的数据，如智能设备、传感器提交的数据，普法工作采集的数据；第二类是政府行为要求共享的数据，如司法行政机构共享数据，政府机构、社会团体协同数据；第三类是从商业、企业购买的数据；第四类是通过网络技术在互联网上Web、微博、论坛等社交媒体上获取的数据。数据来源多样性示意图如图 9-1 所示。

9.3.2 数据应用丰富

无论是自身设备产生的数据，还是司法行政业务系统生产的数据、政府机构共享的数据和从商业企业购买的数据，都将应用于司法行政系统全领域、全业务，实现从

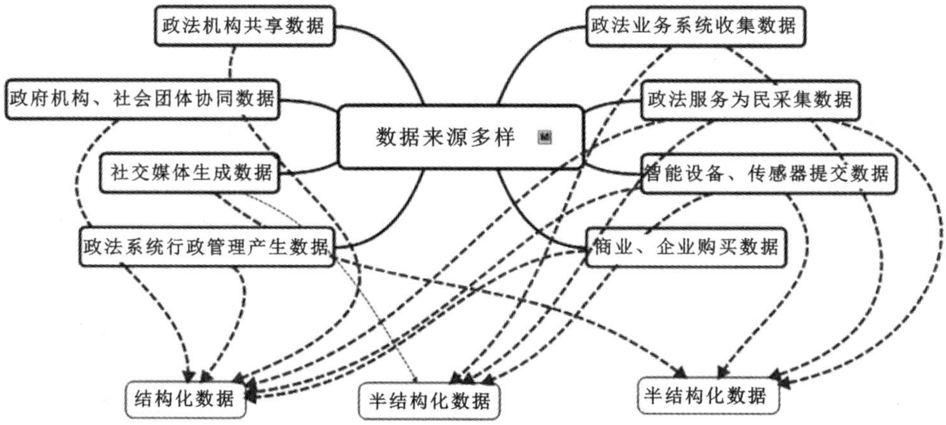

图 9-1　数据来源多样性示意图

立法、执法、司法、普法、守法、监督、安全监管、为民服务的全领域数据化，实现司法行政领域一切业务数据化和一切数据业务化。

9.3.3　数据通道畅通

现在建设的各级各类政法机构信息化已经不是单个功能软件形成的数据孤岛，也不是单个业务部门形成的数据烟囱，更不是独立服务器运行的孤立系统，而是通过技术手段和安全边界与互联网、监狱专网、戒毒专网、公安专网、检察专网、法院专网、电子政务外网、政法专网、其他专网和物联网形成的数据高度共享、业务高度协调的数据流动畅通的信息通道。

9.3.4　数据生存环境良好

数据生存环境良好体现在对数据生命周期的管理和服务。

数据生命周期管理（data life cycle management，DLM）用于管理数据在信息系统中整个生命周期内的流动。它是一种基于策略的方法，可以从数据创建、存储、治理、管理、开发、展现、安全到废弃的全过程进行管理。

由于业界对数据驱动信息化的一致认可，数据生命周期的管理和服务也形成相应的规范和标准，这就形成良好的数据环境，主要体现在网络资源、计算资源、存储资源、各类服务器、数据库系统、安全资源、同城灾备系统、异地灾备系统、公有云环境、私有云环境、混合云环境、UPS 保障、市电双回路保障、机房场地、防雷、防静电、防火、温度、湿度、洁净度、防盗、软硬件运维与监测等为数据提供方方面面的保障。

9.3.5 数据价值体现

数据价值是信息化建设最终表现形式，主要是当数据逐渐变成信息，形成知识，应用到业务提升、辅助决策，发挥智能作用的过程。

司法行政系统数据价值主要表现在以下几个方面：一是客观反映案件时间、空间、状态的数据及数据之间的关系；二是根据时间、空间、状态的数据变化量可以发现案件的成因、进展、预警和辅助决策，找出应对策略和处置方案；三是可以分析业务工作的质量、效果、问题所在，从而提升业务工作效能；四是可以通过对海量数据的挖掘分析进行态势感知和预警预测，在综治、维稳、反邪教、反恐、依法治理、平安建设、严格执法、公正司法、全民普法、为民服务等领域提供数据支撑和决策建议。

9.3.6 数据的演化

数据的演化分为四个阶段，即数据、信息、知识、智慧，这四个阶段逐级提升价值，并不断向人类智慧迈进。

1. 数据（Data）

由传感器、业务软件或由人为记录或标记的一种电子化的符号，这种标记是事实或观察的结果，可以用来对客观事物逻辑归纳或分类统计，用于表示客观事物的未经加工的原始素材。

2. 信息（Information）

美国信息管理专家霍顿（F. W. Horton）给信息下的定义是，“信息是为了满足用户决策的需要而经过加工处理的数据。”简单地说，信息是经过加工的数据，或者说，信息是数据处理的结果。

3. 知识（Knowledge）

知识是人类在实践中认识客观世界（包括人类自身）的成果，包括事实、信息的描述或在教育和实践中获得的技能。知识是人类从各个途径中获得的经过提升总结与凝练的系统的认识。知识可以看成构成人类智慧的最根本的因素，知识具有一致性、公允性。

4. 智慧（Wisdom）

智慧是生命所具有的基于生理和心理器官的一种高级创造思维能力，包含对自然与人文的感知、记忆、理解、分析、判断、升华等所有能力。

9.4 大数据的价值

大数据的价值是指对大数据进行专业化处理，使之数据价值得以体现和增值。大数据对信息化的主要优势表现在以下三个方面。

9.4.1 直接数据

直接数据记录了事物的核心信息，有时间、地点、人物、事件、属性、IP、设备、系统、图像、视频、声音等，这些信息可以直接反映事物的本质特征，在信息化中识别对象至关重要。

9.4.2 间接数据

间接数据也称为分析数据，如起始时间与终止时间差、信息出现的频次、数据环比、数据同比、数据直方图、数据分类、数据聚类、数据曲线拟合、数据欧式距离等，这些信息可以形成目标的立体画像，适合在信息化中构建行业、领域、时间段或周期性对业务需求的精准指导。

9.4.3 关联数据

关联数据，可以通过大数据共享协作平台与人口基本数据库、法人基本数据库、诚信体系数据库、教育数据库、社保数据库等进行数据比对和信息扩充，进而进行案件溯源分析，提出预警或出具法律建议书。

数据生命周期的管理为司法行政业务提供了一对一匹配模式，构建个人法律服务数据平台，全方位分析对象的法律诉求，可以提供一站式或套餐式法律服务，是将来法律服务的一个重点领域。

9.5 大数据模型设计

用于司法行政的相关业务系统设计是为基于大数据的方法提供必要的大数据资源，常规的各业务系统数据大多为统计数据，只能在业务中产生小部分价值，如可以进行时间曲线变化统计、业务增量统计，能给大数据分析提供部分参考并给出决策建议，但这种以统计数据为主的业务分析只知其然，而不知其所以然。如果需要进行精准业务分析，还需要在普法相关业务系统设计时对条目数据进行记录、存储并做初步清洗。相关的业务系统有人民调解、律师管理、公证管理、法律援助、公共法律服务、执法监督、政务公开等。

9.5.1 人民调解

对人民调解系统数据进行分析，构建调解典型案例库，了解区域矛盾纠纷发生的时间、地点、类别、原因，总结化解经验，为周期性、间歇性纠纷提供指导意见，针对当前纠纷重点区域、时间、类别、目标群体有针对性进行法治宣传。

人民调解数据分析可以从普法对象、普法内容、普法案例的对应关系上实现精准计算。因此，需要在人民调解系统中构建个案分析模型、重大矛盾纠纷预警模型、矛盾纠纷分级预警模型、组织队伍分析模型、医患纠纷分析模型、重大医患纠纷模型。

1. 个案分析模型

建立个案分析模型。将矛盾纠纷个案的纠纷类型、纠纷当事人、纠纷发生地址、纠纷案件涉及单位进行关联分析，确保该案件的人民调解员可以全面掌握该案件的相关信息，辅助调解员对于矛盾纠纷案件的调解。

例如，自然人案件分析，从当事人的身份和历史案件角度进行分析，分析该人有无历史前科、有无办理过公证、有无请求过援助、有无参加过纠纷和诉讼。涉单位案件分析，将裁判文书、被执行信息、失信信息纳入其中，分析该单位历史涉案情况。

2. 重大矛盾纠纷预警模型

建立重大矛盾纠纷预警模型。对某一时间段内的矛盾纠纷案件的发生情况进行关联分析，挖掘重大矛盾纠纷、多发纠纷的时间规律，在特定时间节点来临前及时预警，提升对重大矛盾纠纷的预警水平。

例如，采用BI的表格图进行分析，横轴作为地域维度，每个地域按照纠纷类型进行划分，纵轴代表矛盾纠纷的数量。支持按照年度和纠纷等级进行筛选，按照地域进行下钻。

3. 矛盾纠纷分级预警模型

建立矛盾纠纷分级预警模型。按照月度、季度和年度，对矛盾纠纷案件、不稳定因素平均发生数量设定合理阈值，当监控数据高于阈值时，系统会自动向工作人员发出预警。

例如，数量高（低）于常量10%～20%、20%～30%、30%等情形，实现不同级别的变量预警，掌握矛盾纠纷高发地区和高发类型，及时调配资源进行化解。

4. 组织队伍分析模型

建立调解组织队伍分析模型。通过分析限定区域、时间内各类调解员以及调解组织的分布情况，并进一步关联调解案件调处情况，掌握调解队伍力量建设的总体情况，为有针对性的指导调解队伍建设提供数据支撑。

例如，从各市州地域面积、各市州调解员数量、各市州纠纷案件数角度进行分析，衡量出人民调解员在各市州的配置情况，得出不同市州人民调解员饱和或缺乏的状态。

5. 医患纠纷分析模型

获取医患纠纷相关案件判决的数据资源，结合系统统计的相关医患纠纷人民调解案件数据，建立分析模型，筛选医患纠纷诉讼案件多而医患纠纷人民调解案件数少的地区，为加强人民调解工作指导提供依据。

例如，向存在医患纠纷的人群推荐典型案例，实现案例指导。根据身份证信息关联挖掘有无医闹人员参与到实际的医患纠纷案件中。对依赖个案分析模型，扩大化分析某人是否存在职业医闹的情况。

6. 重大医患纠纷模型

对限定区域、时间内的重大医患纠纷，从历史、空间、纠纷要素等维度进行关联分析，实现对某一特定纠纷或部分关联纠纷的深入分析，从而提升对重大医患纠纷的预警监测和化解水平。

例如，对发生在某医院的重大纠纷，对发生时间、纠纷双方、纠纷类型、纠纷关键点、纠纷解决办法等要素进行系统化的分析和记录，可对今后类似案件提供典型案例的帮助与支撑。

9.5.2 律师管理

律师不仅从事法律运用，还要在办理案件中做到守法和普法，因此在对律师的管理中要建立问题隐患和行业监管漏洞模型、异地执业预警模型。

1. 问题隐患和行业监管漏洞查找模型

系统利用可视化分析技术、公众趋势分析和 BI 智能分析来查找问题隐患和行业监管漏洞；提高发现热点、挖掘问题的能力，有效指导管理服务工作。设置律师和律师事务所违规行为核查规则，通过案例比对，分析形成违法违规行为预警。

例如，通过系统设定同一案件的甲乙双方代理律师不能来自同一律师事务所的业务规则，系统会定期排查所有录入系统的律师案件，分析出存在违规的律师和律师事务所，将分析结果以预警提醒的方式发送给主管司法局，辅助主管司法局加强对律师执业行为的监管。

2. 异地执业预警模型

建立异地执业预警模型，在律师代理案件信息的基础上，监管其他省市律师在异地执业的情况。在一些重大敏感案件发生时，有异地律师在本地执业的，通过系统也能对该类律师的代理案件情况进行了解和监管，发生问题可以及时追溯和监管。同时还可以对律师备案市州与执业市州长期不匹配的现象进行预警，并上报给主管司法局。

9.5.3 公证管理

对公证系统数据分析，构建公证业务增长点、增长原因、增长趋势，以及公证质量监督，提升公证业务能力和公证案件质量，针对公证事项办理中的法律规定和法律风险给予当事人充分的宣传教育，确保公证的公信力不断提升。

公证案例在预防违法和普法中有较好的警示作用，可创建借贷分析研判模型、民间借贷分析研判模型。

1. 借贷分析研判模型

建立民间借贷分析研判模型，根据系统内民间借贷相关公证文书解析数据，获取甲乙双方、公证员、抵押物等信息，根据该部分信息进行大数据分析。

例如，具备对接律师代理案件数据，结合系统内公证数据，进行关联分析，获取公证文书采信率，及时跟踪公证机构撤证情况，形成多角度的公证质量监管体系，指导整个行业的良性发展。

2. 民间借贷分析研判模型

系统有效利用大数据和分析模型进行数据分析，寻找隐患风险，对发现的问题进行及时预警给监管处；围绕历年积累的公证数据，结合建立的民间借贷分析研判模型，实时监测和预判民间借贷违约风险的动态趋势，及时将存在失信行为、经济状况紧张、丧失偿还能力等隐患苗头向银行等单位预警，帮助社会企业特别是金融机构准确掌握个体的借贷行为，科学判断其负债和偿还能力，最大限度地规避财产损失的风险。

例如，根据分析模型和大数据分析，利用系统查找到某人，在 5 年中通过民间借贷的方式借款 100 多笔，融资数千万元。由于借款行为发生在个人与个人之间，银行、金融监管机构、其他政府部门都无法掌握有关情况。但通过公证书的信息提取，可以准确掌握其融资对象、融资规模、抵押物品等详细信息，从而配合相关部门加强对民间游资的监管和保障。

9.5.4 法律援助

法律援助是援助对象主动提出法律知识需求的典型场景，可根据法援对象和法援案件的数据分析，形成潜在对象法援需求分析模型、来访咨询案件转化率分析模型。

1. 潜在对象法援需求分析模型

通过与法律援助管理系统中的法律援助对象库比对分析，获取低保人员、五保户、社会福利机构供养人员、重度残疾人、困难职工、低收入人员信息。

在法律援助对象通过12348法律服务网进行法律咨询或法律服务申请时，系统会为其免去部分资格审查过程，提升服务效率；同时，系统会自动为其推送相关法律援助服务信息，为法律援助对象提供便捷精准的法律援助服务。

2. 来访咨询案件转化率分析模型

建立来访咨询案件转化率分析模型，将进行法律援助咨询的受援人信息与申请法律援助案件的受援人信息进行比对，分析已经进行法律援助咨询但未申请法律援助的比率（咨询未转申请的比率）。

同时，对这些案件的类型（民事、刑事、行政）、诉讼结果（胜诉、败诉、和解、撤诉、终止）进行综合比对，辅助分析应援尽援的情况。

9.5.5 12348热线、网站、服务中心

对公共法律服务三大平台（网络、电话、实体）数据分析，加强平台数据的比较分析，对平台工作的整体运行情况进行动态监察，对临期、过期、延误事项及时预警，对发现的异常情况进行督办。要加强分析研判，查找工作薄弱环节，分析原因，即时掌握公共法律服务舆情，按需制定服务项目和内容，满足人民群众法律服务需要。形成自然人和法人的全生命周期普法时间表，对应不同时期、不同阶段，给予教育、文卫、住建、交通、工商、金融等相关政府管理机构提供普法意见书，指导其实现本行业的精准普法。

12348法律服务热线、法律服务网和公共法律服务中心是普法最直接的窗口，其数据价值体现在精准性、及时性、有效性。可对公共法律服务三大平台数据进行融合，形成多种支撑精准普法的模型。

1. 法律法规热点分析模型

建立法律法规热点分析模型，通过用户在12348法律服务网上访问法律法规库，针对不同类型的不同法律法规在不同时间段内的点击次数，辅助司法行政管理部门准确分析近期用户法律需求与时间变化、政策变化之间的内在规律，加强普法宣传的针对性。

2. 数据精准查询模型

通过12348法律服务网的网站平台、实体平台和话务平台上服务数据的实时汇聚，为数据精准查询提供基础支撑。

咨询监控：咨询总览、当日量、未回复量、咨询类型占比情况。

在线用户监控：不同类型的用户在线情况。

服务人员在线情况监控：在线服务人员和不在线服务人员的信息。

用户访问情况监控：不同时间段访问量变化趋势、服务产品访问量统计。

满意度评价统计监控：累计评价数（满意、基本满意、不满意）；机关履职评价数（满意、基本满意、不满意、满意度）；网络、话务、实体三个不同渠道获取的工作业务评价数（满意、基本满意、不满意、满意度）。

综合统计：咨询总数（不同业务类型的占比、不同渠道的占比）、用户总数（注册用户数、访问用户数、不同类型的用户占比）、满意度评价总数（不同类型的评价占比）、服务总数（不同类型的服务占比）。

查询：支持对统计数据的数字进行点击下钻，查看具体的信息。

3. 热点信息分析模型

通过对热点咨询、热点法律服务事项、热点法律法规、热点司法行政案例等的排行对比分析，结合不同时间段的变化趋势分析，辅助司法行政管理部门准确把握公众的热点普法需求、不同时间段的普法需求变化趋势，为精准普法分析提供支撑。

4. 用户习惯分析模型

用户习惯分析是通过访问日志的方式采集海量用户行为数据信息，深度挖掘用户使用公共法律服务的行为轨迹，为用户提供完全个性化的决策支持和信息服务。例如，公众在进行法律援助相关咨询后，是否继续进行了法律援助的在线申请或律师委托等服务，公众是使用移动端还是 PC 端进行法律服务申请的。

通过大数据分析，发掘出不同服务之间的关联性，判断特定法律服务的后续服务、衍生服务、关联服务，并针对群众的潜在需求，进行相关产品的推介。例如，通过大数据可能发现，对需要办理出国公证的公证咨询用户，有较大概率沿用在线公证办理这一服务，那么就可以对所有产生过出国公证咨询的用户发送在线公证产品的链接、产品介绍和使用指南等。

5. 普法产品优化分析模型

建立普法产品优化分析模型，通过用户在 12348 法律服务网上的访问记录和填写记录等信息的对比分析，辅助司法行政管理机关优化平台功能，提升用户体验。

例如，公众在注册时，有个别字段几乎没有人填写，系统支持将这几个字段暂时隐藏，或者直接去掉，提升用户体验；公众在申请法律援助时，部分环节用户大多选择直接跳过，系统支持将该环节暂时隐藏，或者直接去掉，提升用户体验。

6. 群体性事件分析模型

建立群体性事件分析预警模型，当 12348 法律服务网平台在服务过程中，平台自动监测到存在多人（假设5名）在一定的时间段内咨询同一个问题或类似的问题时，将给平台的管理人员推送预警信息，辅助管理人员进行排查是否为群体性矛盾纠纷案件，并进行针对性的处理措施和普法指导，预防群体性事件的发生。

9.5.6 行政执法监督

行政执法监督涉及每一省份数千个执法主体，数万执法人员的执法信息，这是“谁执法，谁普法”的主要普法生力军，也是精准普法实施的重点领域。

1. 执法基础要素及执法行为模型

依托行政执法要素及执法行为信息，建立“一数一源、一报两审”的动态采集机制，实现省、市（州）、县（区）、街乡四级执法部门的执法要素和执法行为数据的采集，形成省级分库，包括法律法规库、执法要素库和执法行为库。实现法律法规、执法机关、执法主体、受委托组织、执法人员、监督机关、监督人员、权责清单、执法行为信息管理、数据交互。

2. 行政执法监督模型

建设行政执法监督模型，支撑执法监督机关日常监督工作，强化行政执法事前规范、事中指导、事后考核，及时发现执法问题，提升监督实效。实现监督门户、资格证件管理、执法培训、执法考试、案卷评查、考核评价、预警监督、执法公示、统计分析、两法衔接。强化事前规范。建设执法人员资格证件管理系统，支持执法人员资格的网上申请、恢复、暂停等，支持执法证件的网上申领、备案、注销、变更等，证件采用二维码标识；建立培训考试系统，支持全省执法人员网上培训，网上考试，试卷随机生成、成绩自动计算，确保考试公平公正，强化队伍能力素质培养。强化事后考评。建设案卷评查系统，支持网上抽卷、评查人员和评查案卷随机分配、网上评分、网上反馈、网上复核、成绩生成，确保评查工作高效、透明、规范开展；建设执法考核系统，构建指标体系，对履职能力、响应能力、执法质量、执法效率等方面进行量化考核，确保考核的客观公正；增加数据采集及时性、完整性等方面的考核，促进各执法部门数据采集的积极性。开展事中监督。建设预警监督系统，实现对行政执法的智能监督，内置规范性、合法性、办理时限、违法风险等预警模型，智能发现同案不同判、涉刑风险、办理超时、法律适用不正确等风险案件，提升监督的精准性和针对性；建设“两法衔接”系统，梳理行政职权和罪名的对应关系，制定移送标准和证据标准，实现涉刑案件网上移送，有效解决行政机关有案不移、有案难移的难题。

3. 行政执法模型

建设省级行政执法系统，为省、市、县（区）、街（乡）四级行政执法部门，实现执法案件的全过程网上办理、重大决定网上审核、执法信息网上公示，落实三项制度、强化便捷执法、探索智慧执法。实现双随机检查、执法办案、移动执法、法制审核、执法公示、案件移送、预警监控、指挥调度、统计分析、执法要素、系统管理。主要目标如下：落实三项制度。建立行政检查、行政处罚、行政强制执法办案系统，支撑执法程序网上流转，文书网上制作、审批，落实全过程文字电子化记录；配备执法记录仪，落实执法全过程音像记录，“避免任性执法”；建设重大决定法制审核系统，事项审核目录统一管理，执法案件网上申报、网上审核、意见网上反馈，确保资格合法、程序合法、权限合法、法律适用正确、自由裁量适当、文书规范书写等，“守住合法底线”；建立执法公示系统，按照“谁执法、谁公示”的原则，实现事前、事后的执法公示信息的审核、发布、撤销，主动、及时、准确公示执法数据，“实现阳光执法”。强化便捷执法。建设移动执法系统，充分利用大数据及移动互联技术，配以执法记录仪、蓝牙打印机、手写板、身份证验核终端等移动设备，支撑执法人员任务执行、文书制作、线上审批、录音录像、信息查询、沟通交流等现场执法活动，便捷高效执法。探索智慧执法。构建智慧应用，基于全省执法数据，利用大数据、人工智能、知识图谱、自然语言处理、生物识别等技术，实现执法对象画像、违法风险发现、类案推送、智能笔录、案件关系分析、智能文书等智能化功能，支撑执法人员高效办案；建立预警监督功能，对案件办理的规范性、合法性、时效性进行实时提醒，降低违法违规办案风险。

4. 执法决策支持模型

建设执法决策支持模型，满足执法监督及宏观决策需要。利用归集的执法数据，灵活创建分析指标、计算模型、知识模型进行数据挖掘分析、可视化展示，实现对法律法规实施状况、执法要素、执法行为、履职能力、执法效能进行分析，了解执法基本情况、掌握执法基本规律、发现执法突出问题、探寻问题深层原因；实现优化执法资源配置、提升执法资源使用效率、法律法规得到全面正确的实施、执法更加贴近百姓诉求、执法机关主动履职能力和社会满意度明显提升。建设执法动态监测系统，利用 GIS、移动互联等技术在地图上对行政执法资源、执法轨迹、执法活动实时跟踪、动态监测、预警提醒。实现执法情况综合分析、执法队伍分析、法规规章实施状况、履职情况分析、执法效能分析、执法动态监测、综合查询、综合统计。

5. 数据共享服务模型

基于归集的省级行政执法数据库，构建数据共享服务系统。一是向各地市、各部门开放和共享本地区、本部门的执法数据，进一步扩展和深化支撑本地区本部门的执法决策；同时建立安全共享机制，实现跨部门数据共享。实现数据元管理、交换任务管理、交换监控、交换记录、异常预警等。

6. 执法智能辅助模型

扩展数据采集范围，采集更多的数据，增加自由裁量基准、执法岗位、执法对象等执法要素数据的归集；利用知识图谱技术，将多维、海量的行政执法相关数据融合形成法治领域知识库。建立“人法权事”之间的关系（执法主体、执法人员、法律法规、执法职权、事项清单、执法行为等数据之间的关系）；建立“事与事”之间的关系（行政检查、行政处罚、行政强制案件之间的关系，行政检查之间、行政处罚案件之间的关系）；建立“事与时空”之间的关系（执法行为与时间和空间的关系）。基于法治领域知识库，开发训练人工智能算法模型，为智慧执法、监督提供智能化服务支撑。实现法条推荐、案由识别、类案推荐、处罚决定、执法对象一户一档、涉刑风险智能预警、涉刑案件智能筛查、执法行为监督、选择性执法监督等。

7. “区块链+执法监督”模型

通过采用区块链技术解决行政执法中基于信任的痛点和盲点问题。通过区块链分布式账本、非对称加密、点对点传输等特性，实现执法办案电子数据的全流程过程信息上链、全链路可信、全节点见证，通过区块链智能合约技术，实现对上链数据的验证。实现资格合法性，信息公开真实性，对执法办案过程中程序合法性、裁量基准适当性、办理及时性、证据的真实性和不可篡改性等方面进行验核，通过区块链构建可信的环境，提升数据的真实性，确保严格落实三项制度要求，同时基于区块链智能合约技术，切实提升行政执法的规范性。

9.5.7 监狱戒毒政务公开

狱务所务公开平台是监狱、戒毒所面向社会服务的重要载体，目的是把社会最关心的与罪犯关系最密切，最容易引发矛盾，最容易滋生腐败的执法环节置于社会的有效监督之下，以促进监狱、戒毒所系统公开、公正、透明。

狱务所务公开平台是监狱、戒毒所工作法治化建设和普法宣传的重要环节，也是监狱、戒毒系统在社会关注的敏感领域从事的“阳光行动”。狱务所务公开是指监狱、戒毒所单位在法律规定可以公开的范围内，将日常管理中有关事项（如罪犯（学员）生活待遇、零用金、医疗保健、劳动保护、记分考核、分级处遇、行政奖励、减刑假释、申诉控告和检举制度）的制度和执行结果向罪犯（学员）、家属和社会公开，提高执法的透明度，接受广泛监督，提高监狱戒毒人民警察业务素质和执法水平，促进公正执法和依法行政。

狱务所务公开平台以互联网门户网站为窗口，结合移动 App、微信公众号、微博和监狱管理局、戒毒管理局热线电话等移动互联网技术，面向社会公众和在押人员家属提供综合服务的应用平台，是政务信息发布的新媒体和与公众互动交流的新渠道。在第一时间面向公众推送国家相关政策及法律法规、监狱管理局或戒毒管理局工作动态、各类权威政务信息、监狱戒毒系统各部门工作职责等消息。利用新媒体的互动功能，以及时、便捷的方式与公众进行互动交流。不仅体现了狱务所务公开的力度，更加突出狱务所务公开的方式，既满足了人民群众的知情权，也信息化地实现了司法部门及社会各界的监督权，同时也是“谁执法，谁普法”的具体实践，体现了司法改革公开透明的探索和创新，让老百姓更加直观地了解监狱戒毒所职能及工作，了解相关法律和程序等，着力打造让人民群众满意、为人民群众服务的监狱新媒体。

9.6 大数据模型应用

以大数据精准普法为例，分析“司法云”大数据，把过去单一的、相对独立、单向普法宣传业务利用数据关联性分析，找到法律咨询、法律援助、人民调解、司法鉴定、公证、诉讼之间的强耦合关系，发现司法流程中各法律服务的时间逻辑关系，为立法、执法、司法、普法和法律服务提供科学有效的服务支撑。

通过司法行政大数据分析总结出基于自然人、法人的全生命周期精准公共法律服务，既可以快速精准为个人和企业提供法律服务，也可以为律师、公证、鉴定、调解、法宣等服务机构和人员提供用户需求，消除传统普法服务信息不对称的现象，实现供求双方信息互通，让群众、企业和政府都形成依法办事、依法解决纠纷、崇尚法律的良好社会氛围。

大数据的数据既来自司法行政业务，也来自相关政府部门和商业机构，这些数据是真实记录时间、空间、组织、机构、人员、事件、视觉、听觉、触觉的客观信息，利用现有的逻辑推理、数据统计、人工智能和数据挖掘技术可以从中发现信息的逻辑性、耦合性、关联性、趋势性关系，进而指导和辅助精准普法宣传工作。

9.6.1 词频分析（热点分析）

词频分析（word frequency analysis）是对司法行政大数据中心的数据进行分词处理，并对词进行计数统计，找出某一时间段或某一地区或某一行业领域的热词，分析热词出现的原因，找出排序靠前热词的关联关系，进而进行某一时间段、某一区域、某一领域的普法宣传。数据集中重要词汇出现频次的统计与分析，是文本数据挖掘的重要手段，能有效确定热点及其变化趋势。

词频分析方法需要完成以下几个步骤：

（1）对司法行政大数据中心需要分析的数据（文本）进行归集和清洗，把文本的标题、类别、属性、标点、空行、段落、符号进行清理。

（2）按照司法行政业务特性，进行专有词整理，明确过虑词汇集、保留词汇集、近义词汇集等的词汇内容。

（3）把待分析文本进行分词，使用基于司法行政业务的专有词划分库，结合过虑词库、保留词库、近义词库对文本进行词语划分，并保存到新的已分词文件中。

（4）对已分词文件进行词语出现次数统计、排序，并保存到词频记录文件中。

（5）对词频进行核验，若发现因分词、过虑词、保留词、近意词导致词频统计缺陷，则返回第（2）步进行各类词库修订。重复第（3）步和第（4）步操作，得到最终优化结果。

（6）词频记录文件可视化，一般进行词频分析后，需要以某种数据可视化方式进行展现，常用的是词云图。

词频计算公式如图 12-2 所示。

$$\mathrm{TF}=\frac{\text{文章中某词出现次数}}{\text{文章总词数}}\text{、}\mathrm{IDF}=\lg\frac{\text{总文章数}}{\text{出现某词的文章数}}\text{、词频}=\mathrm{TF}*\mathrm{IDF}$$

图 12-2 词频计算公式

在对文本进行词频分析时，需要考虑某个词在长文件中的词频与短文件中的词频关系，不能说长文件中的一个高频词就一定是一个好的标识词，用 TF 来表示某词出现次数/总词数。为了消除语气词等一些高频无意词，可以定义 IDF 来表示，IDF＝lg（总文章数/出现某词的文章数）。这样两种情况都考虑，取它们的乘积为词频（词频＝TF * IDF）作为某个词的词频效果更优。

人民调解数据库高频词有邻里、山林、损害、赔偿、家庭、婚姻、土地、医疗、合同、事故、道路、宅基地、房屋、交通、农民工。

法律咨询数据库中频度最高的热词是劳动者、劳动合同、企业、工资、支付、时间、疫情、规定、期间、正常、政府、依法、措施、停工、安排、隔离。词云图如图 12-3、图 12-4 所示。

图 12-3 人民调解大数据词频分析图

针对人民调解和法律咨询业务，根据词频数据可以指导调解员和法律咨询律师进行相应普法知识更新和储备，确保调解工作和法律咨询工作能够精准把握相关法律知识和地方政策，做到问题解答的精准。湖北省司法厅在“湖北掌上 12348”平台增加了“疫情防控”专项普法知识问答。

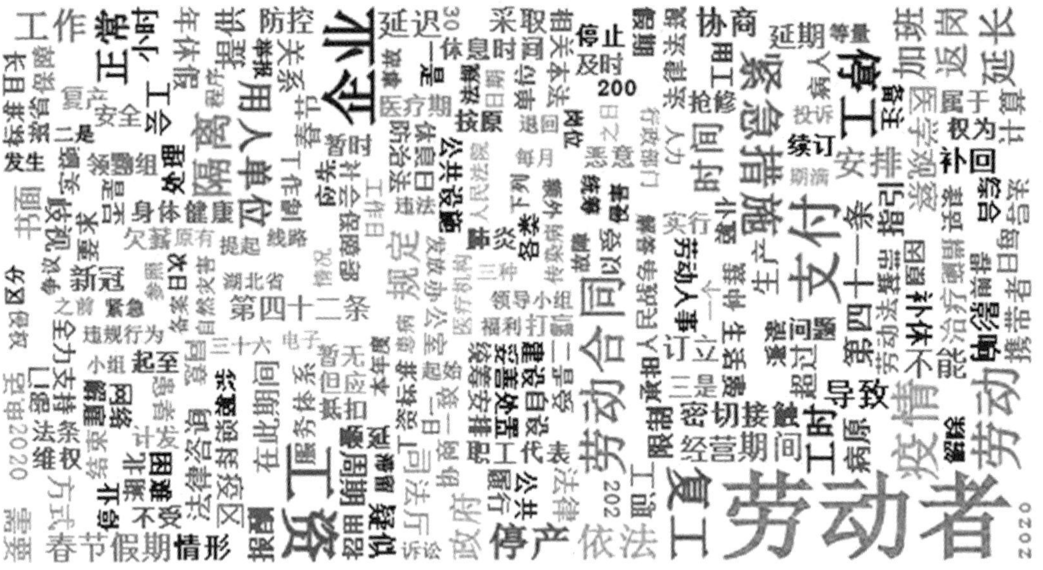

图 12-4　法律咨询大数据词频分析图

另外，还可以根据大数据分析不同区域、不同时间段的法律服务相关数据库，为精准普法提供内容学习指引。

9.6.2　时序分析（态势分析）

时间序列并不是仅指时间的先后序列，而是依时间先后序列而出现的随机变量序列。例如，到司法局办事，系统记录一个当事人 9：00 问了一个关于继承的法律问题，9：20 领取了一份公证书，9：35 申请行政复议。时序分析是寻找一个变量的当前值与其过去值之间的关系。上例可以从时间数据分析业务繁忙程度，也可以以时间先后序列，分析法律咨询、公证和行政复议之间的逻辑关系，发现此人遇到了法律问题，可以按其所咨询和办理的业务，为其推送咨询相关的行政复议和行政诉讼需要准备的资料和类似案例分享等信息。

时间序列一般分为平稳时序和非平稳时序。平稳时序要求均值函数为常数，自协方差函数与起点无关，分析方法有时序分解、滤波和谱分析，一般要求保留趋势关系的主要部分；非平稳时序分析的主要思想是通过时序分解、滤波、协稳等方法使其变成平稳时序再进行分析。时序分析在精准普法应用方面，一是进行参数估计以发现引起某一类纠纷或案件的重要原因，便于对其进行控制和消除，二是可以预测普法需求，通过环比、同比数据的相关性，发现后期可能出现的普法需求，便于精准施策。

时序分析方法需要完成以下几个步骤：

（1）从司法行政业务数据库中提取待分析业务的每一条记录信息，其中不可缺少时间戳信息，若起始时间和终止时间都保存在记录信息中则更优。

(2) 去除时间序列中随机变量不合要求的记录项。

(3) 利用起始时间或终止时间作为时间序列，以一天24小时，一月30天，一年12月分别进行时间分布分析、时间曲线分析等。

(4) 基于时间序列的随机变量统计、直方图分析、分类、聚类、曲线相似度分析等。依据分析结果提出精准普法建议。

如图12-5所示，从法律服务网网上法律咨询业务量的时间分布来看，移动端咨询量高于PC端咨询量，这是随着移动通信技术和手机普及带来的新变化，由数据分析可以发现，在普法宣传途径上要加大移动端普法功能的开发、应用、评估等工作，以适应公众不断养成的移动端操作习惯。1月、3月、8月的咨询量较大，结合前面关于词频分析方法可以发现，司法行政大数据平台1月份的高频词是欠薪、农民工、讨债，3月份的高频词是劳动者、劳动合同、企业、疫情，8月份的高频词是兼职、学费、合同。

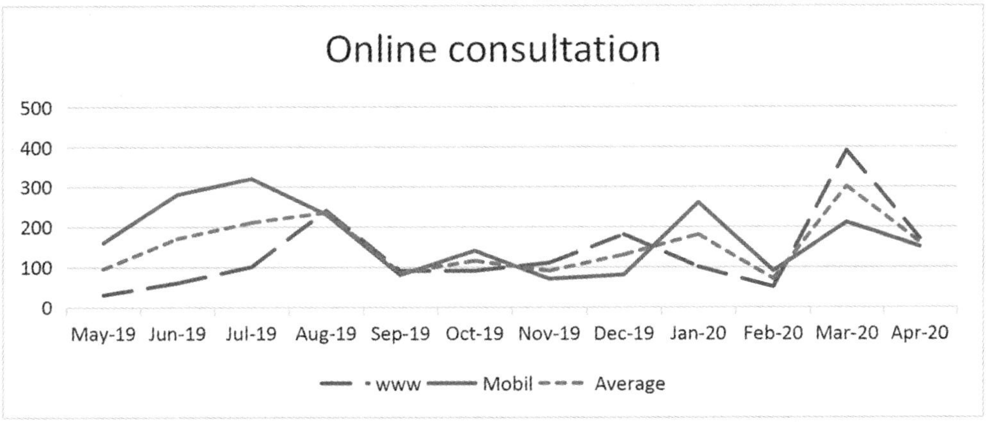

图12-5 法网（www）与掌上12348（Mobil）咨询量趋势图

结合数据中心业务数据记录进行内容分析，发现1月份接近我国农历春节，农民工一年的劳动报酬也需要在此时结清，带着钱回家过年是中国的民间传统，但每年年终都会因为各种原因出现老板欠薪的矛盾纠纷，而且这种纠纷如果处理不好很有可能出现讨薪人的极端行为，甚至引发群体事件。因此，普法大数据分析平台应提前预警，给农民工群体发布普法短信，提醒其注意保存老板的联系方式和劳动关系证明，如用工合同、工作证、工资条、考勤本、欠条等。

2020年3月份是疫情后复工复产的时间，也是传统春节后找工作的时间，所以高频词是劳动者、劳动合同、企业、疫情，普法宣传部门根据3月份数据分析，以及历年3月份数据分析总体趋势，可以制定面向农民工群体的农民工权益保护相关的法律法规及历年纠纷解决案例。同时提供专门针对疫情期间相关法律法规，提供复工复产和权益保障的法律知识。

8月份的高频词是兼职、学费和合同，通过大数据平台的翔实数据分析发现，7、8月份大学生利用暑假兼职赚学费已成为一种普遍现象，但由于利益驱使，大学生步入社会涉世不深，一些黑中介利欲熏心，欺骗大学生，兼职薪酬被克扣甚至完全没有。因此，普法大数据分析平台应提前给高校主管部门发送普法建议函，对大学生群体进行劳务安全法律宣传。

9.6.3 深度学习（人工智能）

深度学习（deep learning）是一类基于神经网络的机器学习算法，它利用深度神经网络来解决特征表达的一种学习过程。通过大量神经元函数进行多层（深度）函数传导，用训练样本进行输入，神经元函数多层传导计算，确定各神经元函数在神经网络中的权值，进而形成一种相对可靠学习结果输出，用以对实际输入样本进行识别并输出结果。深度学习主要应用于文字图像识别、人脸技术、语义理解、智能监控等领域。深度学习可以在普法宣传工作中用于识别和理解普法对象的身份认证、情绪识别、语音识别、语义理解并给出法律问题回复。这种技术应用于智能问答机器人有较好的表现。

深度学习算法需要完成以下几步：

（1）创建法律问答知识训练集，对法律问答知识集的文件进行标准化后，进行分词处理。对每一个词进行向量标注（称为词嵌入），向量之间的相似性与词语义相关，便于进行计算。

（2）构建深度学习数学模型，将法律问答知识训练集导入深度学习模型进行计算，并调整神经元函数的权值，使其满足输入与输出的最优匹配。

（3）用法律知识测试集对深度学习模型进行测试验证，并返回第（2）步调优神经元函数。

（4）输出法律知识问答结果，并推送知识库中相关案例。

在法律知识问答中可使用如下算法，前馈网络的目标是近似某个函数 f。例如，对于分类，$y=f(x)$ 是将输入 x 映射到类别 y。前馈网络定义了一个映射 $y=f(x;\theta)$，并学习了导致最佳函数逼近的参数 θ 值。深度学习算法的示意图如图 12-6 所示。

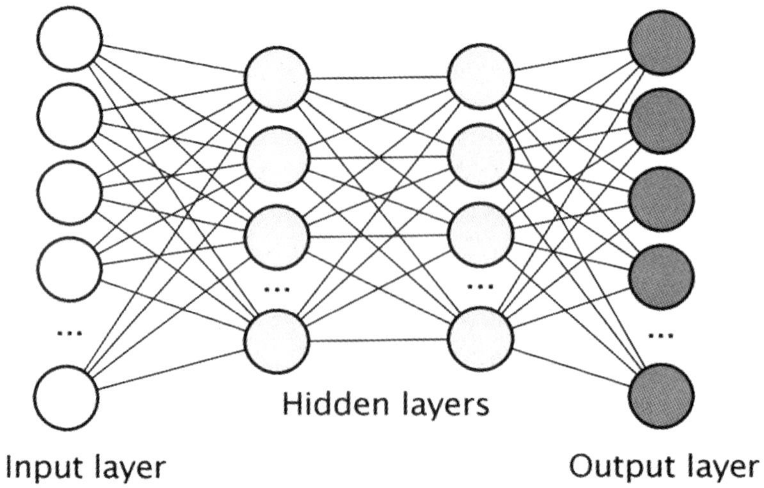

图 12-6 深度学习算法示意图

训练集的问题从输入层输入，经过隐藏层（一般有多层）神经元函数的多层传导（权值调优），实现与训练集答案的匹配并在输出层展现。在这个过程中还需要在应用场景下由用户对实际输出结果进行评价，将评价信息反馈给深度学习的神经网络，进行隐藏层各神经元的权值再调优，从而提高深度学习对不同问题的适应性，这个过程称为深度学习的进化。

例如，对智能普法机器人提问，能得到比较满意的表现。

问：我被老板打了怎么办？

答：您好，遇到这种情况，建议您立刻拨打 110 报警，可以要求其监护人赔偿或向法院起诉。

问：我被老婆打了怎么办？

答：家庭暴力是违法行为，遭到家庭暴力要积极求助，如亲朋好友、村（居）委会、“110”报警中心、各地妇联“12338”维权热线，可以在第一时间提供帮助，争取在事态还没有完全恶化的情况下解决矛盾。

9.6.4　生命周期分析

生命周期分析法是运用生命周期分析矩阵，根据自然人、家庭或法人的产生、初期、繁盛、衰退、结束阶段进行分析评价，提供全生命周期的普法知识图谱。利用生命周期分析有助于总体规划、整体布局，提前预警，可以缩小选择的范围，做到有的放矢。生命周期矩阵不应只是一维或二维矩阵，而应采用多维分析法进行分析，其中一个维度坐标代表生命发展的阶段——产生、幼稚、成长、成熟、衰退。一个维度代表对象角色定位，一个维度代表对普法内容需求分布。

以自然人的生命周期矩阵为例，对其进行普法分析。

第一维生命周期：出生、入学、就业、结婚、生育、住房、置业、退休、后事等与法律年龄、无民事行为能力年龄、限制民事行为能力年龄、相对刑事责任年龄、结婚年龄、考公务员年龄、申请驾照年龄、申请法人年龄、退休年龄等相结合。

第二维生命角色：婚姻、家庭、教育、医疗、就业、娱乐、继承、合同、物权、创业、经商、消费、服役等。

第三维法律资源：《宪法》《未成年人保护法》《未成年人保护法》《义务教育法》《治安处罚法》《劳动法》《合同法》《婚姻法》《消费者权益保护法》《公司法》《老年人权益保障法》《国家安全法》《公务员法》等。

生命周期分析需要完成以下几步：

（1）确定普法对象的类别，如自然人、法人、家庭、机构等。

（2）对确定的普法对象生命周期与法律年龄对应进行科学划分，以期达到合理时间划分。如果仅用时间来划分，则会出现时间维度太细；如果用时间段划分，则会出现对应的角色和法律资源在时间段重叠现象，一般采用时间点与时间段结合的方式进行划分。

（3）对生命角色进行科学划分，随着生命周期时间的不断增长，生命角色会出现重叠，此时需要按社会学方法以先赋角色和自致角色分别进行分类。

（4）对法律资源进行划分，特别是有交叉关联的法律资源进行分析，一般有交叉关联的法律法规，最后会形成一个点，这样可以精准指向普法对象。例如，《未成年人保护法》《合同法》《消费者权益保护法》同时指出向未成年人销售商品，商家不受保护。

（5）利用数据可视化进行多维关系分析，确定生命周期的时间、角色与法律法规的对应关系，从而进行精准普法宣传。生命周期法三维关系和引力关系分别如图 12-7、图 12-8 所示。

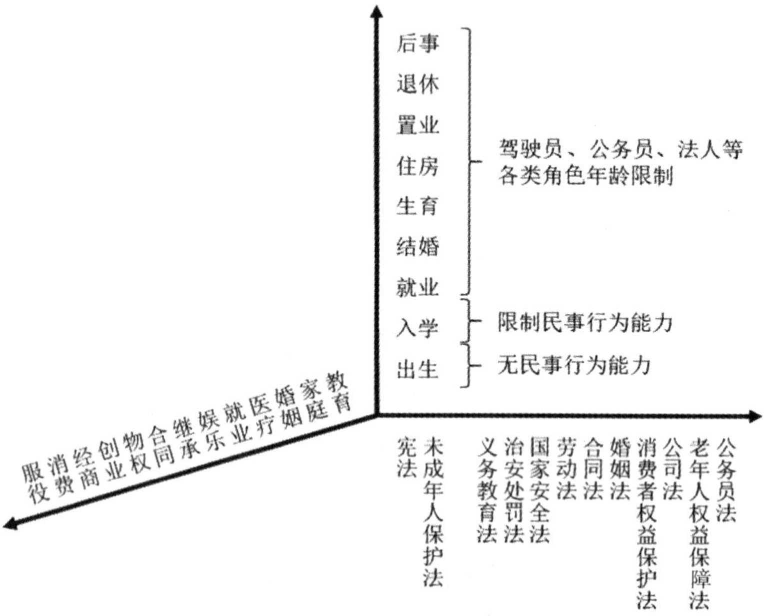

图 12-7　生命周期三维普法关系图

生命周期三维普法关系图和普法关系引力图以不同方式表现了基于生命周期的普法对象所处的角色对不同法律内容的关联关系。

9.6.5　智能知识图谱

知识图谱是在知识树的基础上让 AI 去理解知识的逻辑与关系，根据问题理解后给出或寻找组合并计算出答案。

知识图谱主要关注构建、挖掘和应用。构建是把结构化、半结构化和非结构化的数据用统一的语义数据结构以向量或权值标注方式统一存储，便于后续计算。挖掘是实体、属性和关系的推理，可以按知识进行推理、逻辑进行推理、统计学进行推理，

图 12-8 普法关系引力图

也可以用深度学习的方式进行黑盒匹配。应用是指定分析知识图谱的应用领域和应用场景，用合适的方式对应用场景进行开发。以婚姻法律知识图谱为例展示知识图谱结构，如图 12-9 所示。

知识图谱可以为用户查询中所包含的实体或返回的答案提供详细的结构化摘要。知识图谱在精准普法应用中主要对普法内容进行逻辑推理，形成法律建议书等精准普法材料，如图 12-10 所示。

9.6.6 智能普法助手

智能普法助手是针对已注册法律服务网的用户，这些用户一般是在法律服务网中办理过业务或进行过咨询的用户，这类用户有很明确的法律知识诉求，可以通过其注册信息、办理信息和咨询信息对其进行精准法律知识匹配，实现精准普法到个人，到个案。

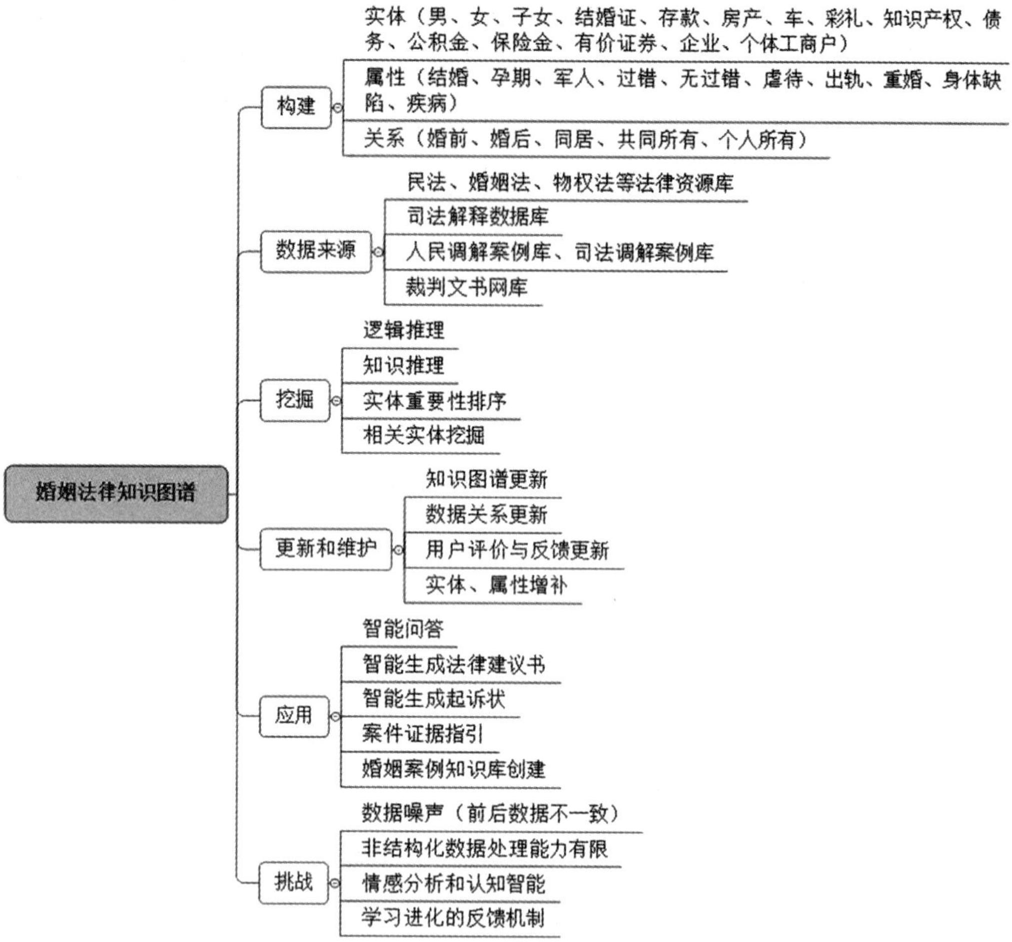

图 12-9　婚姻法律知识图谱结构图

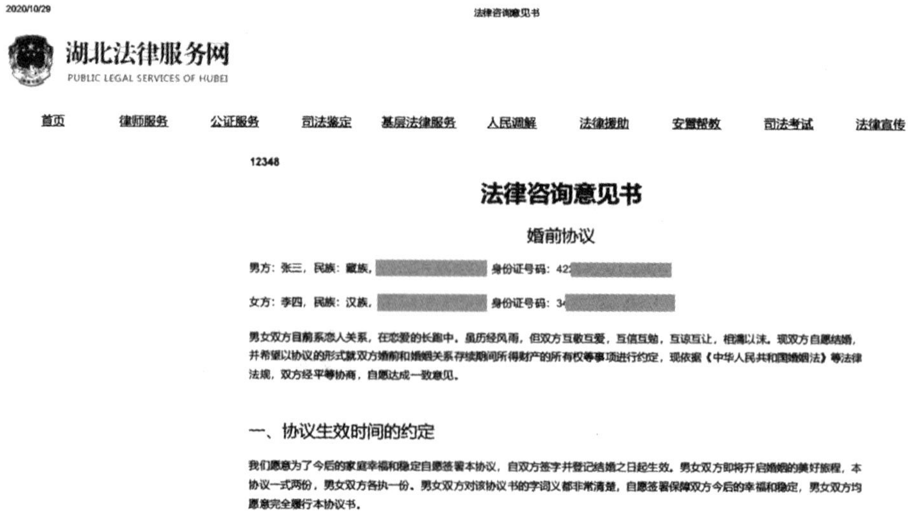

2020/10/29　法律咨询意见书

湖北法律服务网
PUBLIC LEGAL SERVICES OF HUBEI

首页　律师服务　公证服务　司法鉴定　基层法律服务　人民调解　法律援助　安置帮教　司法考试　法律宣传

12348

法律咨询意见书

婚前协议

男方：张三，民族：藏族，[redacted] 身份证号码：42[redacted]

女方：李四，民族：汉族，[redacted] 身份证号码：34[redacted]

男女双方目前系恋人关系，在恋爱的长跑中，虽历经风雨，但双方互敬互爱，互信互勉，互谅互让，相濡以沫。现双方自愿结婚，并希望以协议的形式就双方婚前和婚姻关系存续期间所得财产的所有权等事项进行约定，现依据《中华人民共和国婚姻法》等法律法规，双方经平等协商，自愿达成一致意见。

一、协议生效时间的约定

我们愿意为了今后的家庭幸福和稳定自愿签署本协议，自双方签字并登记结婚之日起生效。男女双方即将开启婚姻的美好旅程，本协议一式两份，男女双方各执一份。男女双方对该协议书的字词义都非常清楚，自愿签署保障双方今后的幸福和稳定，男女双方均愿意完全履行本协议书。

图 12-10　法律咨询意见书

系统通过对法律条文、司法解释、法院案例、检察院案例、人民调解、律师管理、公证管理、司法鉴定、社区矫正、监狱管理、戒毒管理等系统的数据和案例分析，形成基于深度学习的智慧型个人法律助理。与公共法律服务系统平台 12348 法律热线、微信平台、App 端、支付宝城市生活等对接，形成全媒体业务入口。为每一个用户（含个人和法人）提供法律助理服务，为用户提供自助型法律知识问答、维权建议、风险分析、预期结论、相似案例和相关法律条文参考。根据用户对系统的需求度进一步对用户所提涉法问题进行分类、对用户属性进行分析，提供人民调解、法律援助、律师服务、网上签约律师、端对端咨询、面对面咨询等服务。在用户需求提升后形成线上线下（O2O）一体化的紧急性、临时性法律服务（如律师介入突发性治安事件、酒驾醉驾等），以及长期性、周期性法律服务（如法律顾问、家庭律师或企业律师等）。按其办理业务或咨询问题推送相关普法知识，也可由用户将相关普法知识分享给亲友，利用社交平台进行以身说法或以案说法。

智能普法助手是以法律服务网为依托，结合公共法律服务查询、办事、咨询的实务需求，提供个性化精准普法目标。智能普法助手样例图如图 12-11 所示。

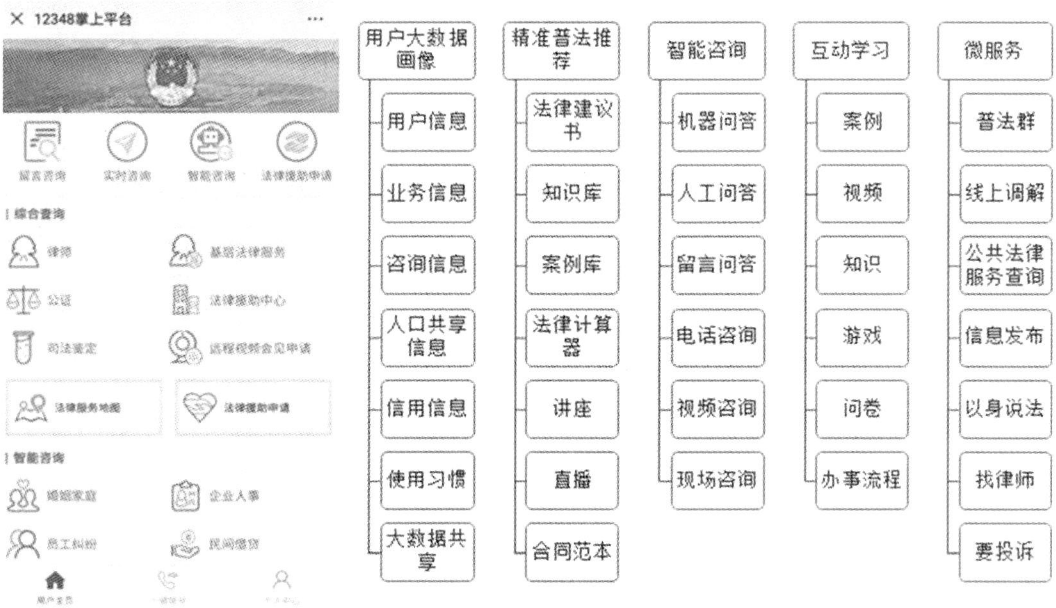

图 12-11　智能普法助手样例图

通过在法律服务网 PC 端和移动端集成用户大数据画像、精准普法推荐、智能咨询、互动学习、微服务等功能，拓展普法工作实效，形成普法与用户的淘宝式互动，有需求、有供给、有担保、有评价、有投诉。

模块小结

本章介绍了大数据的相关概念、核心要素和行业应用，通过对司法行政系统各业务大数据建模分析，提供了行业应用大数据解决传统业务中效率不高、粒度不细、预测不强、决策不科学的解决思路。这些大数据分析模型只是针对具体业务和需求进行的针对性建模，读者可根据实际需求，设计需要的模型。

复习题

简答题

1. 数据、信息、知识、智慧之间的逻辑关系是什么？
2. 直接数据、间接数据，关联数据各是指什么？
3. 试设计一个精准法律服务数据模型，提出需要解决的问题和需要的数据字段。
4. 词频分析需要完成哪些步骤？

参考文献

［1］周家亮．铸魂育人担当使命［M］．济南：山东人民出版社，2020．

［2］刘邦凡．逻辑、知识与认知逻辑［M］．北京：中国社会科学出版社，2019．

［3］杭州市数据资源管理局．数据资源管理［M］．杭州：浙江大学出版社，2019．

模块十
人工智能

学习目标

1. 了解人工智能的概念。
2. 了解人工智能的发展。
3. 了解人工智能三大学派。
4. 熟练掌握人工智能在行业应用场景。
5. 理解人工智能发展的困境。

学习重点

熟练掌握人工智能在行业应用场景。

学习难点

理解人工智能发展的困境。

10.1 人工智能概念

人工智能（artificial intelligence，AI）是研究使计算设备来模拟人的某些思维过程和智能行为，开发能够模拟、延伸和扩展人类智能的理论、方法、技术及应用系统的一门新的技术科学，主要包括计算机实现智能的原理、制造类似于人脑智能的计算机程序，使计算机能实现更高层次的应用，促使智能机器会听（语音识别、机器翻译等）、会看（图像识别、文字识别、VR、AR、MR 等）、会说（语音合成、人机对话等）、会思考（人机对弈、定理证明等）、会学习（机器学习、知识表示等）、会行动（机器人、自动驾驶汽车、人体外骨骼等）。

目前可用于进行人工智能分析的数据主要有视觉、听觉、触觉数据。视觉数据主要有文字、数字、符号、图像、视频，如指纹、人脸、汉字等。听觉数据主要指音频、雷达回声，如声纹、语言、距离。触觉数据主要指压力、阻力、电磁场力、弹力、引力等，如气压、摩擦阻力、重力等。

10.2 人工智能历史

每一次工业革命都会带来技术创新、经济发展和社会进步，信息技术是续第一次工业革命蒸汽机时代和第二次工业革命电气时代的第三次工业革命。信息技术在不同领域不断创新，信息产业在全球各国持续发展，信息网络在不同区域广泛普及，信息化成为全球经济社会发展的显著特征，它已成为推动经济社会发展转型的历史进程，并逐步向一场全方位的社会变革演进。我国已把信息化建设作为国家发展战略，而人工智能（AI）正是这场工业革命浪潮的浪头。

"人工智能"这个词最早是在1956年美国达特茅斯学院（Dartmouth）会议上由明斯基、西蒙、麦卡塞等一些计算机领域的专家提出的，并迅速风靡全球，成为全球信息技术发展的航向标。人工智能作为科技领域冉冉升起的新星，受到我国的高度重视，清华大学&中国人工智能学会发布的《2019人工智能发展报告》中指出，在多层次战略规划的指导下，无论是学术界还是产业界，我国在人工智能国际同行中均有不错的表现，人工智能的发展已驶入快车道。我国已经成为全球人工智能投资融资规模最大的国家，人工智能在人脸识别、语音识别、计算机视觉、安防监控、智能音箱、智能家居等人工智能应用领域处于国际领先地位。

人工智能作为信息化技术已全面渗透到金融、医疗、教育、交通、电商、汽车、安全等各个领域，政法系统作为国家长治久安的重要保障体系，顺应社会科技发展，在维护国家安全稳定、依法治理、服务公众等方面也广泛应用了人工智能技术。公安机关采用人脸识别技术进行身份认证，检察院采用图数据库进行案件关联性分析，法院采用语音识别技术进行司法文书制作，司法局采用自然语义理解和知识图谱技术为公众提供法律咨询意见书，监狱采用视频行为分析技术实现监管安全自动化。

虽然人工智能应用在政法系统很多领域表现突出，但作为一项新兴事物，人工智能并非完美无缺，也并非是一个有终点的完美目标，它需要不断发展、进步、完善和优化，在很多方面仍然有较多的困难尚未攻克。正确应用和看待人工智能是政法系统各级机构（单位）应该学习和掌握的能力，技术和业务的高度融合才是政法系统人工智能应用发展的正确方向。了解人工智能技术、合理设计解决方案、明确性能目标，不迷信功能、不妄议指标参数是每一个政法人应该具备的科技素养，也是人工智能技术在政法领域成长发展应该营造的优良环境。

10.3 人工智能算法

算法是指解题方案的准确而完整的描述，是一系列解决问题的清晰指令，算法代表着用系统的方法描述解决问题的策略机制。人工智能典型算法有以下几类。

1. 决策树

决策树通过把实例从根节点排列到某个叶子节点来对实例进行分类，叶子节点就是实例所属的分类。决策树上的每一个节点都是对实例的某一个属性的测试，每一个节点后面的分支都是这个属性的一个值。通常，树的分支越小，这个决策机制就越简单，预测能力也就越强。如果想要构造一个尽可能小的树，则要选择恰当的分类、逻辑判断或属性。

决策树的优点是生成可以理解的分支规则，较小的计算量，对连续和离散字段适应性较强，对重要节点一目了然。

决策树的缺点是不容易处理连续性字段，错误会随类别增多而增多，用于分类的方法仅限于上一节点，所以对全局考虑不周全。

2. 人工神经网络

人工神经网络是由人工建立的以有向图为拓扑结构的动态系统，是一种模拟人脑神经突连联接机制信息处理的数学模型。

人工神经网络的特点：可同时处理定性与定量数据，学习和自适应未知或不确定知识，对非线性关系充分逼近，故有很强的适应性和容错性；因采用并行分布处理方法，可以进行少量数据处理。人工神经网络示意图如图 10-1 所示。

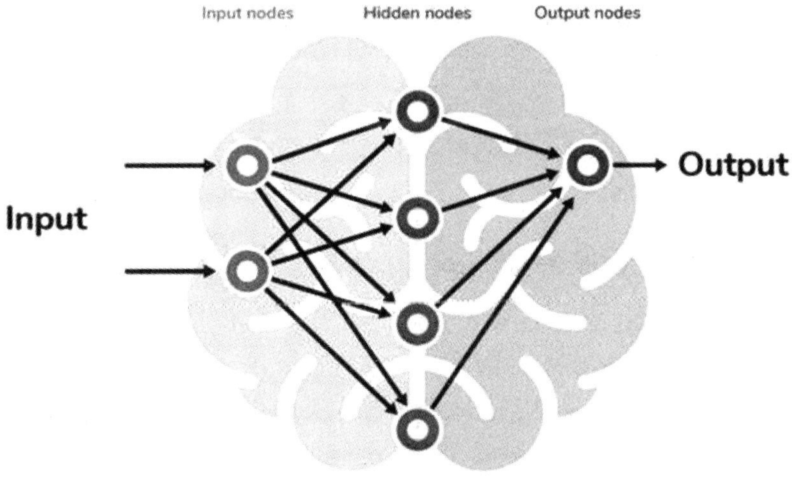

图 10-1 人工神经网络示意图

3. 预测（prediction）

预测分析方法反映的是预测对象数据库中属性值在时间上的特征，产生一个将数据项映射到一个实值预测变量的函数，发现变量或属性间的依存关系，其主要研究问题包括数据序列的趋势特征、数据序列的预测以及数据间的相关关系等。

4. 相关性分组或关联规则（affinity grouping or association rules）

研究现象 a、b 之间是的某种依存关系，或者研究变量 x、y 之间的相互依存关系的密切程度，就是对总体中确实具有联系的标志进行分析，其主体是对总体中具有因果关系标志的分析。它是描述客观事物相互间关系的密切程度并用适当的统计指标表示出来的过程。

5. 聚类（clustering）

聚类是一个将数据集划分为若干组或类的过程，并使得同一个组内的数据对象具有较高的相似度而不同组中的数据对象是不相似的。相似或者不相似描述的是基于数据描述属性的取值来确定的。通常是利用各对象间的距离来进行表示的。

k-均值（k-means）算法是著名聚类算法，它找出代表聚类结构的 k 个质心。如果有一个点到某一质心的距离比到其他质心都近，这个点则指派到这个最近的质心所代表的簇。依次，利用当前已聚类的数据点找出一个新质心，再利用质心给新的数据指派一个簇。

6. 特征分析（features）

特征分析是从数据库中的一组数据中提取出关于这些数据的特征式，这些特征式表达了该数据集的总体特征。

7. 变化和偏差分析（change and deviation analysis）

偏差包括很大一类潜在有趣的知识，如分类中的反常实例、模式的例外、观察结果对期望的偏差等，其目的是寻找观察结果与参照量之间有意义的差别。意外规则的挖掘可以应用到各种异常信息的发现、分析、识别、评价和预警等方面。

8. Web 页挖掘（Web page mining）

随着 Internet 的迅速发展及 Web 的全球普及，Web 上的信息量巨大而丰富，通过对 Web 的挖掘，可以利用 Web 的海量数据进行分析，收集政治、经济、政策、科技、金融、各种市场、竞争对手、供求信息等有关的信息，集中精力分析和处理那些对依法治理有重大或潜在重大影响的外部环境信息和内部管理信息，并根据分析结果找出依法治理过程中出现的各种问题和可能引起危机的先兆，对这些信息进行分析和处理，以便识别、分析、评价和管理危机。

9. 迭代算法

Adaptive Boosting 或称为 AdaBoost，是多种学习算法的融合。它是一种迭代算法，其核心思想是针对同一个训练集训练不同的分类器（弱分类器），然后把这些弱分类器集合起来，构成一个更强的最终分类器（强分类器）。

10. 朴素贝叶斯（naive bayesian）

朴素贝叶斯法是基于贝叶斯定理与特征条件独立假设的分类方法。朴素贝叶斯分类器基于一个简单的假定：给定目标值时，属性之间相互条件独立。通过以上定理和“朴素”的假定，在统计数据的基础上，依据条件概率公式，计算当前特征的样本属于某个分类的概率，选择最大的概率分类。对于给出的待分类项，求解在此项出现的条件下各个类别出现的概率，哪个最大，就认为此待分类项属于哪个类别。

11. 支持向量机（SVM）

支持向量机（support vector machine，SVM）是一类按监督学习（supervised learning）方式对数据进行二元分类（binary classification）的广义线性分类器（generalized linear classifier），其决策边界是对学习样本求解的最大边距超平面（maximum-margin hyperplane）。基本思想是：找到集合边缘上的若干数据（称为支持向量（support vector）），用这些点找出一个平面（称为决策面），使得支持向量到该平面的距离最大。由简至繁的 SVM 模型包括：

当训练样本线性可分时，通过硬间隔最大化，学习一个线性可分支持向量机；

当训练样本近似线性可分时，通过软间隔最大化，学习一个线性支持向量机；

当训练样本线性不可分时，通过核技巧和软间隔最大化，学习一个非线性支持向量机。

12. 深度学习（DL）

深度学习是一类基于神经网络的机器学习算法，它利用深度神经网络来解决特征表达的一种学习过程。通过大量神经元函数进行多层（深度）函数传导，用训练样本进行输入，神经元函数多层传导计算，确定各神经元函数在神经网络中的权值，进而形成一种相对可靠的学习结果输出，用以对实际输入样本进行识别并输出结果。深度学习主要应用于文字图像识别、人脸技术、语义理解、智能监控等领域。

10.4 算力

计算机机算力是指利用芯片技术解决算法实现的能力。人工智能芯片解决了传统芯片架构算力不足的问题，成为当前人工智能技术的核心硬件基础。

为适应不同人工智能场景应用的特殊需求，人工智能芯片呈现多样化和专用化趋势，学界关于人工智能芯片也没有统一的定义。综合已有研究，可将人工智能芯片分为四类：一是经过优化，可以高效支持 AI 应用的通用芯片；二是侧重加速特定 AI 算法的专用芯片；三是受生物脑启发设计的类脑芯片；四是开源芯片。

1. 通用芯片 GPU

根据艾瑞咨询《2019 年 AI 芯片行业研究报告》，2018 年 GPU 在全球云端训练市场份额达 80%。先发优势的持续积累，确立了英伟达（NVidia）在当前人工智能芯片领域，尤其是云端训练场景下的霸主地位。当前的人工智能浪潮可以说是深度学习和 NVidia GPU 共同掀起的。谷歌的吴恩达使用 GPU 加速深度神经网络在图片识别上取得出色效果。随后，GPU 和深度神经网络的组合多次在 ImageNet 图像识别比赛上斩获大奖。英特尔也宣布推出 Nervana 神经网络处理器。因此，未来的云端训练市场可能不会是英伟达（NVidia）一家独大。

2. 专用芯片

专用芯片一般放在智能终端上，用于进行边缘计算，完成智能终端相对专一的功能。其主要目的是高速计算、快速反应、正确执行。国外的 ARM、Synopsys、谷歌、苹果、赛灵思等公司，国内的华为、百度、阿里巴巴、大华、依图、清华等单位，为手机、无人机、智能音箱、智能摄像头、工业和服务机器人等人工智能应用终端产品，以及各种物联网设备等边缘计算设备开发了专用的 AI 芯片。从芯片专用化趋势来看，AI 芯片的专用化成为一种主流形式。

3. 神经形态芯片

神经形态芯片是在人工智能领域神经网络分支快速发展的基础上形成的一种基于神经网络深度学习算法的通用芯片，被认为是实现通用人工智能（artificial general intelligence，AGI）最可能的路径，它将数百万的可编程神经元集成到芯片中用于解决采用神经网络深度学习算法的人工智能应用。深度学习是近 10 年机器学习领域发展最快的一个分支，由于其重要性，Geoffrey Hinton、Yann Lecun、Yoshua Bengio 三位教授因此同获 2018 年图灵奖。2019 年 8 月 1 日，清华大学类脑计算研究中心研发的新型通用人工智能芯片“天机芯（Tianjic）”登上了世界顶级学术杂志《自然》封面，“天机芯”能同时处理视觉、听觉、学习和推理等多种任务，具备举一反三、融会贯通的能力。

4. 开源芯片

美国是开源芯片的引导者，美国加州伯克利分校发布的开源精简指令集项目 RISC-V，是目前最成功的开源芯片项目。RISC-V 除了自身规范的开放和参考实现的开源外，还准备了完善的软件工具服务社区。截至 2019 年年初，已有包括谷歌、

NVidia 等在内的 200 多家公司和高校加入 RISC-V 社区，并且部分公司已经对 RISC-V 展开应用。例如，谷歌在主板控制模块使用了 RISC-V；硬盘厂商 Western Digital 公司把存储产品中嵌入的 10 亿个处理器核换成 RISC-V 等。

目前，美国的通用芯片方面，GPU 在云端训练场景处于头部地位，专用芯片多阵营崛起，神经形态芯片正在寻求突破，开源芯片则取得出色成果。

10.5 人工智能三大学派

1. 符号主义

符号主义又称为逻辑主义或计算机学派，它认为符号是人类的认识基元，同时人认识的过程即是对符号的计算与推理的过程。符号主义首先将人的认识对象通过数学逻辑的方法以符号形式表示出来，然后把人的逻辑、判断、推理过程以程序方式输入计算机，让计算机来模拟人的认识过程。符号主义在逻辑问题求解方面取得了巨大的成功，主要的研究成果有归纳推理方法、启发式算法、专家系统、知识工程理论与技术等。例如，人工智能证明了人类所能证明的全部定理，并且解决了尚无手工证明的“四色猜想”问题，如法院使用的量刑辅助决策系统就是典型的专家系统，它将案件各主要参数进行决策树遍历后，给出量刑范围供法官参考。

2. 联接主义

联接主义又称为仿生学派，其主要原理是人类的智能是由人脑的生理结构和工作模式决定的。联接主义认为人的认识基元是人脑的神经元，认识的过程就是人脑进行信息处理的过程。因此，联接主义主张从结构和工作模式上对人脑进行模仿，从而真正实现人类智能在机器上的模拟。联接主义研究的主要内容是神经网络，主要的研究成果有人工神经网络、深度学习等，如公安交警使用的车牌识别系统和监狱安防监控中视频行为分析技术都采用了神经网络的算法。

3. 行为主义

行为主义又称为进化主义、控制论学派，其主要原理是智能取决于感知和行动，它不需要知识、不需要表示、不需要推理。行为主义认为人的本质能力是行为能力、感知能力和维持生命及自我繁殖的能力，智能行为是通过与现实世界环境的交互作用体现出来的；人工智能应像人类智能一样通过逐步进化而实现，而与知识的表示和知识的推理无关。行为主义的研究重点是模拟人的各种控制行为。其主要代表人物是布鲁克。主要的发展成果是实现了智能控制和自由行走的 6 足机器人系统。如监狱使用的自动巡航巡逻机器人避障功能。

10.6　政法智能化发展历程与应用场景

1. 政法智能化在发展过程中经历了自底向上的发展和自顶向下的发展

自底向上的发展主要是2002—2015年，这段时间正是信息化应用高速发展期，国家推出了信息化建设十二“金”工程，除公安系统的“金盾工程”纳入信息化建设外，其他政法各家并没有赶上这一阶段信息化整体推进的步伐，更多的是各地各级单位根据自身对信息化的理解、对智能化的需求和经济条件等因素，开发了各具特色的业务应用系统，如监狱系统的ERP生产管理系统、法院的量刑辅助决策系统、检察院的电子数据分析系统等。这种自底向上的发展能有效发挥各单位对人工智能需求的主观能动性，效果明显、特色突出、亮点纷呈，对政法智能化起到了很好的开创性作用。但由于各业务系统相对独立、数据不能共享、业务线条不便于改造升级、填报数据功能远大于业务办理和智能分析功能，没有顶层设计，缺乏统一规划，特别是对网络、存储、安全、运维、数据分析、预警预测没有全面设计，导致后期智能化应用与云计算、大数据、物联网、人工智能、移动互联阶段无法过渡和对接。

自顶向下的发展主要是2015年以后，这段时间信息化发展已经从分散的独立系统到大平台、大数据、大集成、大共享的应用，政法系统公检法司安等领域开始逐渐认识到没有全盘考虑的顶层设计将无法跟上大数据、人工智能的发展步伐，公安部2016年出台《关于进一步推进“互联网+公安政务服务”工作的实施意见》，2016年“智慧法院”建设纳入《国家信息化发展战略纲要》和《“十三五”国家信息化规划》，2016年9月最高检印发实施《“十三五”时期科技强检规划纲要》，明确了“十三五”时期“智慧检务”建设的时间表和路线图，司法部2015年开始着手进行“十三五”司法行政信息化规划调研和科技创新调研，分别于2016年出台了司法行政“十三五”信息化规划，2018年出台了《“数字法治·智慧司法”信息化体系建设实施方案》，中央政法委2015年2月召开以信息化推进政法工作现代化现场会，并开始思考政法智能化发展，法制日报继“2017政法信息技术装备展”后2018年组织了第一届“全国政法智能化建设研讨会”。

2. 政法智能化近年来发展迅速，各种应用场景提升了政法工作效能

从人工智能的重点领域分类来看，政法智能化主要用到了机器学习、知识图谱、计算机视觉、自然语义处理、语音识别、计算机图形学、多媒体技术、人机交互、机器人、图数据库、数据可视化、数据挖掘、信息检索与推荐等领域。以数据可视化在矛盾纠纷调处领域应用为例，可以直观分析矛盾类型、地域分布、随时间走势、引发原因、解决情况、可能的重大风险、群体事件可能性等，矛盾纠纷调处数据可视化样例如图10-2所示。

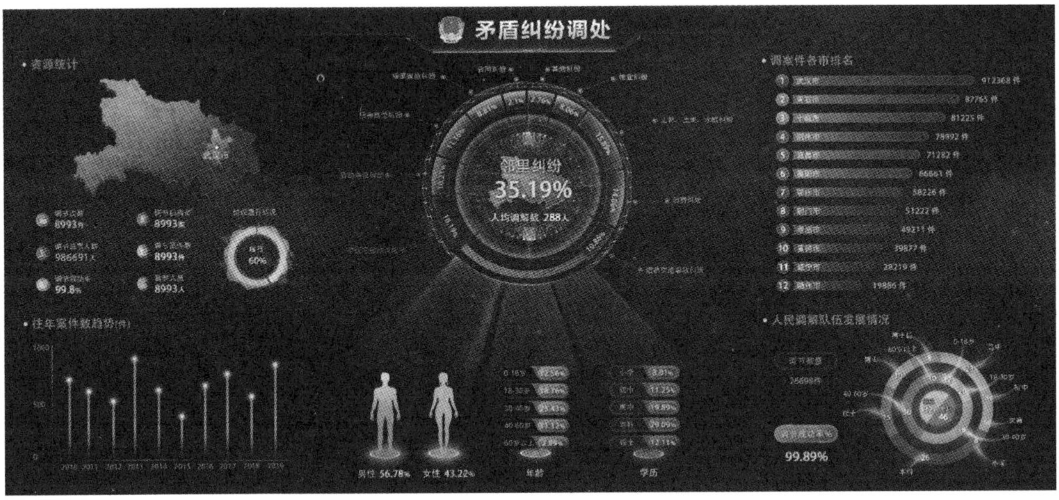

图 10-2 矛盾纠纷调处数据可视化样例

政法委各级机构利用图数据库、人脸识别、语音识别、自然语义理解技术进行综合治理分析。利用语音输入、信息检索和数据挖掘进行维稳工作预警分析。

公安户政、出入境利用人脸识别、指纹识别、语音识别技术进行人员身份认证。刑侦、治安、特业、交管利用知识图谱、计算机视觉、计算机图形学、自然语义理解、人机交互、机器人技术和智能穿戴设备进行人员关系分析、电子证照认证、案件侦破、违法识别、轨迹跟踪和特殊环境巡逻。

检察院采用智能数据挖掘与大数据分析平台进行案件关联性分析，采用数据可视化、图数据库、人立方、信息检索与推荐技术对涉案人员及涉案财物进行智能分析。

法院利用知识图谱和机器学习进行案件工作量核算并进行自动分配工作任务，利用语音识别进行庭审记录，利用文字识别、图章识别、语音识别、数据挖掘和自然语义理解技术对卷宗进行分析后提出类案比对并提供量刑参考范围。

司法局公共法律服务平台利用知识图谱、机器学习、人机交互、自然语义理解为公众用户法律咨询提供机器智能回复和法律建议书。通过大数据对执法监督、人民调解、法律援助、公证、鉴定进行挖掘分析，形成精准普法建议书。

监狱、戒毒、社区矫正场所利用人脸识别、计算机视觉、图形学、多媒体技术、定位技术对人员进行跟踪管控，提供远程会见身份认证。利用机器学习、机器人、计算机视觉与自动控制技术收集被监管人员生理和心理数据，对其行为进行智能监测，风险评估，危机预警，确保安全可控。利用智能穿戴设备装备单兵，在移动巡逻、远程押解、远程外医环境下对人员进行管控。

安全部门利用人工智能技术对危害国家安全的案件进行侦破，维护了国家主权和利益。

10.7 人工智能存在的困境

1. 技术困境

政法智能化需要依靠人工智能技术支撑，但人工智能的某些分支领域还有待提升。

计算智能与感知智能已达到甚至超越人的智能，但认知智能还很欠缺，特别是AI对自然语义的理解还很欠缺，同一个词在不同上下文或不同语境表达的意思大相径庭。计算机可以通过自然语义理解自动把案件要素从案件中分离出来，但各种要素在案件整体性理解的权重分析表现不佳，因此在公检法的接警、立案、侦查、取证、审判等前司法过程中使用时，有亮点，也很鸡肋，“想说爱你不容易”。

现在流行的深度学习算法是采用神经元传导算法实现智能应用的，其采用训练集学习、验证集验证并优化，能得到较好的输出结果，是一种黑盒运算过程，但它并没有很明显的知识图谱或推理逻辑，所以在进行司法活动中无法给出论证说理的反向思维。

类人直立行走机器人技术还在实验室阶段，与机器人移动应用相关的动态视频分析技术、多光谱融合识别技术、高带宽移动通信技术、高性能快速无线充电技术、无人自动驾驶技术都还在进行各种环境适应性测试，目前还不能在政法领域量产使用。

5G技术才开始普及，政法系统一些需要高带宽无线通信技术支撑的人工智能技术还局限在小范围试用，如无人自动驾驶警务执法车需要高带宽通信技术进行车辆自动驾驶避障和制动，监管场所自动巡逻机器人和无人巡逻机需要进行大流量高清视频传输，用于人员识别和场景分析，这些都还只在试验阶段。

移动智能穿戴设备在政法业务中是具有广泛应用场景的智能单兵装备，但限于电池技术、穿戴供电技术、芯片技术、显示技术、材料技术、体感操控技术的研究进展瓶颈和市场用户数量有限，目前应用最多的仅限于公安、监狱、戒毒、矫正人员管控的具备人体参数感知的电子定位跟踪装备，而智能眼镜、智能头盔、智能头箍、穿戴警务通、卫星导航警靴、供电服装、人体外骨骼在政法智能化中还鲜有应用。

虚拟现实、增强现实和混合现实技术本可以在反恐、维稳、公共安全、应急处突、监管安全的模拟仿真、态势推演和日常训练等工作中发挥较好效果，但由于智能显示技术和无线传输技术的原因，以及技术和业务信息不对称等诸多因素的困扰，还没有发挥其应有的作用。

上述这些技术困境是挑战也是机遇，各大科研机构和人工智能厂家可以在这些领域与政法机构合作，做一些创新性工作，推动政法智能化发展。

2. 机制困境

各地各级政法部门虽然都很重视网络化、信息化、智能化建设，但由于业务指导权、人事管辖权、财务管理权与属地管理制度的机制问题，大部分智能化建设都是各自为政，软件研发单打独斗，硬件创新没有整体规划，消灭了一批数据孤岛，但又树立了一批数据烟囱，数据都还在各自的数据库中“独享”。

缺乏有效的政法智能化考核体系和制度。目前政法智能化建设的好坏依赖单个领导的重视程度，主要领导重视，这个单位的智能化就有特色有亮点，一任领导重视，这个阶段的智能化就能发展好、进步快。政法智能化是关系到生产关系与生产力相互促进发展的战略性举措，应该有与其相适应的类似于人事制度、财经制度一样的考核体系和制度，使之形成一种长效发展机制。

3. 人才困境

专业人才不足。尤其缺少既懂政法业务又懂信息化技术的专业骨干，普遍存在“招不来”“留不住”“一兼数职”等现象。

政法部门工作人员，特别是基层政法单位工作人员常被政府其他部门借用抽调，越是年青，懂信息化，做事任劳任怨的人越是留不住。另外基层一线依附于乡镇政府工作，必然会被其安排一些额外工作，并且管理经费短缺、人员不足，在这重重考验下，很难有效地全面开展智能化建设工作。人员变动大，信息化培训频次少，同时缺少智能化建设基础应用培训和业务能力培训，导致智能化进程举步维艰。

所谓不积跬步，无以至千里。只有智能化建设的口号，缺乏对应的措施，缺少技术人才，传统的政法工作就难以适应政法智能化的时代步伐。

模块小结

本章讲述了人工智能发展历程和发展水平，分析了先进且成熟的人工智能技术，通过对算力的硬件支撑介绍了人工智能需要由算法、算力和应用场景支撑。政法智能化是人工智能与政法行业业务深度融合的代表，为政法工作提升了业务效能，为公众提供了便捷的法律服务，但受限于技术、机制、人才的困境，人工智能技术在政法行业应用还达不到无所不能，也正是这个原因，人工智能在政法行业的应用更具美好前景。

复习题

简答题

1. 人工智能分析的数据有哪些？

2. 常见的人工智能算法有哪些?

3. 人工智能三大学派是什么?

4. 人工智能的技术困境有哪些? 举例说明。

5. 人工智能的人才困境是什么?

参考文献

[1] 杨忠明. 人工智能应用导论 [M]. 西安：西安电子科技大学出版社，2019.

[2] 史入文. 美国人工智能芯片研发动态 [J]. 上海信息化，2019，(11)：80-82.

[3] 徐洪学，孙万有，杜英魁，等. 机器学习经典算法及其应用研究综述 [J]. 电脑知识与技术，2020，(33)：17-19.

[4] 唐子惠. 医学人工智能导论 [M]. 上海：上海科学技术出版社，2020.

与本书配套的二维码资源使用说明

本书部分课程及与纸质教材配套数字资源以二维码链接的形式呈现。利用手机微信扫码成功后提示微信登录，授权后进入注册页面，填写注册信息。按照提示输入手机号码，点击获取手机验证码，稍等片刻收到4位数的验证码短信，在提示位置输入验证码成功，再设置密码，选择相应专业，点击“立即注册”，注册成功。（若手机已经注册，则在“注册”页面底部选择“已有账号？立即注册”，进入“账号绑定”页面，直接输入手机号和密码登录。）接着提示输入学习码，需刮开教材封面防伪涂层，输入13位学习码（正版图书拥有的一次性使用学习码），输入正确后提示绑定成功，即可查看二维码数字资源。手机第一次登录查看资源成功以后，再次使用二维码资源时，只需在微信端扫码即可登录进入查看。